水利工程施工与生态环境

孟宪龙　王翠芹　王敬通 ◎主编

吉林科学技术出版社

图书在版编目（CIP）数据

水利工程施工与生态环境 / 孟宪龙，王翠芹，王敬通主编. -- 长春 : 吉林科学技术出版社，2023.6
ISBN 978-7-5744-0673-5

Ⅰ.①水… Ⅱ.①孟… ②王… ③王… Ⅲ.①水利工程－生态环境保护 Ⅳ.①TV5②X322

中国版本图书馆CIP数据核字(2023)第136465号

水利工程施工与生态环境

主　　编　孟宪龙　王翠芹　王敬通
出 版 人　宛　霞
责任编辑　袁　芳
封面设计　长春美印图文设计有限公司
制　　版　长春美印图文设计有限公司
幅面尺寸　185mm×260mm
开　　本　16
字　　数　310 千字
印　　张　14.25
印　　数　1–1500 册
版　　次　2023年6月第1版
印　　次　2024年2月第1次印刷

出　　版　吉林科学技术出版社
发　　行　吉林科学技术出版社
地　　址　长春市福祉大路5788号
邮　　编　130118
发行部电话/传真　0431-81629529 81629530 81629531
81629532 81629533 81629534
储运部电话　0431-86059116
编辑部电话　0431-81629518
印　　刷　三河市嵩川印刷有限公司

书　　号　ISBN 978-7-5744-0673-5
定　　价　100.00元

前 言

水利工程的发展对社会经济发展和人民生活起着重要的作用，也是一个国家综合国力的重要体现。水利工程发展的重要作用使国家投入了更多的精力和资源，并采取各种方法保证其健康发展。水利工程虽属于无污染的可再生能源，但其发展与周边的自然环境和气候等因素联系紧密，其发展也会在一定程度上对这些因素产生不同的影响。其发展对社会生活来说可谓起着举足轻重的作用，其利用的是大自然最原始的力量，相较于其他能源的开发而言，污染更小，对生态环境的保护更加有利，因此各国对水利工程的建设都投入了较多的资金。在水利工程施工过程中不仅考虑到其带来的经济效益，同时必须将其对生态环境所带来的影响纳入其中。我国近几年在水利工程施工过程中取得丰硕成果，但是在施工过程中依旧存在诸多问题，在施工过程中只有将生态学与水利施工融合，才能够确保水利施工的质量，促进水利建设稳步推进。

本书是水利工程施工与生态环境方向的书籍，从水利工程的基础理论介绍入手，针对水利工程地基处理技术、水闸和渠系建筑物施工进行了分析研究；另外对水利工程施工进度控制、质量与成本控制做了一定的介绍；还对水利工程与生态环境系统的相互作用及融合发展提出了一些建议；旨在摸索出一条适合水利工程施工与生态环境工作创新的科学道路，帮助其工作者在应用中少走弯路，运用科学方法，提高效率。

在本书的策划和写作过程中，曾参阅了国内外有关的大量文献和资料，从中得到启示；同时也得到了有关领导、同事、朋友及学生的大力支持与帮助。在此致以衷心的感谢！本书的选材和写作还有一些不尽如人意的地方，加上作者学识水平和时间所限，书中难免存在缺点和谬误，敬请同行专家及读者指正，以便进一步完善提高。

目 录

第一章　水利工程施工的基础理论

第一节　水利工程概述

一、水利工程建设

水利工程是人类为了除害兴利而建设的一种工程项目，建设水利工程不仅能够促进社会的经济发展，同时也能够提高我国的综合国力，因此在我国的现代化建设进程中，投入了大量的人力物力进行水利工程建设。在当前的水利工程建设中，要想实现对水利工程质量的有效控制，首先必须要建立起一套科学完善的水利工程建设质量管理体系，并且严格按照该管理体系进行质量管理，从而才能够使水利工程建设质量管理工作顺利进行，进而才能够确保水利工程的质量和性能。

（一）水利工程建设管理概述和特点

水利工程项目不仅关系着工农业的生产活动，也关系着人们的日常生活，所以是一项关系国计民生的重要工程，必须引起有关部门的足够重视。水利工程建设的主要目的是更加合理地利用现有的水资源为人们的生产和生活服务，根据规模的大小，可以简单分为大中型水利工程建设和小型水利工程建设。因为水利工程建设是涉及范围非常广、投入资金特别多的建筑项目，所以我们必须要合理地利用国家的财政，搞好水利工程中的管理工作，使得项目的各项资源能够合理配置，尽量节约工程成本，用最少的经济成本发挥最大的效益。

水利工程项目作为建筑项目的一个重要组成部分，其管理过程有着建筑项目管理的共性，即要根据水利工程的建筑双方拟定的建筑合同来审查建筑的各个环节是否达标，以及各项操作是否符合国家的相关标准和规定。另外，根据水利工程的具体分类不同，不同类型的水利工程项目有着不同的管理要求。

（二）加强水利工程施工的安全措施

1.加强领导，落实责任，努力保证水利工程的安全运行

进入夏季，既是水利建设的施工期又是各农作物的灌溉时节，要做好安全生产工作，又要加强领导，落实责任，切实采取有力措施，保证水利系统安全稳定运行，努力完成各项任务。

2.高度重视，加强预防，防范自然灾害对水利的影响

夏季是旱情和暴雨等自然灾害多发，抗御自然灾害、保证水利安全的任务艰巨。为此要高度重视灾害性天气的防御工作，密切监视天气、雨情和水情，加强巡视和维护，根据天气变化，及时做好各项防灾工作，保障水利安全。

3.规范水利工程建设前期工作，强化资金管理

着力解决或避免擅自改变规划、未批先建、违规设计、变更设计、挤占和挪用建设资金等突出问题，促进水利工程建设项目规划和审批公开透明，不断提高水利工程建设项目前期工作质量，规范资金使用管理。

4.建立水能资源开发制度，强化水能资源管理

着力加强水能资源管理，建立健全水能资源开发制度和规范高效、协调有序的水能资源管理工作机制，遏制水能资源无序开发，促进水能资源可持续发展。

5.规范水利工程建设招投标活动

加强水利工程招投标管理，着力解决规避招标、虚假招标、围标串标、评标不公等突出问题，确保水利工程建设招投标活动的公开、公平、公正。

6.加强工程建设和工程质量安全管理

着力解决项目法人不规范、管理力量薄弱、转包和违法分包、监理不到位、质量安全措施不落实等突出问题，避免重特大质量与安全事故的发生。

综上所述，水利工程建设不仅关系着水利工程的质量本身，也关系着人们的生产生活，所以加强水利工程建设的管理势在必行。工程的相关工作人员要从水利工程建设的各个阶段入手，一方面要严抓规划设计和工程建设，一方面要严抓工程招标和合同管理，才能协调好水利工程的管理工作，为我国的水利工程建设管理摸索更多更好的管理经验，积极推进水利工程建设的发展，促进社会主义现代化建设。水利是国民经济的命脉，是国家的基础产业和基础设施，水利工程是抗御水旱灾害、保障水资源供给、改善水环境和水利经济实现的物质基础。水是社会经济发展不可或缺的物质资源，是环境生命的“血液”。水利工程管理体制还需要大家共同探讨、共同努力。

二、水利工程的生态效应

生态环境保护作为国家基本国策，在各行各业中，必须把环境保护作为基础，水利工程同样如此。水利工程建设直接影响着江河、湖泊以及周围的自然面貌、生态环境，只有不断解决建设过程中存在问题，改进设计方案，提高对环境的保护措施，才

能让水利工程创造出良好的生态环境，也创造出更多的经济价值。

水利工程是一项烦琐但任重而道远的项目，关乎我国的农业、电力等方面的发展以及民生的生命、财产安全。在水利工程构建的蓝图中，应该重视生态环境的保护，但在我国的建设过程中，存在着许多影响生态环境的问题，而且刻不容缓，不容小视，只有及时处理管理问题，完善水利工程建设体制，才能让生态环境形成良好循环。

（一）保证河流流域整体性

不同河流流域的情况不同，环境抵御受干扰的能力也不一样，工程设计人员应该实地考察，掌握该地环境的相关信息，比如，河流周边植被的种类与生存相关要求、河流水流量、河流易断流时节等。根据检测的信息，作出科学、合理的基本判断，结合水利工程建设基础理论，设计出能够保证河流不断流、整体性良好的工程方案，并要使用环保型材料，充分使用先进的技术，完成工程项目的同时也保护了生态环境的现有状态。另外，可以添加检测设备，随时检测河流、河道等的实时动态，及时作出相应的挡潮闸的开关活动，限制规划河流流量的大小，从而达到河流的有效控制。

（二）充分保证鱼类洄游路线

在水利工程建设之前应该进行充分的调研，掌握该河流鱼群是否进行洄游行为、洄游行为的时间段、各类鱼群的洄游对河水本身的要求等鱼群信息，对数据进行整理汇合，并将生态理念与工程建筑相结合，鱼群洄游行为与工程构造相结合，作出科学、合理的工程设计，从而能够不断地完善对鱼群治理的体系。例如，当鱼群进行洄游时，调控挡潮闸，使得上下游连成整体，恢复鱼群洄游路线，当鱼群完成洄游行为，及时关闭挡潮闸，从而恢复蓄水、发电等工程，既帮助鱼群完成了必需的生命活动，使得鱼类生活不受干扰，也不耽搁工程项目的实施。

（三）保证下游环境的可持续发展

下游原有环境有自身的生态圈，工程的建立改变了河流本身的水文，致使下游环境发生对应的质变。只有相关的水文部门实时监测水文的动态，长期记录数据，做好备份工作，出现问题时，将数据与理论相结合，及时作出有效的操控手段，得以对水资源进行整治与保护。

我国水利工程不断发展，但是，存在的问题也是日益彰显，必须立即完善水利工程体制，改进工程技术，而且，水利工程建设应该始终本着以生态文明为基础、经济发展为主体的核心价值理念，努力建立资源节约型、环境友好型、技术合理型的高端水利工程体系，得以在防洪、供水、灌溉、发电等多种目标服务方面做到各项兼备，从而使得水利工程走向国际化。

三、水利工程的基础处理

（一）水利工程基础处理的作用及重要性

水利工程不同于其他一般建筑工程，一次性施工和交叉施工是其重要特征，其一般表现形式为水电站施工建设，且要求较高，多半在水下地下施工。基础施工包括两部分：地基处理和基础工程，地基处理对工程整体性有重要影响，良好的地基建设能保证工程的质量。地基处理是水利工程的基础，需要大量的资金、人力、设备、技术，在工程建设中有着极其重要的作用。

（二）不良地基对水利基础处理的影响及解决方法

不良地基对水利基础处理的影响表现在基础的沉陷量过大，基础水力的坡降超过允许的范围值；地质的条件差，抵滑抗稳的安全系数比设计值要小；地基里面没有黏性土层，细砂层则有可能因为振动使其塌落，导致施工进度延缓，或因为塌落造成人员伤亡和破坏已修建好的工程。

1. 强透水层的防渗处理

以大坝为例，刚性坝基砂、卵、砾石都属于强透水层，一般都会开挖清除，土坝坝基砂、卵、碎石层因透水强烈，不但损失水量，且易产生管涌，增大扬压力，影响建筑物的稳定性，一般要做防渗处理。处理方法：将透水层砂、卵、砾石开挖清除回填黏土或混凝土，构筑截水墙。利用冲抓钻或冲击钻机作大口径造孔，回填混凝土或黏土形成防渗墙。采用高压喷射灌浆方法修筑水泥防渗墙，水泥或黏土帷幕灌浆。坝前黏土或混凝土铺盖，延长渗径，帷幕后排水减压，设置反滤层。

2. 可液化土层的处理

可液化土层是指没有黏性土层或有很少黏性土层在停止作业或振动的情况下，其压力较大，下边的水压力上升，使地基沉陷、失去稳定，危及建筑和人员的安全。常用处理方法：一是将可液化土挖掉拉走，填入石灰或砂石等其他强度较高、防渗性能良好的材料；二是挤压使土层密实或一层一层振动压实；三是周围用模板固定封闭，防止土层因水土向四处流动；四是在可液化土层以下打水泥土桩或灰土桩。

（三）基础处理的要求

一是必须随身携带地基和基础施工图纸、地质侦查报告、地基所需要的技术文件，了解施工地的实际情况；二是在准备挖地基之前，要严格按照预定的施工方案进行，对影响施工的物体或地面进行处理；三是若施工的地点在山区内，需要勘察山区边沟坡的地形构造是否影响施工，以及山区的实际土质，做好施工中滑坡坍塌水土流失等防护措施；四是在机械设备入场前，要做好便道修理平整加固工作；五是将测量的水准点、控制桩、线条做好标记并保护，且要经常复核、复测其准确性，场地有不平整的地方要及时测量平整；六是开挖时应将地质勘察文件和实际地形进行对比，及时作出调整。

（四）基础处理的施工技术

1.挖除置换法

挖除置换法是将原基础底面下一定范围内的软土层挖除，换填粗砂、砾（卵）石、灰土、水泥土等。

2.重锤夯实法

重锤夯实法是将夯实机重锤悬放离地面3～5m，然后让其自由下落使土壤夯实。

3.水泥土挤密桩

在软土地基上采用水泥土挤密桩，对土层进行高强度挤压，防止塌陷，以提高承载力。

4.振动水冲法

振动水冲法是将一个类似浇筑混凝土时用的振捣器插入土层中，在土层中进行射水振动冲击土层制造孔眼，并填入大量砂石料后振动重新排列致密，以达到加固地基的效果。

5.围封法

防止地震时基土从两侧挤出，减轻破坏和软土地基的流动，常用于水工建筑物的软基处理。

（五）基础处理的注意事项

一是施工场地宽敞，基础平整或浅的工作面，按照施工需要，测出坐标、打好点，然后撒出一条基准白灰线，以这条基准白灰线为主撒出基槽边线，以确保整个施工顺利进行；二是对地下深水位的地基施工，要根据设计院对施工地的地质资料，与实际地质勘察情况对比之后，再进行基础施工开挖，防止地基在施工中塌落造成其他施工作业的不便；三是确保整个工程的地基强度，地基是整个施工过程的主要工序，在与地基有关的各个方面做好施工，使其最大可能达到相关要求和标准，同时还要在一定程度上保证地基施工场地的开阔，确保施工的安全和建筑的质量；四是任何材料都不是永久性的，在施工前要考虑地质，确保地质变化始终在允许的范围内，避免地质出现塌裂等情况。

基础处理是水利工程施工的重要环节，其处理效果对水利工程的整体质量有最直接的影响。由于存在土质含水量高、孔隙大、承载能力弱等因素的干扰，增加了基础处理的施工难度。因此，相关人员要做好施工前的准备工作，仔细勘察地质条件，因地制宜选择最优施工方案，以提高地基稳固性及承载能力，为我国水利工程事业的可持续发展提供助力。

四、生态水利工程与水资源保护

虽然水是人们赖以生存的重要能源，但是，淡水资源不仅是人类世界中最为珍贵的自然资源，而且还是良性环保体系构建的重要组成部分之一，其作为一种具有战略价值的资源，是确保社会长期稳定发展的关键因素。这也进一步说明了，水资源质量的优劣对于国家文明发展程度与人民安全具有决定性的影响。

（一）生态水利工程

所谓的生态水利，实际上就是将生态理念与水利工程建设紧密地结合在一起，确保我国环境保护政策切实地贯彻落实到水利工程建设中。生态水利工程通过对传统水利工程进行优化，不仅有效地满足了人们对水利工程的基本需求，而且也实现了保持和改良生态环境的目的，确保了水利工程的可持续发展。生态水利工程在建设的过程中，施工企业必须将自然作为工程项目建设的核心理念，在充分利用水资源的同时，尽可能地做到不破坏河流的原始形状。还有很多水利工程发达的地区，为了实现促进水资源利用效率的全面提升，而对河流附近的地区采取了退耕还林的方式，在尽可能恢复流域内原始地貌的基础上，根据实际地形，采取切实可行的防洪措施，才能将生态水利工程的作用充分地发挥出来。另外，在进行生态水利工程设计与规划时，必须在尽可能保留原有流域地貌的同时，将该地区内的水资源充分利用起来，才能确保生态水利工程建设与生态环境和谐发展的目标。

（二）加强生态水利工程建设，促进水资源保护措施

1.建立健全水利工程的管理体制

针对水资源利用现状，国家在已经颁布和实施相关法律法规的基础上，同时设立了专职管理部门，严格地控制非法使用水资源现象的出现，实现了针对水资源的有效保护。随着全球经济一体化的迅速来临，水资源保护问题已经不只是我国政府所面临的问题，而是一项世界各国都面临的重要问题。所以，根据我国现阶段的水资源利用情况，相关部门必须建立完善的水利工程管理体制，同时加强水资源管理的力度，才能在促进水资源保护效率稳步提升的同时，为水资源的可持续利用提供全面的保障。

2.水利资源开发中保证物种共生互补

生态系统最显著的特点就是，在一定范围内物种的数量群体会保持永恒不变的状态。但是，由于水利工程建设，不仅打破了生态系统的平衡，同时也对生态系统内物种群体数量之间的平衡产生了严重的威胁。所以，在水利工程建设时，必须将水利工程建设与自然生态环境紧密地融合在一起，严格地按照物种共生的原则，开展水利工程建设，才能在保证生态系统稳定的基础上，满足现代水利工程建设事业发展的要求。

3.水利资源开发中保证水土资源生态性

水资源开发过程中针对水资源的保护，必须在水利工程建设过程中，通过种植树木的方法，增强固土效果，从而达到促进水土保持效率不断提升的目的。此外，在进行水利工程建设时，施工企业必须对施工现场水文地质情况进行综合的分析，在掌握水利工程建设区域地下水分布规律和特点的基础上，降低水文地质灾害发生的概率，

促进施工现场水质与土质优化水平的有效提升，为生态水利工程建设的顺利进行做好充分的准备。

4.加大生态水利投入，支持环保工程

政府部门是水资源开发利用、治理保护、管理的主导者，所以为了确保水资源可持续利用目标的顺利实现，政府部门必须在进一步加大公共财政支持力度的同时，建立长效投入保障机制，为水资源开发利用与保护工作的开展提供全面的支持。另外，政府部门在发展水利工程项目时，应该积极地借鉴和应用多元化投资主体的方式，引导和鼓励社会资本参与大水利工程建设中，这种多元化投资主体机制的建立，不仅营造出了良好的市场投资环境，确保了生态水利工程建设资金的充足，同时也有效地缓解了政府公共财政的压力。

5.保证水域生态整体性

生态水利工程建设过程中，采取的整体性水域生态发展模式，不仅有助于生态系统自我调节能力的有效提升，同时在水利工程建设过程中，充分重视与相邻水域之间的衔接，才能在有效满足水源流动性的基础上，促进生物活跃性的进一步提升，才能将生态系统所具有的分解和净化能力充分发挥出来。另外，必须建立统一的生态水利工程建设标准，才能在避免对相邻区域水质与生态环境造成破坏的基础上，促进水利工程建设区域内生态系统相互作用效果的提升。

总之，在保护水资源与水利工程建设的过程中，必须对水资源可持续发展理念的重要性予以充分的重视。同时在水资源治理过程中，采取统筹管理，优化水利工程功能的方式，才能发挥出生态水利工程在社会经济发展过程中的重要作用。

五、水利技术的创新

水利工程作为社会发展以及国民经济高速发展的基础产业，其主要功能可以保障城乡居民基本用水需求，以及工农业的基本生产。水作为人类生命的源泉，不吃饭可以活下去，但是没有水可是无法生存的，但是现今这个时代缺水已经成为世界性的难题，因而将高科技手段采用到水利管理方面，可以有效地提升水资源的问题。想要在现今的高科技时代得到认可，必须将自身的素质提升，才能拥有与时俱进的能力，更好地了解和熟悉各种高科技仪器，利用新的高科技仪器使得水利工作管理手段得到提升。

（一）水利信息化技术的应用

信息化技术能够提供防汛预案，支持积极会商。水利信息化不能为行政领导提供行政决策服务是比较普遍的问题。为了满足水利管理部门这方面的需求，需要在信息系统中加入防汛预案，提供洪水的预警。例如当洪水达到一定的预警级别时，这样的系统就能够给出相应的预警方案，根据方案，领导就会在会商中作出相应的调度决策。而在决策之前系统还能对放多少洪量、对下游会有什么影响等进行模拟。这样的系统也能够将水利信息完全掌控。为了让用户更快捷地了解到水利信息情况并作出相应举措，掌上GIS资讯系统是重要的支撑。“掌上GIS资讯系统”可以运行在智能手机之上，智能手机提供无线电话、短信、电话簿等功能，“掌上GIS资讯系统”还能够提供全面的行业资料查阅、电子地图、空间定位、实时信息浏览查询等功能，两者有机结合，基于“掌上GIS资讯系统”提供的及时、充分的水利信息，项目领导、相关负责人可以快速地进行决策。

（二）RTK技术的应用

RTK（Real-time kinematic）是实时动态测量，对于RTK测量来说，同GPS技术一样仍然是差分解算，但不同的只不过是实时的差分计算。RTK 技术在水利工程中的应用与计算机的普及，能够使得传统作业模式得到革新，工作效率极大提高。RTK 是一种新的常用的 GPS 测量方法，以前的静态、快速静态、动态测量都需要事后进行解算才能获得厘米级的精度，而 RTK 是能够在野外实时得到厘米级定位精度的测量方法，它采用了载波相位动态实时差分方法，是 GPS 应用的重大里程碑，它的出现为工程放样、地形测图，各种控制测量带来了新曙光，极大地提高了外业作业效率。RTK技术相比于GPS技术具有明显的优势，高精度的GPS测量必须采用载波相位观测值，RTK定位技术就是基于载波相位观测值的实时动态定位技术，它能够实时地提供测站点在指定坐标系中的三维定位结果，并达到厘米级精度。在RTK作业模式下，基准站通过数据链将其观测值和测站坐标信息一起传送给流动站。流动站不仅通过数据链接收来自基准站的数据，还要采集GPS观测数据，并在系统内组成差分观测值进行实时处理，同时给出厘米级定位结果，历时不足1s。RTK技术如何应用在水利中是一个重要的话题，在各种控制测量传统的大地测量、工程控制测量采用三角网、导线网方法来施测，不仅费工费时，要求点间通视，而且精度分布不均匀，且在外业不知精度如何，采用常规的GPS静态测量、快速静态、伪动态方法，在外业测设过程中不能实时知道定位精度，如果测设完成后，回到内业处理后发现精度不合要求，还必须返测，而采用RTK来进行控制测量，能够实时知道定位精度，如果点位精度要求满足了，用户就可以停止观测了，而且知道观测质量如何，这样可以大大提高作业效率。

RTK技术还可应用到地形测图中。在过去测地形图时一般首先要在测区建立图根控制点，然后在图根控制点上架上全站仪或经纬仪配合小平板测图，现在发展到外业用全站仪和电子手簿配合地物编码，利用大比例尺测图软件来进行测图，甚至于发展到最近的外业电子平板测图等，都要求在测站上测四周的地貌等碎部点，这些碎部点都与测站通视，而且一般要求至少2～3人操作，需要在拼图时一旦精度不合要求还得到外业去返测，现在采用RTK时，仅需一人背着仪器在要测的地貌碎部点待一两秒钟，并同时输入特征编码，通过手簿可以实时知道点位精度，把一个区域测完后回到室内，由专业的软件接口就可以输出所要求的地形图，这样用 RTK 仅需一人操作，不要求点间通视，大大提高了工作效率。利用RTK进行水利工程测量不受天气、地形、通视等条件的限制，断面测量操作简单，工作效率比传统方法提高数倍，大大节省人力。

水利工程对经济的发展和城市的建设都起到重要的作用，提高水利工程质量，就要提升水利技术，参与水利工程人员的专业素质，同样要做好水利工程的管理工作，与时俱进，敢于创新，促进水利工程的不断发展。

六、抓好水利工程管理确保水利工程安全

随着我国经济的发展和人口的增长，水利事业在国民经济中的命脉和基础产业地位愈加突出；水利事业的地位决定了水利基础设施的重要性。因此，如何搞好水利基础设施建设项目管理，确保工程质量，促进我国经济发展是摆在我们每个水利人面前的一个重大课题。

（一）强化对水利工程的管理

思想意识的先进性是发展水利的重要推动力，所以，在任何的发展中，只有不断地提高自身的认识，加强自身的管理，实现工程管理效率的提升，才能在水利发展中打下坚实的基础。其次就是需要加强对水利管理的认识，认真学习管理的方式方法，实现科学的管理，保证水利工程的正常运行。

（二）落实好项目法人责任制

项目法人建设是我国社会主义市场经济发展的法制基础，也是完善项目工程管理，保证项目规范化开展的前提。要想实现项目法人制度的良好落实，就需要认识到法人制度的重要性，认识到建设多元化体制的必要性。其次应严格地对企业法人进行资质的审核，保证建筑工程的项目法人建设的顺利开展。最后就是要严格地落实项目法人的各项资源的配置，要求相关的管理人员必须要素质高、有经验。

（三）开展好建设监理工作

要想实现监理工作的有效的开展，就需要不断地提高员工的职业道德，提高员工的专业知识，提高整体的综合素质。首先，可以要求监理人员从学习各种招标文件、相关的法律条例开始，知晓相关的建设监理的各项体系。其次，需要监理公司加强自身服务意识，坚持办理公平、公正、合理的原则。最后，要实现全方位的监理，转变自身的服务理念，发挥监理的优势，全面为建设服务。

（四）全面实行招标投标制

经过全面的招投标的服务，实现我国水利水电工程招标管理工作的标准化进行，为了实现我国的招标科学化开展，需要全面地建立招标制度。保证招标过程中的公平、公正、公开。同时应进一步地加大措施做好招标的保密工作，对于在招标过程中的违纪人员应该进行严厉的处分。

（五）抓好水利工程管理确保水利工程安全的策略

1. 对水利工程进行造价管理，确保水利工程安全

为保障水利工程的质量，确保水利工程的安全，对水利工程进行造价管理，在水利工程的设计阶段直到竣工阶段进行全过程的工程造价控制，既能保证工程项目的目标实现，又能有效地控制工程成本。利用工程造价管理，可以在工程建设各个阶段，将资金控制在批准使用范围之内，及时地对出现的偏差进行纠正，使得建设需要的物力、人力以及财力得到合理的控制。另外，在水利建设过程中，要积极利用工程造价管理进行合同的正确管理，控制好材料认证。

2. 完善风险管理，确保水利工程安全

完善风险管理可从加强水利工程设计审查以及加强人员安全管理两个方面着手。由于设计人员的疏忽、不严谨，会使得工程设计与实际需求出现较大的出入，造成资源的浪费。因此，必须在水利工程设计审查方面进行风险管理，在对工程地的气候环境以及地理环境进行调研的基础上，严格审查设计的质量。水利工程实施过程中，人员安全问题一直是重中之重，对施工人员进行安全风险管理，就要对施工设备进行定期检查，排查安全隐患；对作业人员的工作进行安全监督；同时加强保险管理。规避水利工程的无效风险、人员的安全风险，以人为本，有效地控制工程风险，能够解决水利工程的后顾之忧。

3. 贯彻落实招投标机制，确保水利工程安全

我国水利工程的招投标机制已逐步得到规范化。工程招标能够衡量水利建设企业的质量，使得水利工程得到保证。因此在水利工程项目中要贯彻落实招投标机制，要保证招标的公开性、公平性、公正性。目前一些单位为了保护地方企业，会排斥其他地区的优秀企业进行招标活动，进行暗箱操作，使得工程质量得不到保障。水利项目单位要制定合理的评标方法，完善招标程序。多吸取国内外其他行业的经验，学人之长，补己之短，实现招标程序和评标方法的合理化、科学化。

4. 建立健全职责机制，确保水利工程安全

水利工程管理机制的不健全，使得管理人员抓住机制漏洞，出现越权越职，却又无法追究责任的现象。因此，建立健全职责机制，就是要明确管理单位的工作职能，明确管理人员的监督职责。管理单位要做到依法行使自己的权力，行政部门不能过分干预其业务管理。此外，将水利工程的管理与维修养护工作进行分离，对于水利工程的养护维修工作也建立一套独立的工作职责机制，将市场化机制引入其中，使水利工程养护维修工作具有法人代表。这样不仅能解决传统管理中养护维修的难题，又能提高养护水平，提高工程管理开支。

水利工程关乎民生，是国家的一项重要工程，抓好水利工程管理确保水利工程安全具有重要意义。通过对水利工程引进造价管理、完善风险管理、落实招标机制、健全职责体系等方式，能够有效地保证水利工程的安全。

第二节　水利工程规划理论

一、生态水利工程的规划

（一）生态水利工程规划设计工作需要遵循的原则

1. 设计人员要遵守安全性原则和经济性原则

工程建设企业在进行生态水利工程规划设计工作时，除了要最大限度满足人们生活和工作中的用水需求，还应该遵循安全性原则和经济性原则，尽可能实现生态水利工程的可持续发展。从专业角度来讲，工程学原理和生态学原理都是生态水利规划设计中应该应用到的原理。在进行具体的设计工作时，相关的设计人员要提前对工程所在位置的生态系统的情况进行细致考察，进行水利工程建设时可以充分利用生态系统本身所具有的一些功能，这样就可以在一定程度上提升工程建设企业的经济效益。

2. 遵循生态系统的自我恢复原则和自我组织原则

生态系统所具有的自我恢复能力和自我组织能力是其能够进行可持续发展的主要表现，大自然对于生态系统中不同物种的选择就是生态系统所具有的自我组织性，在生态系统的这种性质下，能够适应自然环境变化的物种被保留下来并且进行世代繁殖。同时，生态系统的自我恢复能力是指生态系统经受过自然灾害或者人为破坏之后，经过一段时间，便可以恢复到原来的状态。设计人员在进行生态水利工程规划设计时一定要遵循生态系统的自我恢复原则和自我组织原则，以此来形成较为科学合理的物种结构，使生态水利工程的建设符合可持续发展战略要求。

3. 要遵循循环反馈调整式的设计原则

对河流进行修复的工作往往具有长期性和艰巨性，因此生态水利工程规划设计工作人员不能期望通过水利工程的建立在短时间之内对河流进行修复。从本质上来说，生态水利工程的建立是一个对河流中的生态系统进行模仿的过程。因此设计工作人员进行设计工作时并不能依照传统的设计方式，而是要遵循循环反馈调整式的设计原则，其具体的流程分别有：设计、执行、监测、评估和调整。为了能够充分体现循环反馈调整式设计原则的优势，工程建设企业可以邀请相关方面的专家与设计工作人员一起对水利工程进行规划和设计，尽可能提升规划设计方案的科学性和合理性。

（二）生态水利工程规划设计的具体方法介绍

1. 以生态水文和工程水文为基础进行科学合理的分析

生态水利工程规划设计工作人员对水文进行分析时，必须要结合实际情况，将生态水文和工程水文有机结合起来作为基础，实现水文分析工作科学性和合理性的提升。因为生态水利工程需要服务的对象种类有很多，除了满足人们的正常生活，林业、牧业等都需要大量的水资源。设计工作人员必须要清楚地了解生态水利工程需要达到的供水目标，然后再尽可能通过工程的设计使其满足用水需求，同时使生态水利工程的实用性得到有效提升。

2.将环境工程与水利工程有机结合起来进行设计工作

生态水利工程的建立必定会对工程周围的生态环境产生一定的影响，工程规划设计工作人员在进行设计工作时一定要清楚地判断出生态水利工程的影响作用，然后尽可能地将环境工程与水利工程结合起来。同时，在生态水利工程中，水质和水量都必须达到国家规定的相关标准，如果能够通过生态水利工程对水污染问题进行解决，那么生态水利工程发挥的作用就会进一步增强。但是设计工作人员需要注意的是，生态水利工程中的具体水量会随着季节的变化有明显的不同，因此对方案进行设计时一定要结合实际情况，确保生态水利工程方案的合理性和适用性。

3.从整体环境的大范围对生态水利工程进行设计

生态水利工程规划设计工作人员如果仅仅从小范围内对工程进行设计，不仅不能达到对生态环境进行修复的目标，而且会导致整个生态水利工程与预期不相符。因此设计人员一定要从整个环境的大范围对生态水利工程进行设计，充分考虑到生态系统中不同因素之间的影响和作用，这样才能从整体出发，协调好各方面的关系，使生态水利工程的建设能够顺利进行。

生态水利工程规划设计工作需要遵循的原则分别有：设计人员要遵守安全性原则和经济性原则；遵循生态系统的自我恢复原则和自我组织原则；要遵循循环反馈调整式的设计原则等。生态水利工程规划设计的具体方法分别有以下几个方面的内容：以生态水文和工程水文为基础进行科学合理的分析；将环境工程与水利工程有机结合起来进行设计工作；从整体环境的大范围对生态水利工程进行设计等。只有采取科学合理的方法对生态工程进行规划和设计，才能使水利工程发挥出尽可能大的作用。

二、水利工程规划重要性综述

俗话说："好的开端等于成功的一半。"而对于水利工程建设的规划设计而言恰好就是一个开端，这个开端的好坏直接影响到整个水利工程的建设。规划设计是水利工程建设中一个重要环节。因此，加强水利工程建设规划设计具有极其重要的意义。

（一）水利工程规划设计的重要性

水利工程建设是我国现代化建设的要求，是我国农业发展的要求。水利工程建设必须经过科学的规划设计才能更好地凸显其真实的价值和作用。因此，规划设计在水利工程项目的建设中起到了举足轻重的作用。主要体现在以下几个方面。

1.水利工程规划设计与质量工程造价紧密相关

水利工程项目建设主要包含决策、规划设计和实施三个阶段。其中需要我们控制的重点在于相关项目的决策和规划设计方面，尤其是规划设计显得尤为重要。虽然水利工程项目规划设计收费一般占整个项目费用的3%左右，但是它所产生的影响巨大，必须引起高度的重视。只有对其引起足够的重视，我们才能去更多地发现它在整个项目建设中的重要作用。比如在规划设计过程中，如何选择材料，设计什么样的内部结构等，这些都将直接关系到整个工程的造价预算和整体格局。

2.水利工程规划设计与运行费用开支相关联

现实中我们可以清楚地知道，水利工程项目规划设计质量的好坏，不仅仅对整个工程投资产生巨大的影响，同时它还会对工程运行时的各种费用支出产生较大的影响，可以说水利工程的规划设计与实际的运行费用具有一定的关联性，我们应该对其引起足够的重视。比如，在供水项目工程的建设过程中，由于对年用水量方面的分析和研究作出了错误的判断，导致在给工程项目做规划设计时误认为年用水量会很大，结果导致在工程项目建设的过程中由于建设的规模过大，最终导致实际费用已经远远超出了预算，而工程竣工后投入使用，实际的年用水量却远远小于当初规划设计的预期，这就导致整个工程在后续运行中产生的费用一直居高不下，使得整个项目一直处于亏损状态。

3.水利工程规划设计与人民生命和财产安全相关

国内有些城市排涝设计标准较低，导致城市内涝问题非常严峻，建设符合城市人民需要的水利工程迫在眉睫。因此，无论城市还是农村，水利工程规划和设计，对于保障人们的生命安全和财产安全具有重要的意义。

（二）提高水利工程规划设计质量和水平的有效策略

现阶段，由于我国的水涝问题十分严峻，所以在水利工程建设过程中，要进一步加强水利工程设计、规划、建设，并提高设计规划的质量，进一步突出水利工程对于人民切身利益的重要性。

1.确保设计规划原始资料的真实客观性

在规划设计水利工程建设项目时，要严格对原始资料进行审查，必要时还要要求相关工作人员多次复查以确保原始资料的真实性、可靠性。由于水利工程项目涉及诸多方面的数据和信息，例如自然环境、人为因素、经济因素、政治因素、国际因素等，因此不可避免地会受到这些因素的影响，对水利工程规划设计造成很大的困难，因此对规划设计人员具有很大的挑战和要求。鉴于如上因素，水利工程规划设计相关工作人员在审核前，必须全面调查研究水利工程涉及的所有可能因素，确保原始资料具有客观性、真实性和可靠性；在对原始资料进行全面审核时，要对原始资料的全面性、客观性和准确性负责，为建设有保障性的水利工程项目打下坚实基础。

2.规划设计过程中应严格按照相关标准规范进行

实际上，不仅仅只是在建设水利工程项目时要严格遵循设计标准和规范标准，当涉及设计、建设和规划其他工程项目时同样也要遵守。因此，对于工程规划设计人员在涉及工程的具体操作时，要用职业素养严格要求自己，要做到按照标准和要求施工作业，优化和完善水利工程的设计方案。若遇到与水利工程设计相违背的情况，要及时反馈给上级，以便及时研究并提出合理的解决方案，让水利工程规划设计顺利进行。同时将设计理念贯穿在整个水利工程项目中，甚至具体到各个设计环节，高度警惕和重视任何环节，强调任何一个环节都不能疏忽，不然会带来极其严重的后果。在具体施工过程中，将施工环节具体地划分成不同的等级，对于不同等级安排相适应的技术设计人员负责，做到人才的有效运用，提高整个水利工程项目的质量。针对较高等级的环节，必须根据规划设计要求进行精准无误的规划，确保设计规划的准确性和合理性，但是对于偏低等级的环节也不能马虎，要谨慎处理和对待，避免在水利工程项目的建设过程中带来不必要的损失和影响。

3.规划设计过程中应当坚持生态和谐与可持续发展理念

水利工程规划设计时，要合理运用手中的人力、物力和财力提前对拟建地区的人文环境和生态环境展开全面的调查和勘测，通过书面记录和电脑记录的方式，掌握准确的、可靠的和符合实际的相关信息和数据，整合出水利工程设计所需要的重要资料，因地制宜地规划设计，让水利工程项目与周围人文环境和生态环境和谐发展，不能只为了发展经济、创造利益，而牺牲我们赖以生存的自然环境，要坚持走经济和环境和谐发展的道路。与此同时，要不断创新、不断改变世俗的传统审美观和标准，保留传统精华，结合当前人们的实际需要，设计出让人民满意的水利工程项目，满足人民日益增长的实际需求，解决威胁人民生命和财产安全的水涝问题。在规划设计水利工程时，病态的和过度的设计、装饰都是不可取的，应该遵从自然的美丽，使水利设施的规划设计方案与生态环境融合，你中有我，我中有你，更加充分合理地利用资源和景观，创造更多利国利民的水利工程来为人民谋福利。

水利工程规划设计关系着我国的国计民生及经济的发展，因此必须重视水利工程的建设。坚持科学发展观的思想和路线，利用现代先进的水利工程技术努力创新和突破，创建出人类与生态环境和谐共处的道路推动人类可持续发展。

三、水利工程规划设计各阶段重点

水利工程规划是水利工程项目实施的基础，科学合理的水利规划能够保证水利工程的使用价值以及使用寿命。水利工程规划设计通常情况下包含项目建议书、可行性研究、初步设计、招投标阶段、施工图设计阶段五个环节。

（一）项目建议书阶段

每一个水利工程项目建设都有其特定的背景，对项目背景进行全面的了解是水利工程规划设计的基础。在项目建议书阶段，设计人员应该全面地了解所涉及项目所在流域范围内的其他水利工程，项目资金筹措情况，筹集的方式，项目所在地居民安置情况，项目对周边环境的影响以及当地政府对电价、水价的控制文件等内容。根据以上各个影响因素进行综合全面考虑，给水利工程建设单位提供相应的文件资料，进行相应的项目审批。在项目建议阶段，水利工程规划设计过程中应该重点关注水利工程项目对周边环境的影响，根据实际项目情况进行专题的环境影响研究，编制相应的环境影响评估报告。该报告需要经过项目所在省、市各级部门的审批，根据各级审批意见进行相应的调整。

（二）可行性研究阶段

可行性研究阶段，设计人员对项目进行全面的综合分析，该阶段主要涉及对项目投资环境分析、发展情况分析、背景分析、必要性分析、财务指标分析、市场竞争分析、建设规模以及建设条件等方面的分析。包括对已有水利工程的调研、对项目所在地产出物用途调研、替代项目研究、产能需求研究、同类型项目国内外情况调研。在此基础上对项目布局方案、建设规划进行相应的调整。同时设计水利项目的生产工艺、方法、流程。对项目进行总体布置，对建设工程量进行预估。

（三）初步设计阶段

初步设计阶段设计人员根据相关的法律规定，在详细分析的基础上进行设计。水利工程初步设计过程中需要在可行性研究的基础上，重点关注水土保持以及环境影响方案。同时，应该依据相应的法律法规进行相应的编制。初步设计阶段必须进行勘测、调查、研究、实验，对基础资料进行全面、可靠地掌握。依据技术先进、安全可靠、节约投资、密切配合的原则进行设计。在设计过程中，对已有项目建设情况进行了解，对初步设计具有重要的意义。再者，初步设计阶段应该考虑规划中各个专业、各个部门之间的协调配合。将规划与施工、造价、水工、移民等综合考虑，全面设计。可行性研究阶段和初步设计阶段是项目方案确定的阶段，是水利工程项目实际建设规模、建设形式、建设投资确定的阶段，该阶段对设计方案的控制直接影响后续项目投资，控制项目造价的形成，因此在初步设计阶段不仅要注重对方案的设计，还应该充分考虑项目投资金额，合理控制建设规模，将项目资金发挥最佳的效益。

（四）招标设计阶段

招标设计阶段，应该对项目进行重点的把控。水利工程项目作为国有资金投资项目，必须进行招投标选择相应的设计、施工等相关单位。在招标过程中工程项目的制定、招标文件的编制。在招标设计环节工作重点应该放在市场准入、招标文件质量、公告的发布、评标的规范性等问题上。严格按照相应的招投标流程进行招标活动，注重程序监督，对评标委员会的组成、招标公告的发布、招标文件的编制、投标、开标、评标、定标等进行严格管理，保证招投标环节合法性、合规性。

（五）施工详图设计阶段

施工详图设计阶段应该保证各施工图保持一致性。该阶段设计工作中的重点关注基础处理图、地基开挖图、钢筋混凝土结构图、建筑图、设备安装等图纸具有一致的尺寸，利用先进的计算机软件技术进行校核。例如利用BIM技术对项目中的管线进行综合，对施工过程进行模拟，从而保证施工详图的准确性。

由于我国水利工程技术现代化发展历史较短，同时受到社会环境、自然环境、工艺技术等因素的影响，使得水利技术设计水平相对较低。在水利工程规划设计项目建设阶段应该充分掌握建设项目的背景；可行性研究阶段应该对项目进行全面分析；初步设计阶段应该根据国家相应水利设计规范；对项目进行方案设计，招投标阶段应该严格按照招投标相应的法律法规流程进行管理控制；施工详图设计阶段应该保证各部分图纸之间的一致性。

四、水利工程规划设计的基本原则

现代化的水利工程应当摒弃过往只注重经济发展的观念，应当充分考量人与自然的和谐相处，从而做到以人为本的现代化设计理念。现有的水利工程除了发挥其原本的生产生活价值以外，还需要结合景观文化、现代自然相融合的境界。在做到发挥水利工程原有的价值以外，相关职能单位在进行水利工程的规划过程中，还要充分结合当地的实际情况，将包括人文、思想、氛围等因素纳入考虑范畴之中，更好展开多元化的水利工程建设，让水利工程成为我国经济、文化为一体的标志性社会公益单位建筑。

（一）生态水利工程的基本设计原则

1.工程安全性和经济性原则

区别于其他工程类型，水利工程是一项综合性较强的工程，在河流周边的区域不仅需要满足包括灌溉、防灾等各项人为需求，还要避免破坏原有的自然环境和生态。因此水利工程的建设需要同时满足工程学和生态学两大科学原理，其建筑过程中也要运用到包括水力学、水质工程学等多项科学技术，从而才能更好地提升建筑工程的安全性和耐久性。就水利工程而言，其首要任务是做好包括洪涝、暴雨等自然天气的冲击。因此在水利工程的设计阶段，相关工作人员的首要任务是深入勘查水流情况、当地的天气情况等客观因素，从而设计出更符合水流冲击、泄洪的通道，保障水利工程的长期使用。基于生态水利工程而言，必须以最小的建筑成本换回最大的经济收益，才能最大化水利工程的价值。由于受到各类客观因素的影响，往往生态系统在水利工程建设中会遭受怎样的变化难以较好地预测。故而对工作人员做好各方案的比对，做好长期性的动态监控提出了较高的要求。同时，由于水体具有一定的自净能力，故而在水利工程建设上也要充分考虑水体的这一特征。

2.生态系统自我设计、自我恢复原则

所谓的生态自组织功能，即为在一定程度上生态系统能够自我调节发展。自组织机理下的所有生物，能够生存在生态系统之中，说明其适应环境，并能够在一定的范围之内表现出自适应的反应，寻找更好的机会发展。因此，在现代化的水利工程建设上，更强调适应自组织机理。例如，在水利工程中的支柱——大坝的建设上，大坝的体型、选材都在设计者的掌握之中，故而最终表现出预期的功能性。而水利工程中的河流修复系统，其本质上与大坝有区别，其功能主要是帮助原有的水流生态环节，在不破坏其基本构造的情况下，更好帮助生态系统加以优化调整，属于一类帮助性的建设工程。通过自组织的机理选择，原有的生态系统能够更快适应水利工程，并根据自然规律获得更好的发展。

坚持与环境工程设计进行有机结合。由于现代化水利工程对生态系统有了更强的要求，因此其设计的技术学科内容往往更多。因此其设计原则上不仅需要切实吸收建筑工程学原理，还需要一定程度上获取环境科学相关的技术，从而达到更优化的综合性建设。针对我国水资源越发短缺，各地水资源急需更好更深入地开发现状，水利工程还需要将环境治理纳入考量范围之中。与此同时，由于水利工程尤其是规模较大的水利工程所涉及的水量较大，故而在水利工程的设计上无疑又增加了难度。

3.空间异质原则

在水利工程的设计阶段，就需要对其可能的影响因素做好充分考量，尤其是原有河流之中的生物因素，是导致水利工程是否发挥作用与价值的关键环节，在水利工程的设计原则中，不破坏原有的生物结构是重要的要义。河流中的生物往往对其所在的环境有很强的依赖性，生物也与整个生态系统息息相关，因此水利工程设计阶段必须将其纳入为重要的衡量因素之一，避免工程结构对原有的生态环境造成破坏。这就要求设计人员在前期做好充分考量工作，掌握河流生物的分布与生活要求，在不破坏其生态系统的基础上，做好设计工作。

4.反馈调整式设计原则

生态系统的形成需要一个过程，河流的修复同样需要时间。从这个角度来看，自然生态系统进化要历经千百万年，其进化的趋势十分复杂，生物群落以及系统有序性，都在逐步完善和提高，地域外部干扰的能力，以及自身的调节能力也会逐渐完善。从短期效果来看，生态系统的更迭和变化，就是一种类型的生态系统被另外一种生态系统取代的过程，而这个过程需要若干年的实践，因此在短时期内想要恢复河流水源的生态系统是很不现实的。在水利工程设计的过程中，应该遵循以上生态系统逐渐完善的规则，能够正确形成一个健康、生态、可持续发展的生态工程。在这样的设计之下，水利工程一旦投入使用，其对自然生态的仿生就会自动开始，并进入到一个不断演变、更替的动态过程之中。但是为了避免在这个过程中可能出现与预期目标发展不符的情况，生态水利工程的设计要依照设计执行——监测——评估——调整这样一套流程，并且以一种反复循环方式来运行。整个流程之中，监测是整个工作的基础。监测的任务主要包括水文监测与生物监测两种。要想达到良好有效的监测目的就需要在工程建设的初始阶段建立起一套完整有效的监测系统，并且进行长期的检测。

（二）水利工程规划设计的标准

1.设计应满足工程运用的基本要求

工程实施后应能满足工程的任务和规模，实现工程运行目标；设计应满足安全运行的要求。

2. 设计应有针对性

在水利工程项目规划设计时，要针对场址及地形、地质的特点来对建筑物的形式和布局进行合理设置；且这些设置随着设计条件的变化还需要进行适当的调整，而不能照搬照抄其他的设计，需要确保设计的针对性和独特性。

3. 设计应有充分的依据

设计应有充分的依据是指方案的设计应经过充分的分析和论证：①建筑物设置和工程措施的采取应通过必要性论证，以解决为什么要做的问题，如设置调压井时，应先对为什么要设调压井进行论证。②建筑物的布局和尺寸的确定等应有科学的依据。为使依据充分，布局应符合各种标准和规范，体型和尺寸应通过计算或模型试验验证，缺少既定规范或计算依据时应通过工程类比或借鉴同类工程的经验确定。

（三）设计应有一定的深度

在前期工作的各个阶段，设计深度有较大差别，越往后其深度越深。掌握的原则有两条：①应满足各阶段对设计深度的要求。②对同一阶段的不同方案，其设计深度应相同。在水利工程规划设计时方案比选结果的可信度与设计深度有较大关系。由于方案需要在可行性研究阶段和初步设计阶段进行确定，这时就需要方案具有一定的深度，通过各方案的比选来选择最佳的方案。

在水利工程项目施工建设之初，对其进行合理的规划设计，是保障工程质量以及工程使用寿命的前提。在规划设计的过程中，设计人员要严格按照相关的原则进行，在保障工程施工质量的同时，最大限度实现工程的经济价值、生态价值，以优化环境，满足我国水资源利用需求以及自然灾害防御需求，真正实现水利工程能效，使其促进国家的建设发展。

五、水利工程规划与可行性分析

我国水利建设进入了从原始传统水利基础设施建设发展到现代追求绿色、健康、环保多样的新阶段，水利工程如何配套与完善已成为摆在我国政府面前亟须解决的问题，在保证水利工程施工的前提下，又能在水利工程施工完成后，使岸边遭到破坏的植被得到保护和充分利用，用洼地养殖名优鱼类，用较高的地方种植高档果蔬类，形成高效绿色农业，与水渠相结合，发展活水养鱼、旅游观光，形成植被恢复、高效渔业、果蔬经济、风景观赏于一体的新型水利工程格局。

（一）水利工程、植被恢复、休闲渔业、观光等配套发展规划

水利工程在设计建设过程中，要在休闲渔业、恢复植被、旅游观光等配套上下功夫，当水利工程取走大量土石方后形成废弃地，很难恢复植被，如何利用这块废地，已成今后水利工程建设中亟须解决的问题，既能保证水利工程建设正常进行，又能使水利工程建设完成后与之相配套，更好地完善水利工程，水利工程建成后，形成一个

与水利工程相配套的亮丽风景带，一处水利工程，一处美景。对于改善环境，拉动地方经济，增加就业将发挥积极作用。

一是在规划设计水利工程时就要考虑到休闲渔业，水中岸边旅游观光远景规划。可因地形、地貌不同而因地制宜进行长远规划设计。二是可考虑大坝下游水渠两侧，办公区、观光区等，规划一个整体配套设计方案，在取走土石方的地方设计休闲渔业、旅游观光业项目，充分论证，合理设计，一步到位，一次成型。在适合养殖名优鱼类的地方设计养殖名优鱼类，在适合发展高档果蔬的地方种植高档果蔬，在适合观光旅游的地方发展特色旅游观光业。如在大坝下游挖走土石方后形成一个低洼地带，利用大坝高低落差形成自流活水养殖当地名优鱼类，生长快、口感好、经济价值高，是一个绝好可利用的自然资源。在环境保护、绿化地带，发展绿色植物，对于环境保护、水土流失可起到保护作用。如发展高档采摘果业，对于美化环境、增加收入、拉动地方产业将起到一个良好的作用。三是设计休闲渔业、旅游观光业档次一定要高，保证多年不落后。如在北方地区可与周边民族风情相结合，与自然风景相依托，建设具有独特风格的餐饮、住宿、园林、观光特色的度假区。夏季利用北方白天热、夜晚凉爽的特点，组织垂钓比赛、郊游、啤酒篝火晚会等系列活动，既为游客创造良好的外部环境，又陶冶了游客的情操。在冬季可组织游客体验雪地、冰上游乐活动，如滑雪比赛、滑冰比赛等，还可观赏北方冬季捕鱼的盛大场面。

（二）水利工程、休闲渔业、旅游观光协调发展的可行性分析

利用水利工程废弃地发展休闲渔业、绿色果蔬业，它是旅游业中的重要内容，是家庭旅游业的新亮点也是当今世界旅游业的一大风景线，可以使环境保护和休闲渔业得到可持续发展，实现了双赢，充分利用了自然资源和人力资源。过去一些水利工程较多考虑单一因素，忽视了全面配套规划，浪费了大量的土地资源，使土地荒废很多年。根据每个大中型水利工程的特点，深层次地挖掘其可利用的价值。

一是在水利工程规划中就考虑挖掘土石方工程以后获得的地块用处，防止重复建设，一举多得，降低成本，利用效率高。二是用此废弃地发展适合当地的土著品种的果类、鱼类等品种项目。三是在不影响水利工程项目的前提下，整体考虑建设功能齐全适合各配套项目发展的秀美的新型水利工程。同时，政府要协调环保、规划、水利、农业、林业、旅游、环保等有关部门联合制定出远景规划，按规划要求把水利等系统配套工程建设成既能把水利工程高标准建设好，又能把相关配套工程完善好，形成多重叠式的集休闲渔业、旅游观光于一体的当今最时尚的新亮点，具有广阔的发展前景。

第三节　水利工程规划创新

一、基于生态理念视角下水利工程的规划设计

伴随着时代的进步和发展，人们物质生活水平显著提高，相应的环保意识也在不断增强，对水利工程建设活动提出了更高的要求。将生态理念有机融入水利工程建设中，就需要对以往水利工程建设中带来的生态问题进行深入反思和改善，采用工程创新建设模式来迎合时代发展需要，从技术上和规划上转变水利工程以往粗放型建设方式，以求最大限度降低对生态环境的破坏，打造环境友好型水利工程。尤其是在当前可持续发展背景下，将生态理念有机融入水利工程规划设计是尤为必要的，有助于推动水利工程规划设计的科学性、合理性。由此看来，加强生态理念视角下水利工程的规划设计研究是十分有必要的，对于后续理论研究和实践工作开展具有一定参考价值。

生态水利工程是在传统水利工程基础上进一步演化出来的，主要是为了迎合时代发展需要，融入可持续发展理念，更好地满足人们发展的需求，维护生态水域健康，这就需要对水利工程技术进行更加充分合理地运用。生态水利工程中不仅需要应用传统的建设理论，还应该在此基础上进一步融合生态环保理念，对以往水利工程建设对生态环境带来的破坏进行改善，修复河流生态系统。此外，生态水利工程建设中，应该严格遵循生态水利工程规划设计原则，结合实际情况，有针对性改善生态系统，推动社会经济持续增长。

（一）基于生态理念下水利工程的规划设计对策

将生态理念融入水利工程规划设计中是尤为必要的，尤其是在当前社会背景下，经济发展和生态保护之间的矛盾愈加突出，为了谋求人类社会长远发展，就需要摒弃以往牺牲环境的粗放型经济增长方式，迎合时代发展需要，努力打造环境友好型水利工程，更加合理地利用水资源，改善生态环境。

1.转变传统观念，强化学习和交流

水利工程建设同生态保护相同，是一对十分矛盾的对立体，只有坚持科学发展观，才能更为充分发挥主观能动性，将生态理念有机融入水利工程建设的各个环节，尊重客观规律，科学合理利用条件，促使水利工程对生态环境影响问题朝着更加积极的方向转变，设计规划更加科学。该工程在设计之前，为了确保生态理念能够有机融入其中，特组织相关设计人员学习生态学相关知识，并综合吸收和借鉴国外成功生态水利工程案例，结合我国实际情况作出综合考量。在实际设计活动开展中，通过专题研讨和座谈会的方式，进一步加强技术和经验的交流，分享设计心得。基于此，可以有效改变设计人员思想和技术上的不足，提高综合能力。

2.将工程水文学和生态水文学有机结合

加强工程水文学和生态水文学的结合，以此为设计基础，结合实际情况，促使设计规划更加合理。设计中应该提高对水利工程服务对象的保护，明确当前生态水利工程建设目标，更为合理地开发水资源，促使水利工程更加生态和谐发展。本工程在建设中，由于水库是以备用水库为目标，定位明确，使用频率不高，换水周期较长，所以多数时间内水库是处于备用状态。所以，水库规模和水质维护成为主要的工作内容，在设计时除了要计算水库规模以外，还要综合考虑到水库水环境容量实际需要，深入分析生态系统结构变化对于水质、水量带来的影响，了解水质变化规律，明确水资源空间分布和生态系统之间的对位关系。故此，在生态水利工程规划设计中，应充分考虑到生态水文学和工程水文学之间的关系，确保水库在各个时期都能够储存足够的水资源，维护生态平衡。

3.明确关键生态敏感目标

生态敏感目标是生态水利工程建设中一项重点考虑内容，在设计中应该充分明确工程中影响生态的目标，在工程规划设计阶段提出合理的解决方案。从本工程建设情况来看，建设位置主要是在新城区，新城区作为当地政府大力开发的区域，可以说是寸土寸金，所以如何能够让水利工程同城市各项生态功能和服务对象协调，就需要在充分发挥水利功能的同时，还应该综合考量其他的城市周围环境因素，避免给周围环境带来污染，为城市化建设提供更加坚实的保障。

综上所述，生态水利工程建设是在传统水利工程基础上，进一步整合生态学知识，将生态理念贯穿于水利工程建设始末，实现人与自然和谐共处的目的。生态水利工程更好地迎合时代发展需要，有效降低水利工程建设对周围环境带来的负面影响，为人们提供更加优质的服务。

（二）基于生态理念视角的水利工程的规划设计实践分析

工程项目的规划设计共涉及土方工程、水工建筑物工程、水土涵养绿化景观工程以及水生生态系统构建工程。基于规划设计过程遇到的复杂地质条件与工程兴建的多变量问题，设计人员共采取了以下措施进行优化控制，以提高水利工程项目建设使用的安全可靠。

1.转变原有设计观念，强化学习交流

此设计控制目标的实现，要求水利工程规划设计人员应将可持续科学发展观，即生态理念视角作为原则，以使建设者的主观能动性充分调动起来。具体而言，就是在进行本水库工程的规划设计时，组织学习与生态学相关的知识内容，并掌握国内一些成功水库工程建设案例。如此，就可通过座谈会或是专题探讨的方式，与生态环境科技单位进行技术与学术方面的交流，以解决生态理念的重视力度不够问题。

2.明确生态敏感目标

生态敏感目标的明确，能够使水利工程的规划设计规避可能对生态保护目标造成的直接影响或是间接影响。如此，就可在工程规划阶段，提出具有生态资源保护效果的初步设计方案。由于水库工程项目的建设位于所处城市的新开发区，因此，怎样实现城市各项设施建设与生态保护对象协调目标，是规划设计人员必须要考虑的内容。此外，规划设计人员还应从长远的角度来看，即满足不断上升的人口、工业设施以及商业住宅建设活动等需求的同时，通过控制水库工程运行使用带来的污染与影响问题，来提高人们生产生活的舒适性。

3.重视与环境工程的设计结合

该项设计规划实践措施，就是在吸收环境科学与工程的相关理论技术条件下，提高水量与水质的科学配置效果。由于应急备用水源是衡量水库水质好坏的关键，因此，规划设计人员应将构建库区水生态与周边水土涵养区的设计作为重点。为此，设计人员应规划有宽广的水域或是水土涵养区，以为水库周边的生物提供良好的生存繁衍环境。此外，工程建设人员还应针对工程所处生态环境的发展状态与丰富程度，在水土涵养区与湖区间的过渡带增设生态处理沟渠、净化石滩地与氧化塘，以使湖区的周边构建成生态护岸。此设计规划背景下，水库工程建设附带的生态系统就可对水库运用产生的有机污染物进行降解，以降低水库使用对周边人们居住环境带来的负面影响。

4.设计结合水文学与生态水文学

在此规划设计基础上的水库工程项目建设，须在明确生态目标对水资源使用要求的情况下，来提高设计控制的科学有效性，进而实现水库工程与生态环境和谐发展的目标。由于该水库工程项目的建设主要用于应急备用，因此，具有换水周期长与使用频率低的特点。在此工程项目建设要求的情况下，规划设计人员应将防洪影响、水质维护以及水库规模，作为重点控制对象。与此同时，还应将水文学与生态水文学结合起来，即在运用水量与水质变化规律的情况下，使各个时期均能满足水库水资源的储存量需求。

综上所述，水利工程的规划设计人员应与工程项目的实际情况与目标需求进行结合，即在转变原有设计观念，强化学习交流；明确生态敏感目标；重视与环境工程的设计结合以及结合水文学与生态水文学的情况下，来提高设计控制的科学有效性。

二、水利工程规划设计阶段工程测绘要点

随着时代的不断演变，水利工程建设事业已拥有全新的面貌。在水利工程管理中，测绘技术贯穿于整个过程中，扮演着至关重要的角色，其测量精度和水利工程质量有着密不可分的联系。

（一）水利工程测绘概述

1.水利工程与工程测绘

水利工程工作内容包括规划设计、施工和运营管理。其中，工程测绘是影响规划

设计的重要因素，工程测绘工作内容很多，比如测绘项目准备工作、野外作业、外业检查与验收、业内整理、测绘结果检查与验收和成果交付等。规划设计是整个水利工程的设计，只提供平面地形图，其次，工程测绘是将计划变为现实。水利工程的施工包括施工放样和安装测量，运营管理是保障水工建筑安全还有工程管理工作，比如监测变形。

2.工程测绘流程

项目评审是工程测绘的准备工作，测绘人员要对测绘项目进行评审，根据客户的委托，结合项目组人员的实力，保证产品交付质量，确定交付时间。一般是评审过关以后，才能根据工程测绘流程施工，具体流程是测绘项目准备工作、野外作业、外业检查与验收、业内整理、测绘结果检查与验收和成果交付等工作，要依次进行循序渐进。

（二）新测绘技术应用的意义

近年来，测绘技术在不同领域中引起了高度重视，比如，在国防建设中，测绘技术已成为其基础性工作之一。可见，现代测绘技术在改善宏观调控的同时，也能协调不同区域的发展，有利于促进我国社会和谐发展。在新形势下，随着信息产业的高速运转，我国测绘技术不断完善。以此，能够为我国政府提供更好的测绘服务，不断提高政府管理决策能力。此外，由于对应的测绘工作绘制成图形之后，能够充分展现国家的主权、政治主张。而这些都属于国家的机密，需要使对应的测绘成果具有一定的安全性，使国家各方面的权力得到维护。而在这方面，需要站在客观的角度，不断完善测绘服务已有的水平。但在测绘技术应用的过程中，已有的测绘要求与测绘发展并没有处于统一轨道，二者之间的矛盾日益激化。在这种局面下，需要不断优化已有的测绘技术，使其走上现代化、智能化的道路。

（三）测绘技术在水利工程中的具体应用

1.测绘项目策划及准备阶段工作要点

此阶段主要包括组建项目组、资料收集及现场踏勘、编制技术设计报告和外业准备，其工作要点主要包括以下几点。

第一，选配技术力量组成项目组，对于技术人员及项目负责人等应按照工程规模、人员能力及工程量大小等确定，尤其是项目负责人应按照标准规定的岗位条件设置。

第二，对于现有测绘成果和资料，应该认真分析、充分利用。对于作业区域内的已知控制点，必须明确检校方法，只有精度可靠、变形小的已知点才能作为本工程的起算数据。

第三，应根据项目具体内容进行具体设计。技术设计分为项目设计和专业技术设计，依据抚顺市水利工程规划设计阶段的工作内容，通常将项目设计和专业技术设计合并完成。技术设计阶段的主要工作包括工程测绘比例尺的选择、施测方案的优选和进度控制等。首先，比例尺的选择通常依据工程类型、工程阶段（更具体的设计阶段，包括项目建议书阶段、可行性研究阶段、初步设计阶段等）和现有仪器设备情况等。例如拟建水库坝址区地形测绘。其次，施测方案的优选通常包括控制测量和地形图测绘。而地形图测绘通常依据测区状况进行选择，若视野开阔，可选择全站仪配合笔记本电脑；若测区呈带状分布，可选择GPSRTK技术，但若测区内有卫星死角，可用全站仪辅助测量。最后，进度控制设计要充分考虑顾客的要求，依据工程量大小和交付时间，投入适当数量的作业小组进行作业。通常，工程测绘只作为项目的一个中间产品，提供给设计方使用，只有在规定的时间内提交给设计方合格的测绘成果，才能保证在规定时间内提供设计产品。另外，外业准备阶段工作要点就是项目负责人会同主要技术人员进行技术、质量和安全的交底工作，并检查仪器设备的性能。

2.野外作业

野外作业就是贯彻设计意图，按技术设计实施作业，其工作要点主要包括以下几点。

第一，地物、地貌要素点三维坐标采集应该做到不遗漏，能正确反映地形实际，局部地区可适当加密。水利工程测绘应包括：居民地、水系及其附属建筑物、道路管线、送电线路和通信线路、独立地物等。若采用全站仪法进行数据采集，对于一些危险地带或人员到达不了的地方，可采取交会法、十字尺法进行数据采集；若采用GP-SRTK法必须为“窄带固定解”时，方可进行数据采集；对于一些卫星死角处，可用全站仪辅助测绘。

第二，如遇特殊情况，不能按技术设计要求执行时，测绘项目负责人应及时报告测量队责任人予以解决，并保留记录。

3.外业检查与验收

依据验收规范，测绘成果实行二级检查一级验收制度，而恰恰行业内的测绘部门往往忽略此项工作，认为外业结束、内业成图后，交付材料给设计部门任务就完成了，没有领悟二级检查一级验收的实质。二级检查一级验收是控制测绘成果，对测绘成果起到质量控制的作用。所谓二级检查一级验收就是，在外业组自检互检的基础上，由测绘单位最终检查，并最终由业主委托的测绘质量检验部门对测绘成果进行验收。外业检查与验收是二级检查一级验收中的第一级检查，即过程检查，实行100%全数检查。然后，依据标准组织验收，填写验收记录。

4.成果最终检查与验收

主要包括最终检查和验收，其工作要点主要包括以下几点。

第一，最终检查为二级检查一级验收的第二级检查，实行内业全数检查，涉及外业部分采取抽样检查，通常以幅为单位。采用散点法按测站精度实际检测点位中误差和高程中误差；采用量距法实地检测相邻的地物间的相对误差，通常分高精度检测和同精度检测。

第二，只有二级检查合格的产品，才能提交业主验收。对于验收中发现的问题由项目负责人组织纠正，总工程师对纠正效果进行验证，合格后，方可申请下次验收。

5.成果交付工作

水利工程规划设计阶段工程测绘有很多工作重点，其中重中之重就是成果交付工作。简单来说，产品交付的标准是二级检查验收合格的产品，即测绘结果检查与验收合格，并且总工程师审核过的产品，才能进行成果交付。另外，产品交付时，要提供相应图纸与报告。

综上所述，工程测绘工作重点主要是测绘项目准备工作、野外作业、外业检查与验收、业内整理、测绘结果检查与验收和成果交付工作。其中测绘项目准备工作比较复杂，它包括组建项目组、收集资料及现场踏勘、编制技术设计报告和外业准备四部分，测绘项目准备工作是工程测绘工作顺利开展的有力保障。

三、水利工程规划方案多目标决策方法

水利工程对地区资源规划与调控意义重大，不仅关系着水资源调度运行效率，对生态环境改造建设起到了保护作用。随着城市化发展步伐加快，水利工程规划建设阶段，要做好项目规划与分析工作，拟定多个目标决策作为备案，才能更好地完成工程建造目标。

（一）水利工程规划多目标总结

1.抗害目标

地基渗漏是水利规划常见问题，要结合水利墙体结构布局特点，提出切实可行的抗渗施工方案。地基是水利的基础部分，墙体结构性能决定了整个水利的承载力。为了改变传统水利结构存在的病害风险，须对水利墙体结构实施综合改造。因此，施工单位要结合具体的病害类型，提出针对性的施工处理方法。水利工程正处于优化改造阶段，优质水利成为行业发展主流趋势。施工单位要按照渗漏处理标准，拟定符合水利使用需求的加固改造策略，才能体现出水利结构改造优势。

2.生态目标

生态城市建设下，对水利规划节能要求更加严格，倡导节能技术在水利中的普及应用，成为水利产业经济发展新趋势。大型工程依然是发展的主宰。市场的竞争现状依然很激烈，工程的节能管理依然具有较大的难度。生态城市建设促进水利节能改造，对于我国水利节能是一个十分关键的因素，我们只有持续地提高我国的水利节能的预测与控制能力，才可以与世界同步。

3.质量目标

现代建筑行业处于高速发展阶段，水利规划质量关系着竣工收益，对城市改革建设起到了重要作用。基于现代化改革下，水利规划必须以质量标准为核心，提出切实可行的监理控制方案。为了摆脱传统施工模式存在的问题，必须建立质量优化处理方

案，发挥质量建立部门的职能作用。城市改造建设背景下，水利项目工程规模不断扩大，建立更加科学的施工管理体系，有助于实现工程改造效益最大化。

4.监理目标

基于监理单位在工程建设中的指导作用，必须全面落实施工质量监理操作方案。结合水利规划监理发展趋势，提出切实可行的质量监理对策。水利关系着地区人居生活水平，完善建筑施工质量管理体系具有发展意义。工程单位要坚持质量优先原则，安排专业人员从事质量监理工作，及时发现水利存在的质量问题，提出切实可行的管理改革对策。

（二）水利工程多目标决策方法

1.编写制度

由于种种因素的干扰，水利规划质量尚未达到最优化，这就需要施工单位采取针对性的控制方案，实现施工质量目标最大化，为投资方创造更多的收益。编制水利工程规划应遵循的基本原则与编制其他类型的水利规划是相同的。规划的具体内容、方法取决于建设项目的性质。单项工程规划的编制见水库工程规划、水闸工程规划、水电站工程规划、排灌泵站工程规划、河道整治工程规划等。

2.优化改造

新时期水利对区域水利发展具有重要作用，按照区域水利环境设定施工方案，可进一步提高水利运行安全与效率。施工单位要结合水利不良地质特点，提出切实可行的施工改造方法。

3.地质研究

水利工程规划通常是在编制工程可行性研究或工程初步设计时进行的。结合地质规划结果，可以对水利规划改造发展历程、选址、结构病害、墙体加固等方面提出施工思路，编制施工改造选址实施性策略。现场施工是项目建设的核心环节，按照工程标准进行现场施工管理及调控，有助于实现竣工收益指标最大化。水利工程规划机制建设中，不仅要考虑传统建筑管理存在的问题，也要落实项目规划与管理目标，结合水利发展实际情况，提出切实可行的管理改革对策。

4.决策管理

基于现有水利改良趋势下，要做好水利工程规划问题分析工作，提出切实可行的管理创新模式，实现“安全、优质、稳定”等规划目标，这些都是水利工程规划必须考虑的问题。城市规划改造建设中，水利结构面临着诸多病害风险，不仅增加了工程单位的风险系数，也限制了项目竣工收益水平。水利关系着城市居民生活水平，对城市现代化改造起到了关键作用。为了摆脱传统水利工程规划存在的问题，要及时采取科学的处理方式，解决传统管理体系存在的问题，为水利规划建设创造有利条件。

5.参数控制

由于拟建项目多是流域规划、地区水利规划或专业水利规划中推荐的总体方案的组成部分，在编制这些规划时，对项目在流域或地区中的地位、作用和其主要工程的有关参数等都已做过粗略的规划研究，因此，编制工程规划时，往往只是在以往工作的基础上进行补充深入。水利项目是城市现代化发展的标准，搞好水利建设对区域经济发展起到促进作用。为了改变传统施工模式存在的不足，要结合质量管理改革对策，提出切实可行的施工管理方案。“质量监理”是建筑工程施工不可缺少的环节，按照质量监理与控制标准进行深化改革，可进一步提高整个工程的收益额度。

6.数据调控

新时期城市改造建设步伐加快，以水利为中心构建住宅群，成为城市中心建设的新地标。水利是城市发展标志之一，发展水利必须重视施工质量监理，才能创造更加丰厚的经济效益。除围绕上述任务要求落实所涉及的技术问题外，要重点研究以往遗留的某些专门性课题，进一步协调好有关方面的关系并全面分析论证建设项目在近期兴办的迫切性与现实性，以便作为工程设计的基础，并为工程的最终决策提供依据。

当前，我国水利行业处于快速发展阶段，项目施工决定了整个工程建设水平，关系着工程竣工后期的收益额度。为了避免工程风险带来的不利影响，工程单位要做好质量监理与控制工作，提出切实可行的项目规划方案。同时，对现场监理存在的问题进行深化改革，及时掌握水利工程潜在的安全隐患，提出符合项目规划预期的决策方案，综合提升水利工程建造水平。

四、农田水利工程规划中的抗旱防涝设计

为了保证农田水利系统在抗旱防涝规划方面有良好质量，应认识到农田水利系统对于抗旱防涝工作的重要性，并能结合实际的抗旱防涝规划工作需要，制定科学的农田水利体系的规划方案。本文就农田水利系统在抗旱防涝规划方面的设计工作进行了分析。

另外，在制定长期项目规划方案的时候，还要能查阅相应地区过去的旱涝灾害特点，找出其中有代表性的旱涝案例，使现代抗旱防涝规划方案的制定更加科学。

（一）抗旱防涝措施分析

在现代对于水利体系的管理当中，抗旱防涝是其关键性的组成内容，抗旱防涝工作主要目的是防止河段出现洪涝或者是农田出现干旱，在开展抗旱防涝工作的时候一旦发现河段可能会出现洪涝或者是农田出现干旱的危险性，那么就要以相应地区实际情况作为基础，制定相应的抗旱防涝方案，强化对于相应危害的控制力度。

由于不同地区在水文情况、河流地质情况、农田规模类型等方面存在差别，因此具体的抗旱防涝措施也存在差别，通常会将抗旱防涝规划工作归为三种类型，即为区域规划类型、河段规划类型以及河流流域规划类型，这些规划工作都带有其各自的特点，要能结合相应地区的特点，进行科学的规划。一个高质量的抗旱防涝规划方案能高效地对水资源运用、分配进行调节，避免水资源在利用阶段出现损失。

另外，抗旱防涝工作也是一个动态的过程，需要工作者能掌握相应地区降雨雨量的变化以及河道水量等方面的变化，及时、高效地对抗旱防涝方案进行调节。而由于一些地区降雨量变化较大，因此在制定抗旱防涝规划方案的时候，还能制定出应急方案，保证在紧急情况下也能有良好的抗旱防涝效果。

（二）抗旱防涝规划工作的原则

现代抗旱防涝工作所涉及的方面以及内容较多，一旦某一环节出现了问题，那么整个抗旱防涝工程也可能会出现问题。因此在实际开展抗旱防涝规划设定的时候，要能从实际的工作需要出发，保证抗旱防涝规划工作从整体到细节都能有良好的质量。

1. 整体以及局部设计工作要点

在开展以河段以及农田为目标的规划设计工作的时候，要能从整体到细节全部考虑到，认识到抗旱防涝细节和整体之间的内在联系，通过整体的统筹规划以及局部细节的控制，实现抗旱防涝规划效果的整体提升。其次，在考虑一些利弊得失的时候应能以全局为重，比如在开展抗旱防涝工作时候，河道中一些古代建筑可能会被淹没，那么这时候应能以整个项目为重，在保证整个抗旱防涝项目建设效果的前提下，采取转移或者水下防护措施。

2. 考虑到近期以及远期的发展需要

受到自然环境中各种因素变化的影响，各地区仍会受到不同的旱涝问题影响，并且这些旱涝对相应地区的影响也存在差别。在应对这些旱涝问题的时候，要能结合问题的实际特点，按照轻重缓急的规划方式进行处理，使河道以及农田的抗旱防涝问题能得到有效应的解决。其次，在制定解决方案处理相应问题的时候，也不能仅仅注意当前的目标要求，还要能将当前问题解决方案需要和未来长期规划方案相结合，保证抗旱防涝方案能一直发挥作用。

对水利工程规划设计时，首先应考虑工程建地环境的勘测，水利工程的主要目的是提升当地的农作物的产量。

3. 防洪防涝与水资源的利用

在水利工程的规划过程中，我们应结合抗旱防涝的问题对水资源的利用进行充分的考虑，实现利用价值的最高，进而获取明显的经济效益。水资源具体的分布十分复杂，区域之间也存在着较大差距，在较低流域中，需加强对其有效的利用。水利工程规划的设计需统筹兼顾水资源的利用及抗旱防涝地分析，进而减少自然灾害对农业生产造成的不利影响。

4. 工程与非工程措施

通常来讲，工程措施需要占据很大部分的土地，其投资也相对较大。非工程的措施投入就较少，将使得洪灾损失的不断降低，成为抗旱防涝中的重要部分。在抗旱防涝的规划设计过程中，我们需不断地加强非工程措施的建设力度，并且结合其二者，实现抗旱防涝的优化规划设计。

（三）加强农田水利工程防涝抗旱规划设计的措施

第一，对流域水文的资料及其自然地质的条件进行归纳整理，了解旱涝灾害的成因，并且制定出抗旱防涝的措施及其相关标准，并且开展相关的地质勘探和测量的工作。

第二，制定抗旱防涝的标准。制定的标准应该与实际情况相符合，按照不同的地理条件和经济发展的能力对适应抗旱防涝的保护区域进行详细地划分。并且对可能会产生的旱涝灾害及其影响程度进行具体的分析，抗旱洪涝的措施及其指定都应进行综合的分析，在实现国家的标准规范下，指定出与本区域相符合的防治标准。

第三，构建抗旱防涝的体系自然条件和抗旱防涝的体系存在着一定差距，因此，我们必须加强对不同部门抗旱防涝的要求考虑，并且对其影响抗旱防涝体系中地形因素进行分析，进而实现防涝抗旱的最优化规划。

第四，环境及其评价综合效益分析在防涝抗旱工程中，若想实现减少旱涝灾害的目的，提高人们生活环境的质量，则必须加强重视防洪抗旱工程的施工环境治理工作。但是在现阶段的防洪抗旱工程的施工建设中，不少工程都存在着一些建筑垃圾、安置移民的问题，合理地估算各年的效益，对洪灾的损失同增长的社会经济之间关系能够真实地反映，并且计算出所获取的经济效益。

抗旱防涝对于农业以及其他领域的影响都加大，如果未能有效地做好抗旱防涝应对方案，那么也就难以保证农业以及其他领域发展的稳定性。因此农田水利系统的建设则是极其必要的，需要抗旱防涝规划方面工作人员能从实际工作需要出发，结合实际需要，科学地制定的抗旱防涝规划方案，保证农田以及其他领域的稳定发展。

第二章　水利工程地基处理技术

第一节　地基处理相关概述

一、处理目的

（一）提高地基土的承载力

地基剪切破坏的具体表现形式有建筑物的地基承载力不够，由于偏心荷载或侧向土压力的作用使结构失稳；由于填土或建筑物荷载，使邻近地基产生隆起；土方开挖时边坡失稳基坑开挖时坑底隆起。地基土的剪切破坏主要因为地基土的抗剪强度不足，因此，为防止剪切破坏，就需要采取一定的措施提高地基土的抗剪强度。

（二）降低地基土的压缩性

地基的压缩性表现在建筑物的沉降和差异沉降大，而土的压缩性和土的压缩模量有关。因此，必须采取措施提高地基土的压缩模量，以减少地基的沉降和不均匀沉降。

（三）改善地基的透水特性

基坑开挖施工中，因土层内夹有薄层粉砂或粉土而产生管涌或流沙，这些都是因地下水在土中的运动而产生的问题，故必须采取措施使地基土降低透水性或减少其动水压力。

（四）改善地基土的动力特性

饱和松散粉细砂（包括部分粉土）在地震的作用下会发生液化在承受交通荷载和打桩时，会使附近地基产生振动下降，这些是土的动力特性的表现。地基处理的目的就是要改善土的动力特性以提高土的抗振动性能。

（五）改善特殊土不良地基特性

对于湿陷性黄土和膨胀土，就是消除或减少黄土的湿陷性或膨胀土的胀缩性。

二、处理分类

地基处理主要分为：基础工程措施、岩土加固措施。

有的工程，不改变地基的工程性质，而只采取基础工程措施；有的工程还同时对地基的土和岩石加固，以改善其工程性质。选定适当的基础形式，不需改变地基的工程性质就可满足要求的地基称为天然地基；反之，已进行加固后的地基称为人工地基。地基处理工程的设计和施工质量直接关系到建筑物的安全，如处理不当，往往发生工程质量事故，且事后补救大多比较困难。因此，对地基处理要求实行严格的质量控制和验收制度，以确保工程质量。

三、处理方法

常用的地基处理方法有：换填垫层法、强夯法、砂石桩法、振冲法、水泥土搅拌法、高压喷射注浆法、预压法、夯实水泥土桩法、水泥粉煤灰碎石桩法、石灰桩法、灰土挤密桩法和土挤密桩法、柱锤冲扩桩法、单液硅化法和碱液法等。

（一）换填垫层法

适用于浅层软弱地基及不均匀地基的处理。其主要作用是提高地基承载力，减少沉降量，加速软弱土层的排水固结，防止冻胀和消除膨胀土的胀缩。

（二）强夯法

适用于处理碎石土、砂土、低饱和度的粉土与黏性土、湿陷性黄土、杂填土和素填土等地基。强夯置换法适用于高饱和度的粉土，软一流塑的黏性土等地基上对变形控制不严的工程，在设计前必须通过现场试验确定其适用性和处理效果。强夯法和强夯置换法主要用来提高土的强度，减少压缩性，改善土体抵抗振动液化能力和消除土的湿陷性。对饱和黏性土宜结合堆载预压法和垂直排水法使用。

（三）砂石桩法

适用于挤密松散砂土、粉土、黏性土、素填土、杂填土等地基，提高地基的承载力和降低压缩性，也可用于处理可液化地基。对饱和黏土地基上变形控制不严的工程也可采用砂石桩置换处理，使砂石桩与软黏土构成复合地基，加速软土的排水固结，提高地基承载力。

（四）振冲法

分加填料和不加填料两种，加填料的通常称为振冲碎石桩法，振冲法适用于处理砂土、粉土、粉质黏土、素填土和杂填土等地基，对于处理不排水抗剪强度不小于

20kPa的黏性土和饱和黄土地基，应在施工前通过现场试验确定其适用性；不加填料振冲加密适用于处理黏粒含量不大于10%的中、粗砂地基。振冲碎石桩主要用来提高地基承载力，减少地基沉降量，还可用来提高土坡的抗滑稳定性或提高土体的抗剪强度。

（五）水泥土搅拌法

分为浆液深层搅拌法（简称湿法）和粉体喷搅法（简称干法）。水泥土搅拌法适用于处理正常固结的淤泥与淤泥质土、黏性土、粉土、饱和黄土、素填土以及无流动地下水的饱和松散砂土等地基。不宜用于处理泥炭土、塑性指数大于25的黏土、地下水具有腐蚀性以及有机质含量较高的地基。若需采用时必须通过试验确定其适用性，当地基的天然含水量小于30%（黄土含水量小于25%），大于70%或地下水的PH值小于4时不宜采用干法。连续搭接的水泥搅拌桩可作为基坑的止水帷幕，受其搅拌能力的限制，该法在地基承载力大于140kPa的黏性土和粉土地基中的应用有一定难度。

（六）高压喷射注浆法

适用于处理淤泥、淤泥质土、黏性土、粉土、砂土、人工填土和碎石土地基。当地基中含有较多的大粒径块石、大量植物根茎或较高的有机质时，应根据现场试验结果确定其适用性。对地下水流速度过大、喷射浆液无法在注浆套管周围凝固等情况不宜采用。高压旋喷桩的处理深度较大，除地基加固外，也可作为深基坑或大坝的止水帷幕，最大处理深度已超过30m。

（七）预压法

适用于处理淤泥、淤泥质土、冲填土等饱和黏性土地基，按预压方法分为堆载预压法及真空预压法。堆载预压分塑料排水带或砂井地基堆载预压和天然地基堆载预压。当软土层厚度小于4m时，可采用天然地基堆载预压法处理，当软土层厚度超过4m时，应采用塑料排水带、砂井等竖向排水预压法处理。对真空预压工程，必须在地基内设置排水竖井。预压法主要用来解决地基的沉降及稳定问题。

（八）夯实水泥土桩法

适用于处理地下水位以上的粉土、素填土、杂填土、黏性土等地基。该法施工周期短、造价低、施工文明、造价容易控制，在北京、河北等地的旧城区危改小区工程中得到不少成功的应用。

（九）水泥粉煤灰碎石桩（CFG桩）法

适用于处理黏性土、粉土、砂土和已自重固结的素填土等地基。对淤泥质土应根据地区经验或现场试验确定其适用性。基础和桩顶之间需设置一定厚度的褥垫层，保证桩、土共同承担荷载形成复合地基。该法适用于条基、独立基础、箱基、筏基，可用来提高地基承载力和减少变形。对可液化地基，可采用碎石桩和水泥粉煤灰碎石桩多桩型复合地基，达到消除地基土的液化和提高承载力的目的。

（十）石灰桩法

适用于处理饱和黏性土、淤泥、淤泥质土、杂填土和素填土等地基。用于地下水位以上的土层时，可采取减少生石灰用量和增加掺合料含水量的办法提高桩身强度，该法不适用于地下水下的砂类土。

（十一）灰土挤密桩法和土挤密桩法

适用于处理地下水位以上的湿陷性黄土、素填土和杂填土等地基，可处理的深度为5～15m。当用来消除地基土的湿陷性时，宜采用土挤密桩法；当用来提高地基土的承载力或增强其水稳定性时，宜采用灰土挤密桩法；当地基土的含水量大于24%、饱和度大于65%时，不宜采用这种方法。灰土挤密桩法和土挤密桩法在消除土的湿陷性和减少渗透性方面效果基本相同，土挤密桩法地基的承载力和水稳定性不及灰土挤密桩法。

（十二）柱锤冲扩桩法

适用于处理杂填土、粉土、黏性土、素填土和黄土等地基，对地下水位以下的饱和松软土层，应通过现场试验确定其适用性，地基处理深度不宜超过6m。

（十三）单液硅化法和碱液法

适用于处理地下水位以上渗透系数为0.1～2m/d的湿陷性黄土等地基，在自重湿陷性黄土场地，对Ⅱ级湿陷性地基，应通过试验确定碱液法的适用性。

（十四）综合比较法

在确定地基处理方案时，宜选取不同的多种方法进行比选。对复合地基而言，方案选择是针对不同土性、设计要求的承载力提高幅质、选取适宜的成桩工艺和增强体材料。

地基基础其他处理办法还有：砖砌连续墙基础法、混凝土连续墙基础法、单层或多层条石连续墙基础法、浆砌片石连续墙（挡墙）基础法等。

以上地基处理方法与工程检测、工程监测、桩基动测、静载实验、土工试验、基坑监测等相关技术整合在一起，称之为地基处理的综合技术。

四、处理步骤

地基处理方案的确定可按下列步骤进行。

第一，搜集详细的工程质量、水文地质及地基基础的设计材料。

第二，根据结构类型、荷载大小及使用要求，结合地形地貌、土层结构、土质条件、地下水特征、周围环境和相邻建筑物等因素，初步选定几种可供考虑的地基处理方案。另外，在选择地基处理方案时，应同时考虑上部结构、基础和地基的共同作用；也可选用加强结构措施（如设置圈梁和沉降缝等）和处理地基相结合的方案。

第三，对初步选定的各种地基处理方案，分别从处理效果、材料来源及消耗、机具条件、施工进度、环境影响等方面进行认真的技术经济分析和对比，根据安全可靠、施工方便。即经济合理等原则，从而因地制宜地循着最佳的处理方法。值得注意的是，每一种处理方法都有一定的适用范围、局限性和优缺点，没有一种处理方案是万能的，必要时也可选择两种或多重地基处理方法组成的综合方案。

第四，对已选定的地基处理方法，应按建筑物重要性和场地复杂程度，可在有代表性的场地上进行相应的现场试验和试验性施工，并进行必要的测试以验算设计参数和检验处理效果。如达不到设计要求时，应查找原因、采取措施或修改设计以达到满足设计的要求为目的。

第五，地基土层的变化是复杂多变的，因此，确定地基处理方案，一定要有经验的工程技术人员参加，对重大工程的设计一定要请专家们参加。当前有一些重大的工程，由于设计部门的缺乏经验和过分保守，往往使很多方案确定得不合理，浪费也是很严重的，必须引起有关领导的重视。

五、基础工程

（一）浅基础

通常把埋置深度不大，只需经过挖槽、排水等普通施工程序就可以建造起来的基础称为浅基础。它可扩大建筑物与地基的接触面积，使上部荷载扩散。浅基础主要有：①独立基础（如大部分柱基）；②条形基础（如墙基）；③筏形基础（如水闸底板）。当浅层土质不良，需把基础埋置于深处的较好地层时，就要建造各种类型的深基础，如桩基础、墩基础、沉井或沉箱基础、地下连续墙等，它将上部荷载传递到周围地层或下面较坚硬地层上。

（二）桩基础

一种古老的地基处理方式。中国隋朝的郑州超化寺塔和五代的杭州湾海堤工程都采用桩基。按施工方法不同，桩可分为预制桩和灌注桩。预制桩是将事先在工厂或施工现场制成的桩，用不同沉桩方法沉入地基；灌注桩是直接在设计桩位开孔，然后在孔内浇灌混凝土而成。

（三）沉井和沉箱基础

沉井又称开口沉箱。它是将上下开敞的井筒沉入地基，作为建筑物基础。沉井有较大的刚度，抗震性能好，既可作为承重基础，又可作为防渗结构。沉箱又称气压沉箱，其形状、结构、用途与沉井类似，只是在井筒下端设有密闭的工作室，下沉时，把压缩空气压入工作室内，防止水和土从底部流入，工人可直接在工作室内干燥状态下施工。

（四）地下连续墙

利用专门机具在地基中造孔、泥浆固壁、灌注混凝土等材料而建成的承重或防渗结构物。它可做成水工建筑物的混凝土防渗墙；也可作一般土木建筑的挡土墙、地下工程的侧墙等，墙厚一般40～130cm。世界上最深的混凝土防渗墙达131m。

（五）土基加固

采取专门措施改善土基的工程性质。土基加固方法很多，如置换法、碾压法、强夯法、爆炸压密、砂井、排水法、振冲法、灌浆、高压喷射灌浆等。

（六）置换法

置换法是将建筑物基础地面以下一定范围内的软弱土层挖除，置换以良好的无侵蚀性急低压缩性的散粒材料（土、砂、碎石）或与建筑物相同的材料，然后压实或夯实。一般用基用砂或碎石置换，称砂垫层或碎石垫层。

（七）排水法

排水法是采取相应措施如砂垫层、排水井、塑料多孔排水板等，使软基表层或内部形成水平或垂直排水通道，然后在土壤自重或外界荷载作用下，加速土壤中水分的排出，使土壤固结的方法。

如排水井法：在地基内按一定的间距打孔，孔内灌注透水性良好的砂，缩短排水路径，并在上部施加预压荷载的处理方法。它可加速地基固结和强度增长，提高地基稳定性，并使基础沉降提前完成。砂井直径一般25～50cm，间距2～3m。砂井一般用射水法造孔，也可采用袋砂井、排水纸板等，还可采用真空预压法，即用抽真空的办法加压，可取得相应于80kPa的等效荷载。

（八）灌浆

借助于压力，通过钻孔或其他设施将浆液压送到地基孔隙或缝隙中，改善地基强度或防渗性能的工程措施，主要有固结灌浆、帷幕灌浆、接触灌浆、化学灌浆以及高压喷射灌浆。

1.固结灌浆

是通过面状布孔灌浆，以改善基岩的力学性能，减少基础的变形和不均匀沉降；改善工作条件，减少基础开挖深度的一种方法，特点是：灌浆面积较大、深度较浅、压力较小。

2.帷幕灌浆

是在基础内，平行于建筑物的轴线，钻一排或几排孔，用压力灌浆法将浆液灌入到岩石的缝隙中去，形成一道防渗帷幕，截断基础渗流，降低基础扬压力的一种方法，特点是：深度较深、压力较大。

3.接触灌浆

是在建筑物和岩石接触面之间进行灌浆，以加强二者之间的结合程度和基础的整体性，提高抗滑稳定，同时也增进岩石固结与防渗性能的一种方法。

4.化学灌浆

是以一种高分子有机化合物为主题材料的灌浆方法。这种浆材呈溶液状态，能灌入0.10mm以下的细微管缝，浆液经过一定时间起化学作用，可将裂缝粘合起来形成凝胶，起到堵水防渗以及补强的作用。

5.高压喷射灌浆

通过钻入土层中的灌浆管，用高压压入某种流体和水泥浆液，并从钻杆下端的特殊喷嘴以高速喷射出去的地基处理方法。在喷射的同时，钻杆以一定速度旋转，并逐渐提升；高压射流使四周一定范围内的土体结构遭受破坏，并被强制与浆液混合，凝固成具有特殊结构的圆柱体，也称旋喷桩。如采用定向喷射，可形成一段墙体，一般每个钻孔定喷后的成墙长度为3～6m。用定喷在地下建成的防渗墙称为定喷防渗墙。喷射工艺有三种类型：①单管法，只喷射水泥浆液；②二重管法，由管底同轴双重喷嘴同时喷射水泥浆液及空气；③三重管法，用三重管分别喷射水、压缩空气和水泥浆液。

（九）水泥土搅拌桩

水泥土搅拌桩地基系利用水泥作为固化剂，通过深层搅拌机在地基深部，就地将软土和固化剂（浆体或粉体）强制拌和，利用固化剂和软土发生一系列物理、化学反应，使凝结成具有整体性、水稳性好和较高强度的水泥加固体，与天然地基形成复合地基。

（十）岩基加固

少裂隙、新鲜、坚硬的岩石，强度高、渗透性低，一般可以不加处理作为天然地基，但风化岩、软岩、节理裂隙等构造发育的岩石，须采取专门措施进行加固。岩基加固的方法，有开挖置换、设置断层混凝土塞、锚固、灌浆等。

（十一）开挖置换

类似土基加固的换土法，将设计规定的建筑物建基高程以上的风化岩全部开挖，用混凝土置换。

（十二）设置断层混凝土塞

将断层内断层角砾岩、断层泥挖除至一定深度，回填混凝土，形成混凝土塞。

（十三）锚固

在岩石内埋设锚索，用以抵抗侧向力或向上的力；通常锚索为被水泥浆或其他固定剂所包裹的高强度钢件（钢筋、钢丝或钢束），锚固法也可以加固土基。

六、综合技术

（一）地基处理前

利用软弱土层作为持力层时，可按下列规定执行：①淤泥和淤泥质土，宜利用其上覆较好土层作为持力层，当上覆土层较薄，应采取避免施工时对淤泥和淤泥质土扰动的措施；②冲填土、建筑垃圾和性能稳定的工业废料，当均匀性和密实度较好时，均可利用作为持力层；③对于有机质含量较多的生活垃圾和对基础有侵蚀性的工业废料等杂填土，未经处理不宜作为持力层。局部软弱土层以及暗塘、暗沟等，可采用基础梁、换土、桩基或其他方法处理。在选择地基处理方法时，应综合考虑场地工程地质和水文地质条件、建筑物对地基要求、建筑结构类型和基础形式、周围环境条件、材料供应情况、施工条件等因素，经过技术经济指标比较分析后择优采用。

（二）地基处理设计时

地基处理设计时，应考虑上部结构，基础和地基的共同作用，必要时应采取有效措施，加强上部结构的刚度和强度，以增加建筑物对地基不均匀变形的适应能力。对已选定的地基处理方法，宜按建筑物地基基础设计等级，选择代表性场地进行相应的现场试验，并进行必要的测试，以检验设计参数和加固效果，同时为施工质量检验提供相关依据。

（三）地基处理后

经处理后的地基，当按地基承载力确定基础底面积及埋深而需要对地基承载力特征值进行修正时，基础宽度的地基承载力修正系数取零，基础埋深的地基承载力修正系数取 1.0；在受力范围内仍存在软弱下卧层时，应验算软弱下卧层的地基承载力。对受较大水平荷载或建造在斜坡上的建筑物或构筑物，以及钢油罐、堆料场等，地基处理后应进行地基稳定性计算。结构工程师需根据有关规范分别提供用于地基承载力验算和地基变形验算的荷载值；根据建筑物荷载差异大小、建筑物之间的联系方法、施工顺序等，按有关规范和地区经验对地基变形允许值合理提出设计要求。地基处理后，建筑物的地基变形应满足现行有关规范的要求，并在施工期间进行沉降观测，必要时尚应在使用期间继续观测，用以评价地基加固效果和作为使用维护依据。复合地基设计应满足建筑物承载力和变形要求，地基土为欠固结土、膨胀土、湿陷性黄土、可液化土等特殊土时，设计要综合考虑土体的特殊性质，选用适当的增强体和施工工艺。复合地基承载力特征值应通过现场复合地基载荷试验确定，或采用增强体的载荷试验结果和其周边土的承载力特征值结合经验确定。

第二节 岩石地基灌浆

一、灌浆方法

基岩灌浆有多种方法，按照浆液流动的方式分，有纯压式灌浆和循环式灌浆；按照灌浆段施工的顺序分有自上而下灌浆和自下而上灌浆等。它们各有优缺点，各自适应不同的情况。

（一）纯压式和循环式灌浆

1.纯压式灌浆

将浆液灌注到灌浆孔段内，不再返回的灌浆方式称为纯压式灌浆。很显然，纯压式灌浆的浆液在灌浆孔段中是单向流动的，没有回浆管路，灌浆塞的构造也很简单，施工工效也较高。

2.循环式灌浆

浆液灌注到孔段内，一部分渗入岩石裂隙；一部分经回浆管路返回储浆桶，这种方法称为循环式灌浆。为了达到浆液在孔内循环的目的，要求射浆管出口接近灌浆段底部，规范规定其距离不大于50cm。

循环式灌浆时，无论何时灌浆孔段内的浆液总是保持着流动状态，因而可最大限度地减少浆液在孔内的沉淀现象，不易过早地堵塞裂隙通道，因而有利于提高灌浆质量，这是其优点；它的缺点是比纯压式灌浆施工复杂、浆液损耗量大、工效也低一些，在有的情况下，如灌注浆液较浓，注入率较大，回浆很少，灌注时间较长等，可能会发生孔内浆液凝住射浆管的事故。

（二）自上而下和自下而上灌浆

1.自上而下灌浆

自上而下灌浆法（也称下行式灌浆法）是指自上而下分段钻孔、分段安装灌浆塞进行的灌浆。在孔口封闭灌浆法推广以前，我国多数灌浆工程采用此法。

采用自上而下灌浆法时，各灌浆段灌浆塞分别安装在其上部已灌灌浆段的底部。每一灌浆段的长度通常为5m，特殊情况下可适当缩短或加长，但最长也不宜大于10m，其他各种灌浆方法的分段要求也是如此。灌浆塞在钻孔中预定的位置上安装时，有时候由于钻孔工艺或地质条件的原因，可能达不到封闭严密的要求，在这种情况下，灌浆塞可适当上移，但不能下移。自上而下灌浆法可适用于纯压式灌浆和循环式灌浆，但通常与循环式灌浆配套采用。

2.自下而上灌浆

自下而上灌浆法（也称上行式灌浆法）就是将钻孔一次钻到设计孔深，然后自下而上逐段安装灌浆塞进行灌浆的方法。这种方法通常与纯压式灌浆结合使用，很显然，采用自下而上灌浆法时，灌浆塞在预定的位置塞不住，其调整的方法是适当上移或下移，直至找到可以塞住的位置。

3.综合灌浆法

综合灌浆法是在钻孔的某些段采用自上而下灌浆，另一些段采用自下而上灌浆的方法。这种方法通常在钻孔较深、地层中间夹有不良地质段的情况下采用。

4.全孔一次灌浆

全孔一次灌浆法是指整个灌浆孔不分段一次进行的灌浆。这种方法一般在孔深不超过6m的浅孔灌浆时采用，也有的工程放宽到8m～10m。全孔一次灌浆法可采用纯压式灌浆，也可采用循环式灌浆。

（三）孔口封闭灌浆法

孔口封闭法是我国当前用得最多的灌浆方法，它是采用小口径钻孔，自上而下分段钻进，分段进行灌浆，但每段灌浆都在孔口封闭，并且采用循环式灌浆法。

1.工艺流程

孔口封闭灌浆法单孔施工程序为：孔口管段钻进→裂隙冲洗兼简易压水→孔口管段灌浆→镶铸孔口管→待凝72h→第二灌浆段钻进→裂隙冲洗兼简易压水→灌浆→下一灌浆段钻孔、压水、灌浆……直至终孔→封孔。

2.技术要点

孔口封闭法是成套的施工工艺，施工人员应完整地掌握其技术要点，而不能随意肢解，各取所需。

（1）钻孔孔径

孔口封闭法适宜于小口径钻孔灌浆，因此钻孔孔径宜为Φ46mm～Φ76mm。与ΦD42mm或Φ50mm的钻杆（灌浆管）相配合，保持孔内浆液能较快地循环流动。

（2）孔口段灌浆

灌浆孔的第一段即孔口段是镶铸孔口管的位置，各孔的这一段应当先钻出，先进行灌浆。孔口段的孔径要比灌浆孔下部的孔径宜大2级，通常为76mm或91mm。孔口段的深度应与孔口管的长度一致。灌浆时在混凝土盖板与岩石界面处安装灌浆塞，进行循环式或纯压式灌浆，直至达到结束条件。

（3）孔口管镶铸

镶铸孔口管是孔口封闭法的必要条件和关键工序。孔口管的直径应与孔口段钻孔的直径相配合，通常采用Φ73mm或Φ89mm。孔口管的长度应当满足深入基岩1m～2.5m和高出地面10cm，灌浆压力高或基岩条件差时，深入基岩应当长一些。孔口管的上端应当预先加工有螺纹，以便于安装孔口封闭器。孔口段灌浆结束后应当随即镶铸孔口管，即将孔口管下至孔底，管壁与钻孔孔壁之间填满0.5∶1的水泥浆，导正并固定孔口管，待凝72h。

（4）孔口封闭器

由于灌浆孔很深，灌浆管要深入到孔底，所以必须确保在灌浆过程中灌浆管不被浆液凝固铸死，因此孔口封闭器的作用十分重要。规范要求，孔口封闭器应具有良好的耐压和密封性能，在灌浆过程中灌浆管应能灵活转动和升降。

（5）射浆管

孔口封闭法的射浆管即孔内灌浆管，也就是钻杆。射浆管必须深入灌浆孔底部，离孔底的距离不得大于50cm，这是形成循环式灌浆的必要条件。

（6）孔口各段灌浆

孔口段及其以下2～3段段长划分宜短，灌浆压力递增宜快，这样做的目的一方面是为了减少抬动危险，另方面是尽快达到最大设计压力。通常孔口三段按2m、1m、2m段长划分，第四段恢复到5m长度，并升高到设计最大压力。

（7）裂隙冲洗及简易压水

除地质条件不允许或设计另有规定外，一般孔段均合并进行裂隙冲洗和简易压水。需要注意的是各段压水虽然都在孔口封闭，全孔受压，但在计算透水率时，试段长度只取未灌浆段的段长，已灌浆段视为不透水。

（8）活动灌浆管和观察回浆

采用孔口封闭法进行灌浆，特别是在深孔（大于50m）、浓浆（小于0.7∶1）、高压力（大于4MPa）、大注入率和长时间灌注的条件下必须经常活动灌浆管和十分注意观察回浆。灌浆管的活动包括转动和上下升降，每次活动的时间1min～2min，间隔时间2min～10min，视灌浆时的具体情况而定，回浆应经常保持在15L/min以上。这两条措施都是为了防止在灌浆的过程中灌浆管被凝住。

（9）灌浆结束条件

孔口封闭法的灌浆结束条件比其他灌浆方法严格一些，主要表现在达到设计压力和足够小的注入率以后的持续时间稍长。这样做的目的是使灌入岩体的浆液受到更充分的挤压、脱水、密实，从而可以紧接着进行以下孔段的钻灌作业，而不必待凝。

（10）不待凝

一个灌浆段灌浆结束以后，不待凝，立即进行下一段的钻孔和灌浆作业。孔口封闭灌浆法诞生以前，灌浆后的待凝大大影响灌浆工效的提高，此问题曾长期困扰灌浆工程界。孔口封闭法的实践成功地解决了这一问题，它的技术保证就是上述的灌浆结束条件。

二、灌浆压力

（一）灌浆压力的构成和计算

准确地说，灌浆压力是指灌浆时浆液作用在灌浆段中点的压力，它是由灌浆泵输出压力（由压力表指示）、浆液自重压力、地下水压力和浆液流动损失压力的代数和。

浆液在灌浆管和钻孔中流动的压力损失P_4包括沿程损失和局部损失。此项数值与管路长度、管径、孔径、糙率、接头弯头的多少与形式、浆液黏度、流动速度等有关，可以通过计算或试验得出，但由于计算比较复杂，试验也不一定准确，且这项数值相对较小，因此为简便起见一般予以忽略。

在灌浆施工实践中，特别是现今多采用的高压灌浆施工中，由于灌浆压力很大（大于3MPa），浆柱压力、地下水压力、管路损失相对都较小，因此习惯上常常就采用表压力作为灌浆压力。

由于大多数灌浆泵都是柱塞泵或活塞泵，它们输出浆液的压力是波动的，压力表或记录仪指示的压力也是波动的，有的时候波动还很大。控制和记录灌浆压力宜以波动的中值为准。

（二）灌浆压力的控制

灌浆过程中，灌浆压力的控制主要有以下两种方法。

一次升压法。灌浆开始后，尽快地将灌浆压力升到设计压力。

分级升压法。在灌浆过程中，开始使用较低的压力，随着灌浆注入率的减少，将压力分阶段逐步升高到设计值。

一次升压法适用于透水性不大、裂隙不甚发育的岩层灌浆。分级升压法适用于裂隙发育，透水率较大的地层。

灌浆压力应当根据注浆率的变化进行控制。灌浆压力和注浆率是相互关联两个参数，在施工中应遵循这样的原则：当地层吸浆量很大、在低压下即能顺利地注入浆液时，应保持较低的压力灌注，待注浆率逐渐减小时再提高压力；当地层吸浆量较小、注浆困难时，应尽快将压力升到规定值，不要长时间在低压下灌浆。

高压灌浆应当特别注意控制灌浆压力和注入率。平缝模型试验表明，上抬力与最大灌浆压力和最大注入量成正比，而注入量与注入率有关，因此为防止上抬力过大而引起地面抬动，必须协调控制灌浆压力和注入率。

（三）灌浆压力趋向的判断

在灌浆过程中，根据实际情况合理地控制灌浆压力是灌浆成功的关键，施工人员必须对灌浆压力趋向进行正确判断，并采取相应措施。表2-1为灌浆过程中各种压力变化趋向及其应对措施。

表2-1 压力趋向判断与控制措施

压力趋向	物理描述	控制措施
压力不变，吸浆量逐渐减少	表明浆液逐渐充填在有许多细裂隙的岩层中，通常吸浆量是低至中等	灌浆情况基本正常。当总注入量较大且注入率递减不快时，可适当改浓浆液，控制浆液扩散

续表

压力趋向	物理描述	控制措施
压力不变，吸浆量逐渐减少，接着突然减少	裂隙过早堵塞	进行冲洗。改稀浆液或谨慎提高灌浆压力
在设计压力下，在较长时间内保持不变压力和中等吸浆量	可能存在漏浆或串浆，或扩散范围较大，常发生在Ⅰ序孔中	如无表面渗漏，可逐渐加浓浆液。如灌注一定量的水泥后，吸浆率仍未减少，可停灌待凝后再复灌
压力不变，吸浆量突然增大	局部岩体变形，或无变形而裂隙变宽	加浓浆液或降低压力，直到吸浆量有减少趋势
压力不变，吸浆量突然减少之后又逐渐减少	受局部地层限制，浆液先充填空穴，然后逐渐充填微细裂隙	可改稀一级的浆液，如使用稳定性浆液，可增加减水剂用量
在低压下，使用浓浆灌注，仍能保持最大泵量的吸浆量	浆液自由流入了严重破碎的岩层、溶洞，持续灌注，浆液扩散广，材料消耗大	浆液中加入填料，灌入一定量后暂停灌浆，之后在同一孔或相邻孔复灌
在低压或缓慢升高压力情况下，吸浆量很大但逐渐减少	浆液一般是在中等破碎地层中扩散，通常发生在Ⅰ序孔，当泵量超过吸浆率时，可达到设计压力	灌浆情况正常。浆液不再加浓，继续灌注到结束条件
压力迅速增加，吸浆量迅速减少	由于浆液加浓太快，提前堵塞裂隙	冲孔，改用稀浆灌注
吸浆量由减少变为增大，使用较浓浆液时仍不改变	岩体发生大范围的缓慢变形，或在有充填的大裂隙中，冲刷出了通道	降低压力
压力和吸浆率脉动变化，趋于无规律地减少	破碎或层状岩层中的裂隙逐渐堵塞	灌浆情况正常
压力和吸浆量不稳定地增减脉动，没有固定的变化趋势	岩体表面、岩块或灌浆区浆液打开了新通道，发生局部变形，通常与严重破碎岩层和大吸浆量有关	尽快加浓浆液到最大浓度，至出现吸浆率减少趋势，或在灌注一定量的浆液后停止灌浆，避免浆液过度扩散，待凝后恢复灌浆

三、基岩帷幕灌浆

帷幕灌浆通常布置在靠近坝基面的上游，是应用最普遍、工艺要求较高的灌浆工程。

（一）帷幕灌浆孔钻孔的要求

帷幕灌浆孔钻孔的钻机最好采用回转式岩芯钻机、金刚石或硬质合金钻头。这样钻出来的孔孔型圆整，孔斜较易控制，有利于灌浆，以往，经常采用的是钢粒或铁砂钻进，但在金刚石钻头推广普及之后，除有特殊需要外，钻粒钻进一般就用得很少了。

为了提高工效，国内外已经越来越多地采用冲击钻进和冲击回转钻进。但是由于冲击钻进要将全部岩芯破碎，因此，岩粉较其他钻进方式多，故应当加强钻孔和裂隙冲洗。另外，在同样情况下冲击钻进较回转钻进的孔斜率大，这也是应当加以注意的。

在各种灌浆中帷幕灌浆孔的孔斜要求是较高的，因此应当切实注意控制孔斜和进行孔斜测量。

（二）灌浆压力的确定

灌浆压力是灌浆能量的来源，一般地说使用较大的灌浆压力对灌浆质量有利，因为较大的灌浆压力有利于浆液进入岩石的裂隙，也有利于水泥浆液的泌水与硬结，提高结石强度；较大的灌浆压力可以增大浆液的扩散半径，从而减少钻孔灌浆工程量（减少孔数）。但是，过大的灌浆压力会使上部岩体或结构物产生有害的变形，或使浆液渗流到灌浆范围以外的地方，造成浪费；较高的灌浆压力对灌浆设备和工艺的要求也更高。

决定灌浆压力的主要因素有：

1.防渗帷幕承受水头的大小

通常建筑物防渗帷幕承受的水头大，帷幕防渗标准也高，因而灌浆压力要大，反之，灌浆压力可以小一些。

2.地质条件

通常岩石坚硬、完整，灌浆压力可以高一些，反之灌浆压。

（三）先导孔施工

1.先导孔的作用

一项灌浆工程在设计阶段通常难以获得最充分的地质资料，因此在施工之初，利用部分灌浆孔取得必要的补充地质资料或其他资料，用以检验和核对设计及施工参数，这些最先施工的灌浆孔就是先导孔。

先导孔的工作内容主要是获取岩芯和进行压水试验，同时要完成作为Ⅰ序孔的灌浆任务。

2. 先导孔的布置

先导孔应当在Ⅰ序孔中选取，通常1～2个单元工程可布置一个，或按本排灌浆孔数的10%布置。双排孔或多排孔的帷幕先导孔应布置在最深的一排孔中并最先施工，先导孔的深度一般应比帷幕设计孔深深5m。

设计阶段资料不足或有疑问的地段可重点布置先导孔。

但应注意，虽然先导孔具有补充勘探的性质，非不得已也不要把勘探设计阶段的任务任意或大量地转移到先导孔来完成。这是因为在施工阶段来进行的先导孔施工受工期、技术和预算等条件的影响，通常不易做得很细，难以满足设计的要求。

3. 先导孔施工的方法

先导孔通常使用回转式岩芯钻机自上而下分段钻孔，采取岩芯，分段安装灌浆塞进行压水试验。压水试验的方法为三级压力五个阶段的五点法。

先导孔各孔段的灌浆宜在压水试验后接着进行。这样灌浆效果好，且施工简便，压水试验成果的准确性可满足要求。也有在全孔逐段钻孔、逐段进行压水试验直到设计深度后，再自下而上逐段安装灌浆塞进行纯压式灌浆直至孔口的。除非钻孔很浅，不允许对先导孔采取全孔一次灌浆法灌浆。

（四）浆液变换

在灌浆过程中，浆液浓度的使用一般是由稀浆开始，逐级变浓，直到达到结束标准。过早地换成浓浆，常易将细小裂隙进口堵塞，致使未能填满灌实，影响灌浆效果；灌注稀浆过多，浆液过度扩散，造成材料浪费，也不利于结石的密实性。因此，根据岩石的实际情况，恰当地控制浆液浓度的变换是保证灌浆质量的一个重要因素。一般灌浆段内的细小裂隙多时，稀浆灌注的时间应长一些；反之，如果灌浆段中的大裂隙多时，则应较快换成较浓的浆液，使灌注浓浆的历时长一些。

灌浆过程中浆液浓度的变换应遵循如下原则：①当灌浆压力保持不变，吸浆量均匀地减少时，或当吸浆量不变，压力均匀地升高时，不需要改变水灰比；②当某一级水灰比浆液的灌入量已达到某一规定值（例如300L）以上，或灌浆时间已达到足够长（例如30min），而灌浆压力及吸浆量均无显著改变时，可改换浓一级浆液灌注；③当其注入率大于30L/min时，可根据具体情况越级变浓。④改变水灰比后，如灌浆压力突增或吸浆率锐减，应立即查明原因；⑤每一种比级的浆液累计吸浆量达到多少时才允许变换一级，这个数值要根据地质条件和工程具体情况而定，一般情况下可采用300L，原则是尽量使最优水灰比的浆液多灌入一些（最优水灰比通过灌浆试验得出）；⑥对于“无显著改变”的理解可以量化为，某一级浓度的浆液在灌注了一定数量之后，其注入率仍大于初始注入率的70%，就属于“无显著改变”；⑦固结灌浆的浆液比级与变换原则可参照帷幕灌浆。

（五）抬动观测

1.抬动观测的作用

在一些重要的工程部位进行灌浆，特别是高压灌浆时，有时要求进行抬动观测。抬动观测有两个作用：①了解灌浆区域地面变形的情况，以便分析判断这种变形对工程的影响；②通过实时监测，及时调整灌浆施工参数，防止上部构筑物或地基发生抬动变形。

2.抬动观测的方法

（1）精密水准测量

即在灌浆范围内埋设测桩或建立其他测量标志，在灌浆前和灌浆后使用精密水准仪测量测桩或标点的高程，对照计算地面升高的数值，必要时也可在灌浆施工的中期进行加测。这种方法主要用来测量累计抬动值。

（2）测微计观测

建立抬动观测装置，安装百分表、千分表或位移传感器进行监测。浅孔固结灌浆的抬动观测装置的埋置深度应大于灌浆孔深度，深孔灌浆抬动观测装置的深度一般不应小于20m。这种方法用来监测每一个灌浆段在灌浆过程中的抬动值变化情况，指导操作人员实时控制灌浆压力，防止发生抬动或抬动值超过限值。

这种抬动观测在压水和灌浆过程中应连续进行，时间间隔可为5～10min，但当抬动速率较快时，时间间隔应当缩小至1～2min。

根据观测的目的要求可以选用其中的一种观测方法，但在灌浆试验时或对抬动敏感地带，应当同时采用上述两种方法进行观测。

（六）特殊情况处理

灌浆施工过程中经常会遇到一些特殊情况，使得灌浆施工无法按正常的方法进行，这时必须针对不同的情况采取处理措施。

1.冒浆

冒浆是指某一孔段灌浆时在其周围的地面或其他临空面，或结构物的裂缝冒出浆液。

轻微的冒浆，可让其自行凝固封闭；严重者，可变浓浆液、降低灌浆压力或间歇中断待凝，必要时应采取堵漏措施，如用棉纱、麻刀、木楔等嵌填漏浆的缝隙。

2.串浆

串浆是指正在灌浆的孔段与相邻的钻孔串通，浆液在邻孔中串漏出来。

对这种情况，应争取将所有互串孔同时进行灌浆。如其总的注入率不大于泵的正常排浆能力，可用一台泵以并联法作群孔灌浆，否则应用多台泵分别灌浆。若因条件限制，不能采用多台泵灌浆时，可暂将被串孔塞住，待灌浆孔灌完后再将被串孔内的浆液清理出来进行补灌。应用一台泵或多台泵进行群孔灌浆时，应当密切注意防止地面抬动。

3.灌浆中断

一个孔段的灌浆作业应连续进行直到结束，尽量避免中断。实际施工中发生的中断有两种情况：一是被迫中断，如机械故障、停电、停水、器材问题等；二是有意中断，如实行间歇灌浆，制止串冒浆等。

发生前一种中断情况，应立即采取措施排除故障，尽快恢复灌浆。恢复时一般应从稀浆开始，如注入率与中断前接近，则可尽快恢复到中断前的浆液稠度，否则应逐级变浓。若恢复后的注入率减少很多，且短时间内停止吸浆，这说明裂隙因中断被堵塞，应起出栓塞进行扫孔和冲洗后再灌。

有意待凝后的中断，之后应先扫孔至原深度后再进行复灌。

4.绕塞渗漏

绕塞渗漏是指浆液沿着孔壁或基岩裂隙绕过灌浆塞渗漏到孔口外面来。在进行自下而上分段灌浆时，由于灌浆孔孔壁不圆整、岩石陡倾角裂隙发育或灌浆塞阻塞封闭不严等原因，浆液绕流到灌浆塞上面，时间一长，灌浆塞就会被凝固在孔里。

为避免发生这种现象，在灌浆前进行压水试验时应当注意检查，看有无绕塞返水现象，如果发现压水时孔口返水，应再度压紧灌浆塞或移动位置重新安装灌浆塞。

当灌浆时发现浆液绕过栓塞从孔口流出时，应立即松开栓塞，并通过栓塞注水冲洗，直至孔口返出清水为止。如果孔径较大，灌浆塞位置不深、绕流出的浆液流量不大时，也可以在孔中下人水管至灌浆塞的上面，通水冲洗，直至灌浆结束。

从根本上预防绕塞返浆的措施是：①采用孔口封闭灌浆法；②采用自上而下分段灌浆法；③采用金刚石或合金钻头钻进灌浆孔；④采用膨账量大、适应孔型好的灌浆塞。

5.孔口涌水

灌浆孔孔口涌水有两个原因：一是钻孔与地层中承压水穿透；二是灌浆孔孔口高程低于地下水或河水、库水水位。灌浆孔孔口涌水轻则影响灌浆效果，涌水压力大时甚至导致灌浆难以进行。

第一种情况通常在钻孔时很容易发现，这时无论原计划是采用自上而下还是自下而上灌浆方法，无论已经钻进的孔段长度是否已经达到5m或其他规定的长度，都应当停止钻进，先对本段进行灌浆处理。灌浆前可以使钻孔充分排水。有时承压水量不大，排水一段时间后，压力释放了之后就可以按常规办法灌浆；有时承压水量很大，长时间排水也无济于事，这时应当测量承压水的压力和流量，有针对性地采取如下处理措施：①使用最浓级浆液灌注，必要时浆液中可加入速凝剂；②使用纯压式灌浆方式；③提高灌浆压力；（4）进行屏浆、闭浆和待凝。

有时候，一次处理不行还需要反复处理多次，直到能达到正常结束条件后再进行以下孔段的钻孔和灌浆。

第二种情况较常遇见，当涌水压力和流量较大时也应按上述方法处理。当涌水压力和流量不大时，则在常规灌浆方法的基础上适当提高灌浆压力和增加闭浆待凝措施即可。

所谓屏浆，是指灌浆段的灌浆达到结束条件后（压力、注入率、持续时间满足要求），再继续使用灌浆泵对灌浆孔段灌注稀浆，施加压力的措施。这实际上也是将结束条件中的“持续时间”延长。

所谓闭浆，是指灌浆段的灌浆结束后，不卸除灌浆塞，继续保持灌浆孔段的封闭状态的措施。

6.浆液失水变浓

在细微裂隙发育的岩层中灌浆，常常会遇到浆液失水变浓的情况。通常可以采取的措施是：①将已经变浓的浆液弃除，换用新浆灌注。实践证明换用新浆以后还可以注入一部分浆液，原浆加水没有作用。②适当提高灌浆压力，进一步扩张裂隙，增大注入量，但应防止岩体抬动。③当大面积发生失水变浓现象时，说明灌浆材料不适用该地层，应当改换灌浆材料，如使用细水泥、超细水泥或湿磨水泥等。

7.岩体抬动

灌浆工程中有时会发生地面隆起、岩体劈裂或建筑物抬升裂缝等现象，这种情况除了可以通过肉眼观察或仪器观测发现之外，还可以从灌注压力和注入率的异常发觉，如灌浆压力突降、注入率陡增等都是建筑物或岩体可能发生变形的征兆。这时应当立即降低灌浆压力或停灌待凝，同时调查变形的部位及其可能造成的危害，复灌时要以低压浓浆小流量灌注。

抬动变形通常限制在0.2mm以内，超过此限被认为是有害变形，必须防止。抬动一般是不可逆的，既要限制一次抬动量，也要限制累计抬动量。有的工程要求累计抬动值不超过2mm。

（七）灌浆结束条件

灌浆结束条件对于灌浆施工十分重要，它对灌浆工程的质量、工效和成本都有较大影响。

帷幕灌浆采用自上而下分段灌浆法时，在规定压力下，当注入率大于0.4L/min时，继续灌注60min；或不大于1L/min时，继续灌注90min，灌浆可以结束。

采用自下而上分段灌浆法时，继续灌注的时间可相应地减少为30min和60min，灌浆可以结束。

当采用孔口封闭灌浆法时，灌浆应同时满足下面的条件：在设计压力下，注入率不大于1L/min，延续灌注时间不少于90min；灌浆全过程中，在设计压力下的灌浆时间不少于120min，方可结束。

采用自上而下分段灌浆法时，灌浆段在最大设计压力下，注入率不大于1L/min后，继续灌注60min，可结束灌浆。

采用自下而上分段灌浆法时，在该灌浆段最大设计压力下，注入率不大于1L/min

后，继续灌注30min，可结束灌浆。

当采用孔口封闭灌浆法时，在该灌浆段最大设计压力下，注入率不大于1L/min，继续灌注60min～90min，可结束灌浆。

（八）封孔

1. 导管注浆法

全孔灌浆完毕后，将导管（胶管、铁管或钻杆）下入到钻孔底部，用灌浆泵向导管内泵入水灰比为0.5的水泥浆。水泥浆自孔底逐渐上升，将孔内余浆或积水顶出孔外。在泵入浆液过程中，随着水泥浆在孔内上升，可将导管徐徐上提，但应注意务使导管底口始终保持在浆面以下。工程有专门要求时，也可注入砂浆。这种封孔方法适用于浅孔和灌浆后孔口没有涌水的钻孔。

值得注意的是切忌：不用导管，径直向孔口注入浆液。那样因为孔内的水或稀浆不能被置换出来，会在钻孔中留下通道。

2. 全孔灌浆法

全孔灌浆完毕后，先采用导管注浆法将孔内余浆置换成为水灰比0.5的浓浆，而后将灌浆塞塞在孔口，继续使用这种浆液进行纯压式灌浆封孔。封孔灌浆的压力可根据工程具体情况确定，采用尽可能大的压力，一般不要小于1MPa。当采用孔口封闭法灌浆时，可使用最大灌浆压力，灌浆持续时间不应小于1h。经验表明，当采用这种方法封孔时，孔内水泥浆液结石密度都可达到2.0g/cm³以上，抗压强度20MPa以上，孔口无渗水。

当采用自下而上灌浆法，一孔灌浆结束后，通常全孔已经充满凝固或半凝固状态的浓稠浆体，在这种情况下可直接在孔口段进行封孔灌浆。

3. 分段灌浆封孔法

全孔灌浆完毕后，自下而上分段进行纯压式灌浆封孔，分段长度20m～30m，使用浆液水灰比0.5，灌浆压力为相应深度的最大灌浆压力，持续时间一般为30min，孔口段为1h。这种方法适用于采用自上而下分段灌浆、孔深较大和封孔较为困难的情况。

4. 其他注意事项

（1）当进行封孔灌浆时出现较大的注入量时，应按正常灌浆过程进行灌浆，直至达到要求的结束条件，如封孔前孔口仍有涌水或渗水，则应当适当延长封孔灌浆持续时间，或采取闭浆措施。

（2）采用上述方法封孔，待孔内水泥浆液凝固后，灌浆孔上部空余部分，大于3m时，应继续采用导管注浆法进行封孔；小于3m时，可使用干硬性水泥砂浆人工封填捣实，孔口压抹齐平。

（3）封孔的浆液材料通常情况下采用纯水泥浆，当灌浆后孔口仍有细微渗水时，封孔水泥浆和砂浆中宜加入膨胀剂。

四、坝基固结灌浆

（一）坝基固结灌浆的特点

1. 固结灌浆的特点

在混凝土重力坝或拱坝的坝基、混凝土面板堆石坝趾板基岩以及土石坝防渗体坐落的基岩等通常都要进行固结灌浆。坝基固结灌浆的目的之一是用来提高基岩中软弱岩体的密实度，增加它的变形模量，从而减少大坝基础的变形和不均匀沉陷；目的之二是弥补因爆破松动和应力松弛所造成的岩体损伤。固结灌浆还可以提高岩体的抗渗能力，因此有的工程将靠近防渗帷幕的固结灌浆适当加深作为辅助帷幕。

与帷幕灌浆不同，固结灌浆有如下特点。

（1）固结灌浆要在整个或部分坝基面进行，常常与混凝土浇筑交叉作业，工程量大，工期紧，施工干扰大，特别需要做好多工种、多工序的统筹安排。

（2）固结灌浆主要用于加固大坝建基面浅表层的岩体，因而通常孔深较浅，灌浆压力较低。

固结灌浆孔通常采用方格形或梅花形布置，各孔按分序加密的原则分为二序或三序施工。

2. 固结灌浆的盖重

为了增强固结灌浆的效果，通常固结灌浆应尽可能在浇筑了一定厚度的混凝土（盖重混凝土）后施工。以下部位必须在浇筑了盖重混凝土后施工。

（1）防渗帷幕上游区的固结灌浆以及兼作辅助帷幕的固结灌浆。

（2）规模较大的地质不良地段的固结灌浆。

（3）结构上有特殊要求部位的固结灌浆。

固结灌浆区浇筑的盖重混凝土的厚度一般不宜小于3m，特殊情况下不应小于1.5m。当盖重混凝土的强度达到设计强度的50%后，可以进行钻孔灌浆施工。

盖重混凝土也不宜太厚，否则加大了混凝土中的钻孔深度，对工程不利。

3. 无盖重灌浆

有的时候，由于某些原因难以做到在浇筑盖重混凝土以后再进行固结灌浆，这就需要在无盖重条件下灌浆。无盖重灌浆又有两种情况：浇筑找平混凝土后灌浆和在裸露基岩上灌浆。找平混凝土也可以用喷混凝土代替。我国许多工程在尽量坚持有盖重灌浆时，也把无盖重灌浆作为一个重要的补充措施。

（二）固结液浆孔地钻进

固结灌浆孔的孔径不小于38mm即可，几乎可以使用各种钻机钻进，包括风动或液动凿岩机、潜孔锤和回转钻机。工程上可以根据固结灌浆孔的深度、工期要求和设备供应情况选用。一般说来，孔深不大于5m的浅孔可采用凿岩机钻进，5m以上的中深孔可用潜孔锤或岩芯钻机钻进。

固结灌浆钻孔的孔位偏差对于有盖重灌浆通常要求不大于10cm即可，无盖重灌浆常常应当根据现场条件在适当范围内选择调整。钻孔方向以垂直孔居多，无盖重灌浆时，可以适当向主裂隙面垂直方向倾斜。为施工方便钻孔斜度用钻机的钻杆方向控制，有的工程规定孔斜不大于5°。

在盖重混凝土上进行固结灌浆时，为了避免钻孔时损坏混凝土内的结构钢筋、冷却水管、止水片、监测仪器和锚杆等，除在设计时妥善布置固结灌浆孔位外，重要部位应当采取预埋导管等措施，预埋管可用PVC塑料管。

（三）裂隙冲洗

一般情况下固结灌浆孔不需要采取特别的冲洗方法。但对不良地质地段灌浆时常常要求进行裂隙冲洗，有时要求强力冲洗（高压压水冲洗、脉动冲洗、风水联合冲洗或高压喷射冲洗）。

（四）灌浆方法和压力

1.固结灌浆的方法

《水工建筑物水泥灌浆施工技术规范》规定，孔深小于6m的固结灌浆孔可以采用全孔一次灌浆法，有的工程规定8m或10m孔深以内可以进行全孔一次灌浆。对于较深孔，自下而上纯压式灌浆和自上而下循环式灌浆都可采用。

2.灌浆压力

固结灌浆的压力应根据坝基岩石状况、工程要求而定。在不使水工建筑物及岩体产生有害变形的前提下尽量采用较高的压力，如上部混凝土盖重小，必须特别注意防止基岩及混凝土上抬。

固结灌浆压力，有盖重灌浆时，可采用0.4MPa～0.7MPa；无盖重灌浆时可采用0.2MPa～0.4MPa。对缓倾角结构面发育的基岩，可适当降低灌浆压力。

有些工程坝基固结灌浆采用了如下方法：在混凝土浇筑前进行Ⅰ序孔固结灌浆，灌浆压力稍低，当混凝土浇筑到一定高度后，再用较大的压力进行Ⅱ序孔的灌浆。

对于岩体抬动敏感部位，施工时应严格监测抬动变形，及时调整灌浆压力。

3.结束条件

固结灌浆各灌浆段的结束条件为在该灌浆段最大设计压力下，当注入率不大于1L/min后，继续灌注30min。

（五）深孔固结灌浆

在坝基面或较深的岩体中，常常有一些软弱岩带需要进行固结灌浆，这就是深孔固结灌浆，也称深层固结灌浆。现在深孔固结灌浆使用灌浆压力都较高，与帷幕灌浆无异。

在有些地质复杂地段，在高压水泥灌浆完成后还要进行化学灌浆。高压固结灌浆的施工方法基本可依照帷幕灌浆的工艺进行，但二者也有区别，后者一般对裂隙冲洗要求不严或不要求，前者有的要求严格；另外，高压固结灌浆工程的质量检查，除可进行压水试验以外，宜以弹性波测试或岩体力学测试为主。

五、岩溶地层灌浆

（一）岩溶地层灌浆的特点

与非岩溶地层的灌浆相比较，岩溶地层灌浆有如下特点。

（1）地质条件复杂，灌浆前常常不可能将施工区的地质情况勘探得十分详尽，因而在施工过程中往往会发现各种地质异常，设计和施工就要及时变更调整。

（2）施工技术较为复杂。施工、勘探、试验三者并行的特点更突出，要求施工人员有丰富的经验。

（3）灌浆工程量通常较大，水泥注入量很大，工程费用较高。这些量在施工完成以前常常不可能预计得很准，因此必须留有余地。

（二）岩溶地层灌浆的技术要点

（1）充分利用勘探孔、先导孔和灌浆孔资料对岩溶成因、发育规律、分布情况、岩溶类型以及大型溶洞的规模尺寸了解清楚，只有情况明，方能措施对。

（2）对已经揭露的溶洞，尽量清除充填物，回填混凝土，也可以回填毛石、块石或碎石，并作回填灌浆和固结灌浆。

（3）认真灌好Ⅰ序孔。即使在强岩溶地区，除了溶蚀裂隙、洞穴发育的地段以外，大部分完整或较完整的石灰岩透水性很弱。如以双排孔帷幕计，仅占工程量1/8的先灌排Ⅰ序孔所注入的水泥量通常为注入总量的50%～80%。因此在施工初期要有足够的物资和技术准备。

（4）恰当地使用灌浆压力。在渗透通道畅通，注入率很大的孔段应避免使用高压力，防止浆液流失过远；但当注入率降低到相当小以后，则必须尽早升高到设计最大灌浆压力。

（5）对于岩溶帷幕灌浆，一般不需要进行裂隙冲洗。实践和理论研究表明，溶洞充填物质通过高压灌浆的挤压密实，具有良好的渗透稳定性，它和周围岩体完全可以构成防渗帷幕的一部分。

（三）大渗漏通道的灌浆

岩溶地区经常有大的裂隙通道，灌浆时如不采取措施，浆液会流失得很远，造成浪费。下列措施有助于限制浆液过远流失。

（1）增加浆液浓度直至最浓级，降低灌浆压力，限制注入率。

（2）当浓浆、限流尚无效果，可采取限量和间歇灌注措施。

（3）在水泥浆中掺入速凝剂，如水玻璃、氯化钙等。

为了节约灌浆材料，当发现裂隙通道很大时，视情况可以改灌水泥砂浆、黏土水泥浆、粉煤灰水泥浆等。

（四）大型溶洞的灌浆

溶洞的充填情况不同，采取的措施也不尽相同。

1.无充填或半充填溶洞的灌浆

对于没有充填满的溶洞，一般说来必须要将它灌注充满。施工的目标是如何采用相对廉价的材料和便捷的措施。

（1）创造条件，例如利用已有钻孔或扩孔，或专门钻孔，向溶洞中灌筑流态混凝土，也可以先填入级配骨料，再灌入水泥砂浆或水泥浆。钻孔孔径不宜小于150mm，混凝土骨料最大粒径不得大于40mm，塌落度18cm～22cm。级配骨料的最大粒径也不得大于40mm。直至不能继续灌入为止。

（2）在上述工作的基础上，扫孔灌注水泥砂浆、粉煤灰水泥浆或水泥粘土浆等，达到设计灌浆压力而后改灌普通水泥浆液，直至达到规定的结束条件。

2.充填型溶洞的灌浆

有许多溶洞洞内充满了砾、砂、淤泥等，灌浆的任务主要是将这些松散软弱物质相对地固结起来，或在其间形成一道帷幕。在这样的溶洞中灌浆就相当于在覆盖层中灌浆一样，常会遇到钻进成孔的困难。

（1）采用循环钻灌法，缩短段长，泥浆固壁成孔，高压灌浆。

（2）穿过溶洞充填物，进行高压旋喷灌浆处理。

（五）地下动水条件下的灌浆

有的岩溶通道中存在流速很大的地下水流，它使灌入的浆液稀释并随水流走，轻则浪费大量的灌浆材料，长时间达不到结束条件，严重影响灌浆效果；重则使灌浆无法进行。遇到这样的情况首先要尽可能地探明溶洞的特征、大小和地下水流速，有针对性地采取措施。

1.各种浆液对动水流速的适应性

根据地下水流速的大小，应当选用不同的浆液，各种浆液可适应的最大流速。

2.级配料灌浆

（1）首先应创造条件向溶洞或通道中填入级配料，根据地下水的流速所用级配料的粒径应当尽量大一些，使用水力冲填，干填很容易堵塞，一旦堵塞，要重新扫孔，级配料大小宜分开，先填大料，后填小料。

（2）填料完成以后，可进行膏状浆液或浓浆的灌浆。一般说来，级配料填妥以后，地下水已经减速，灌浆就可以进行。如仍有困难，可改灌速凝浆液，包括双液浆液。

3.膜袋灌浆

膜袋灌浆是中国水利科学研究院和贵阳勘测设计研究院研制的解决地下动水灌浆难题的一项专利技术。这项技术的大意如下。

（1）充分探明地下渗水通道或溶洞的位置、形态、大小和地下水流量流速。

（2）向溶洞或通道钻孔，通过钻孔向其中下设特制的、大小与溶洞通道相适应的膜袋。

（3）向膜袋中注入速凝浆液。

第三节 砂砾石地层灌浆

一、可灌性

可灌性指砂砾石地基能接受灌浆材料灌入的一种特性。可灌性主要取决于地基的颗粒级配、灌浆材料的细度、浆液的稠度、灌浆压力和施工工艺等因素。

二、灌浆材料

砂砾石地基灌浆，多用于修筑防渗帷幕，很少用于加固地基，一般多采用水泥粘土浆。有时为了改善浆液的性能，可掺少量的膨润土和其他外加剂。

砂砾石地基经灌浆后，一般要求帷幕幕体内的渗透系数能够降低到10～10cm/s以下；浆液结石28d的强度能够达到0.4～0.5MPa。

水泥粘土浆的稳定性和可灌性指标，均优于水泥浆。要求黏土遇水以后，能迅速崩解分散，吸水膨胀，并具有一定的稳定性和黏结力。

浆液配比，视帷幕的设计要求而定，一般配比（重量比）为水泥：黏土=1∶2～1∶4，浆液的稠度为水：干料=6∶1～1∶1。

有关灌浆材料的选用，浆液配比的确定以及浆液稠度的分级等问题，均需根据砂砾石层特性和灌浆要求，通过室内外的试验来确定。

砂砾石层中的灌浆孔都是铅直向的钻孔，除打管灌浆法外，其造孔方式主要有冲击钻进和回转钻进两大类；就使用的冲洗液来分，则有清水冲洗钻进和泥浆固壁钻进两种。

三、打管灌浆

灌浆管由厚壁的无缝钢管、花管和锥形体管头所组成，用吊锤夯击或振动沉管的方法，打入到砂砾石受灌地层设计深度，打孔和灌浆在工序上紧密结合。每段灌浆前，用压力水通过水管进行冲洗，把土砂等杂质冲出管外或压入地层中去，使射浆孔畅通，直至回水澄清。可采用自流式或压力灌浆，自下而上，分段拔管分段灌浆，直到结束。

此法设备简单，操作方便，一般适用于深度较浅，结构松散，空隙率大，无大孤石的砂砾石层，多用于临时性工程或对防渗性能要求不高的帷幕。

四、套管灌浆

施工程序是：边钻孔边下护壁套管，直到套管下到设计深度。然后将钻孔冲洗干净，下入灌浆管，再起拔套管至第一灌浆段顶部，安好阻塞器，然后注浆。如此自下而上，逐段提升灌浆管和套管，逐段灌浆，直至结束。也可自上而下，分段钻孔灌浆，缺点是施工控制较为困难。

采用这种方法灌浆，由于有套管护壁，不会产生塌孔埋钻事故；但压力灌浆时，浆液容易沿着套管外壁向上流动，甚至产生表面冒浆，还会胶结套筒造成起拔困难，甚至拔不出。

五、循环灌浆

循环灌浆，实质上是一种自上而下，钻一段、灌一段，无需待凝，钻孔与灌浆循环进行的一种施工方法。钻孔时用黏土浆或最稀一级水泥粘土浆固壁。钻灌段的长度，视孔壁稳定情况和砂砾石渗漏大小而定，一般为1～2m，逐段下降，直到设计深度。这种方法灌浆，没有阻塞器，而是采用孔口管顶端的。

六、埋管法

（1）在孔位处先挖一个深1～1.5m，半径大于0.5m的坑。由底用干钻向下钻进至砂砾石层1～1.5m，把加工好的孔口管下入孔内，孔口管下端1～1.5m加工成花管，孔口管管径要与钻孔孔径相适应，上端应高出地面20cm左右。在浅坑底部设止浆环，防止灌浆时浆液沿管壁向上窜冒，浅坑用混凝土回填，待凝固后，通过花管灌注纯水泥浆，以便固结孔口管的下部，并形成密实的防止冒浆的盖板。

（2）打管法钻机钻孔，孔口管插入钻孔用吊锤打至预定位置，然后再向下钻深30～50cm，并清除孔内废渣，灌注水泥浆。

七、预埋花管灌浆

在钻孔内预先下入带有射浆孔的灌浆花管，管外与孔壁的环形空间注入填料，后在灌浆管内用双层阻塞器（阻塞器之间为灌浆管的出浆孔）进行分段灌浆，其施工程序是：

（1）钻孔及护壁常使用回转钻机钻孔至设计深度，接着下套管护壁或用泥浆固壁。

（2）清孔钻孔结束后，立即清除孔底残留的石渣，将原固壁泥浆更换为新鲜泥浆。

（3）下花管和下填料若套管护壁时，先下花管后下填料。花管直径为75～110mm，沿管长每隔0.3～0.5cm环向钻一排（4个）孔径为10mm的射浆孔。射浆孔外面用弹性良好的橡胶圈箍紧，橡胶圈厚度为1.5～2mm，宽度10～15cm。花管底部要封闭严密、牢固。安设花管要垂直对中，不能偏在套管（或孔壁）的一侧。

用泵灌注花管与套管（或孔壁）之间环形空间的填料，边下填料，边起拔套管，连续浇注，直到全孔填满将套管拔出为止。填料配比为水泥∶黏土=1∶2～1∶3；水∶干料=1∶1～3∶1；浆体密度1.35～1.36t/m³；黏度25s；结石强度R=0.1～0.2MPa，R≤0.5～0.6MPa。

八、开环

孔壁填料待凝5～15d，达到一定强度后，可进行开环。在花管中下入双层阻塞器，灌浆管的出浆孔要对准花管上准备灌浆的射浆孔，然后用清水或稀浆逐渐升压至开环为止。压开花管上的橡皮圈，压裂填料，形成通路，称为开环，为浆液进入砂砾石层创造条件。

九、灌浆

开环以后，继续用清水或稀浆灌注5～10min，再开始灌浆。花管的每一排射浆孔就是一个灌浆段，灌完一段，移动阻塞器使其出浆孔对准另一排射浆孔，进行另一灌浆段的开环和灌浆。

由于双层阻塞器的构造特点，可以在任一灌浆段进行开环灌浆，必要时还可重复灌浆，比较机动灵活。灌浆段长度一般为0.3～0.5m，不易发生串浆、冒浆现象，灌浆质量比较均匀，质量较有保证。国内外比较重要的砂砾石层灌浆多采用此法，其缺点是有时有不开环的现象，且花管被填料胶结后，不能起拔回收，耗用钢材较多，工艺复杂，成本较高。

前三种灌浆方法的灌浆结束后，应立即封孔，以防冒浆；预埋花管法则可在帷幕检查后集中进行封孔，但要孔口加盖进行保护。砂砾石地基灌浆，应根据各工程的具体条件和灌浆应达到的要求，通过灌浆试验，提出需要掌握的控制标准，用以指导灌浆施工。

第四节　混凝土防渗墙施工

一、施工准备

（1）安排工程技术人员勘查现场，进一步了解实施本工程的目的、设计标准、技术要求，按设计文件及图纸要求进行测量放样工作。

（2）针对槽孔式防渗墙工程的要求，编制详细的专项施工方案，用于指导施工。

（3）按施工技术要求平整、清理场地，准备好堆料场，联系好原材料供应厂商。

（4）确定好设备进场道路，施工设备运输进场、安装。

二、施工现场布置

（一）施工用电

槽孔式防渗墙使用与本标段同一电力供应系统，电力系统可以满足防渗墙施工的需要。

（二）施工用水

施工用水使用与本标段同一供水系统。

（三）施工道路

槽孔式防渗墙工程施工时，上坝道路已修好，延伸至237的施工道路已修好，待土石坝填筑至237高程时，可直接与上坝公路相连，防渗墙所使用的机械设备、原材料等可以直接运至施工场地。

三、导墙施工

导墙施工是防渗墙施工的关键环节，其主要作用为成槽导向、控制标高、槽段定位、防止槽口坍塌及承重，根据选用的机械形式和现场布置，导墙断面形式采用钢筋砼倒“L”型断面。

导槽里侧净宽度0.8m，导墙混凝土强度等级为C20，导墙施工时，导墙壁轴线放样必须准确，误差不大于10mm，导墙壁施工平直，内墙墙面平整度偏差不大于3mm，垂直度不大于0.5%，导墙顶面平整度为5mm。导墙顶面宜略高于施工地面100～150mm，每个槽段内的导墙上至少应设有一个溢浆孔。导墙基底与土面密贴，为防止导墙变形，导墙两内侧拆模后，每隔1.5m布设一道木撑，砼未达到70%强度，严禁重型机械在导墙附近行走。

四、主要施工方法

（一）沟槽开挖

（1）导墙沟槽采用人工辅助机械开挖。

（2）导墙分段施工，分段长度根据模板长度和规范要求，一般控制在30～50m。

（3）导墙开挖前根据测量放样成果、防渗墙的厚度及外放尺寸，实地放样出导墙的开挖宽度，并洒出白灰线。

（4）开挖工程中如遇坍方或开挖过宽的地方施作120砖墙外模，外侧应用土分层回填夯实。

（5）为及时排除坑底积水应在坑底中央设置一排水沟，在一定距离设置集水坑，用抽水泵外排。

（二）导墙钢筋、模板及砼施工

（1）导墙沟槽开挖后立即将导墙中心线引至沟槽中，及时整平槽底，如遇软基础地质，可采用换填或浇注C15素混凝土垫层，保证基底密实。

（2）土方开挖到位后，绑扎导墙钢筋，钢筋施工结束并经“三检”合格后，填写隐蔽工程验收单，报监理验收，经验收合格后方可进行下道工序施工。

（3）导墙模板采用木模板，模板加固采用钢管支撑或10 ×10cm方木支撑加固，支撑的间距不大于1米，严防跑模，并保证轴线和净空的准确。砼浇注前先检查模板的垂直度和中线以及净距是否符合要求，经“三检”合格后报监理通过方可进行砼浇注。

（4）砼浇注采用泵车入模，砼浇注时两边对称分层交替进行，严防走模，如发生走模，立即停止砼的浇注，重新加固模板，并纠正到设计位置后，再继续进行浇注。

（5）砼的振捣采用插入式振捣器，振捣间距为0.6m左右，防止振捣不均，同时也要防止在一处过振而发生走模现象。

（三）模板拆除

导墙混凝土达到规范强度要求后开始拆除模板，具体时间由试验确定。拆模后立即再次检查导墙的中心轴线和净空尺寸以及侧墙砼的浇筑质量，如发现侧墙砼侵入净空或墙体出现空洞需及时修凿或封堵，并召集相关人员分析讨论事件发生原因，制定出相应措施，防止类似问题再次发生。

模板拆除后立即架设木支撑，支撑上下各一道，呈梅花形布置，水平间距1.5m。经检查合格后报监理验收，验收后立即回填，防止导墙内挤。

五、泥浆制作

为保证成槽的安全和质量，护壁泥浆生产循环系统的质量控制是关系到槽壁稳定、砼质量及砂砾石层成槽的必备条件。

工程优先采用优质膨润土为主、少量的黏土为辅的泥浆制备材料，造孔用的泥浆材料必须经过现场检测合格后，方可使用。质量控制主要指标为：比重1.1～1.3，黏度18～25S，胶体率95%，必要时可加适量的添加剂，制备泥浆性能指标应符合表2-2中规定。

表2-2　制备泥浆的性能指标表

泥浆性能	新配制		循环泥浆		废弃泥浆		检验方法
	黏性土	砂性土	黏性土	砂性土	黏性土	砂性土	
比重（g/cm³）	1.04～1.05	1.06～1.08	＜1.10	＜1.15	＞1.25	＞1.35	比重计
黏度（S）	20～24	25～30	＜25	＜35	＞50	＞60	漏斗计
PH酸碱度	8～9	8～9	＞8	＞8	＞14	＞14	试纸

（一）泥浆的拌制

拌制泥浆的方法及时间通过试验确定，并按批准或指示的配合比配制泥浆，计量误差值不大于5%。泥浆搅制系统布置在防渗墙轴线的下游侧，泥浆搅拌站布置1m³泥浆搅拌机3台。制浆池、沉淀池、贮浆池容量各200m³，满足两个槽段同时施工用浆需求。泥浆制浆系统配制的泥浆通过现场布置的输送管输送到各段施工槽孔。

（二）泥浆处理

泥浆必须经过制浆池、沉淀池及储存池三级处理，泥浆制作场地以利于施工方便为原则。

六、成槽工艺

根据地质结构情况，单元槽段成槽用抓斗成槽机进行挖槽，成槽机上有垂直最小显示装置，当偏差大于1/300时，则进行纠偏工作，纠偏可采取两种方法：一种是将槽段用砂土回填，再利用槽壁机挖槽，二是根据成槽机上垂直度的显示装置，特别偏差大于1/300开始位置，逐步向下抓或空挖修整槽壁的倾斜。一般成槽垂直精度可达1/500～1/300。抓斗工作宽度2.8m，一个标准槽段需要三幅抓才能完成，当抓斗至弱风化岩岩层时，改用冲击钻钻孔，直至达到设计位置。

抓斗每抓一次，应根据垂线观察抓斗的垂直及位置情况，然后下斗直到土面，若土质较硬则提起抓斗约80cm，冲击数次抓土，起斗时应缓慢，在斗出泥浆面时应及时回灌泥浆，保证一定液面。抓取的泥土用自卸汽车运输至指定地方，不得就地卸土，待泥土较干时再采用挖沟机装上自卸汽车外运，冲孔的返浆沉积泥渣用泥浆车外运，不影响文明施工。

七、岩面鉴定与终孔验收

（1）基岩面需按下列方法确定。①依照防渗墙中心线地质剖面图，当孔深接近预计基岩面时，即应开始取样，然后根据岩样的性质确定基岩面；②对照邻孔基岩面高程，并参考钻进情况确定基岩面；③当上述方法难以确定基岩面，或对基岩面发生怀疑时，应采用岩芯钻机取岩样，加以确定和验证。

（2）终孔后，由监理工程师同施工单位质检人员进行孔形、孔深检测验收，确保孔形、孔斜、孔深符合设计要求。

（3）基岩岩样是槽孔嵌入基岩的主要依据，必须真实可靠，并按顺序、深度、位置编号、填好标签，装箱，妥善保管。

八、防渗墙接头施工

各单元墙段由接缝（或接头）连接成防渗墙整体，墙段间的接缝是防渗墙的薄弱环节，如果接头设计方案不当或施工质量不好，就有可能在某些接缝部位产生集中渗漏，严重者会引起墙后地基土的流失，给主体结构留下长期质量隐患。因此，为加强防渗墙接头防水质量，接头均采用工字钢接头。

接头工字钢采用10mm和12mm厚钢板焊接而成，施工现场加工制作，钢板原材料根据施工进度采用汽车集中运输至施工现场进行焊接拼装，工字钢一侧与钢筋笼焊接牢固，两侧各伸出45cm（侧边采用12mm钢板），施工中要保证钢筋笼与工字钢的垂直度，相邻墙段钢筋笼之间插入一序槽段工字钢内。

九、特殊情况处理

（1）导墙严重变形或局部将坍塌，影响成槽施工时，宜采取以下处理方法：①破坏部位应重新修筑导墙；②回填槽孔，处理塌坑或采取其他安全技术措施；③改善地基条件和槽内泥浆性能；造孔过程中，如遇少量漏浆，采用加大泥浆比重、投堵漏剂等处理，槽孔采用投锯末、膨胀粉、水泥等堵漏材料处理，确保孔壁安全。

（2）地层严重漏浆，应迅速向槽内补浆并填入堵漏材料，必要时可回填槽孔。

（3）混凝土浇筑过程中导管堵塞、拔脱或导管破裂漏浆，需重新吊放导管时，应按下列程序处理：①将事故导管全部拔出，重新吊放导管；②核对混凝土面高程及导管长度，确认导管的安全插入深度；③抽尽导管内泥浆，继续浇筑。

（4）墙段连接未达到设计要求时，选择下列处理方法：①在接缝迎水面采用高压喷射灌浆或水泥灌浆处理；②在接头处两侧各钻凿一个桩孔，钻头直径根据接头孔孔斜和设计墙厚选择，成孔后再浇筑混凝土。

（5）防渗墙体发生断墙或混凝土严重混浆时，按以下方法进行处理：①在需要处理墙段上游侧补一段新墙；②在需要处理的墙段上游面进行水泥灌浆或高压喷射灌浆处理；③用地质钻机在墙体内钻孔对夹泥层用高压水冲洗，洗净后采用水泥灌浆或高压喷射灌浆处理。

（6）在防渗墙造孔成槽过程中，遇到孤石、大块砼及砖块、木头等，采用正常成槽手段难以快速成槽时，在考虑孔壁安全的前提下，用重锤法或其他方法处理。

（7）造孔成槽过程中出现塌孔、大坝裂缝现象，立即处理，对固壁泥浆配比及造孔手段进行调整，确保孔壁稳定，对施工过程中产生的裂缝，采取加固措施进行处理。

（8）在成槽过程中，对固壁泥浆漏失量作详细测试和记录，当发现固壁泥浆漏失严重时，应及时堵漏和补浆，采取措施进行处理。现场备有堵漏材料，如黏土球、锯末、水泥和足够泥浆。适当调整泥浆配比，并适当放缓成孔速度，待固壁泥浆漏失量正常后再恢复正常钻进，必要时向泥浆中掺加堵漏剂。

十、安全及文明施工措施

（1）混凝土防渗墙施工前，必须制定各工序的安全操作规程，必须贯彻“安全第

一、预防为主”的方针，加强安全组织教育，建立安全生产保证体系，确保施工安全。

（2）机械、特种作业等专业操作人员未经考核不得上岗，施工进行中必须按规定的操作程序进行，严禁违章操作，力保施工安全。

（3）非作业人员不得进入施工作业区，施工机械严禁违规载人。

（4）进入施工作业区人员必须戴安全帽。

（5）混凝土防渗墙施工的相关作业人员必须持证上岗，不得在各工序施工过程中擅自离岗。

（6）各施工工序的材料供应人员应佩戴防护口罩、防腐手套等防护用品。

（7）在施工机械的工作范围内，非必要时不得有人员进入，以免造成人员伤害。

（8）严格现场用电管理，加强机械维护、检查、保养。机电设备由专职工种人员操作管理，认真遵守用电安全操作规程和机械使用说明，防止超负荷运转，所有机电设备都必须良好接地，并安装触电保护装置。

（9）抓好现场施工道路维修工作，做到路面平整、干净，保证道路畅通，危险地段设置明显标志，及时清除路障，保证车辆行驶安全。

（10）现场材料、工具摆放整齐有序，电缆、水管分别架设，废浆、废水有序排放，创造文明的施工环境。

十一、环保、水保措施

（1）对职工进行生态环境保护教育，增强其生态环境保护意识和责任感。

（2）工程施工便道、孔位清理的弃渣应按监理工程师指定地点及要求堆放。

（3）制定施工污水处理排放措施。

（4）对废弃泥浆、钻渣及施工垃圾，应清理干净并用密闭的运输工具运至指定的位置，保持施工场地的清洁整齐，做到文明施工。

（5）施工废弃物不得随意倾倒或就地掩埋，应集中处理。

（6）不在施工区内焚烧会产生有毒或恶臭气体的物质。因工作需要时，报请当地环境行政主管部门同意，采取防治措施，在监理工程师监督下实施。

（7）施工前制定施工措施，做到有组织地排水。

（8）保持施工区和生活区的环境卫生，在施工区和生活营地设置足够数量的临时垃圾贮存设施，防止垃圾流失，定期将垃圾送至指定垃圾场，按要求进行覆土填埋。

第五节 垂直防渗施工

一、混凝土防渗墙

混凝土防渗墙是在松散透水地基或土石坝坝体中连续造孔成槽，以泥浆固壁，在泥浆下浇筑混凝土而建成的起防渗作用的地下连续墙，是保证地基稳定和大坝安全的工程措施。就墙体材料而言，采用最多的是普通砼和塑性砼，其成槽的工法主要有钻劈法、钻抓法、抓取法、铣削法和射水法。

混凝土防渗墙施工一般都包括施工准备、槽孔建造、泥浆护壁、清孔换浆、水下混凝土浇筑、接头处理等几个重要环节。上述各个环节中槽孔建造投入的人力、设备最多、使用的设备最关键，是成墙过程中影响因数最多、技术也最复杂的一环，就成槽的工法而言，主要有如下几种：钻劈法、钻抓法、钻抓法和射水法。

（一）钻劈法

钻劈法是用冲击钻机钻凿主孔和劈打副孔形成槽孔的一种防渗墙成槽方法，其适用于槽孔深度较大范围，从几米到上百米的都适应，墙体厚度60cm以上，其优点是适应于各种复杂地层。

（二）钻抓法

钻抓法是用冲击或回转钻机先钻主孔，然后用抓斗挖掘其间副孔，形成槽孔的一种防渗墙成槽施工方法。此工法与上一种工法类似，是用抓斗抓取副孔替代冲击钻劈打副孔，但两种工法施工机械组合不同，钻抓法工效高于钻劈法，工程规模较大地质不特别复杂，对于有砂卵石且要进入基岩的防渗墙成槽，一般采用此工法。对于防渗墙要穿过较大粒径的卵石、漂石进入坚硬的基岩层时，上部用冲击钻配合抓斗成槽，下部复杂地层由冲击钻成槽。此工法成槽墙体连续性好，质量易于控制和检查，施工速度较快等特点，成槽质量优于上一种工法。

（三）抓取法

抓取法是只用抓斗挖掘地层，形成槽孔的一种防渗墙施工方法，抓取法施工时也分主孔与副孔。对于一般松软地层采用如堤防、土坝等且墙体只进入基岩强分化地层最适合抓取法，特别是采用薄型液压抓斗更能抓取30cm厚度薄墙。抓取法的成墙深度一般小于四十米，深度过深其工效显著降低，用抓取法建造的防渗墙，其墙段连方法多采用接头管法，而对于墙深度较大时，也可采用钻凿法。该工法的特点是适用于堤防、土坝性等一般松软地层，墙体连续性好，质量易于控制和检查，施工速度较快等。

（四）射水法

射水法是国内20世纪80年代初期开始研究的一种防渗加固技术，现已发展到第三代机型，在垂直防渗领域大量用于堤防防渗加固处理，近几年在水库土坝坝身及坝基防渗也有应用。其主要原理：利用灰渣泵及成槽器中的射水喷嘴形成高速泥浆液流来切割，破碎地层岩土结构，同时卷扬机带动成槽器以及整套钻杆系统作上、下往复冲击运动，加速破碎地层。反循环砂石泵将水混合渣土吸出槽孔，排入沉淀池。槽孔由一定浓度的泥浆固壁，成槽器上的下刃口切割修整槽孔壁，形成具有一定规格的槽孔，成槽后采用水砼浇筑方法在槽内抗渗材料，形成槽板，用平接技术连接而成整体地下防渗墙。

射水法成墙的深度已突破30m，但一般在30m以内为多。射水法成墙质量的关键是墙体的垂直度和两序槽孔接头质量，一般情况下，只要精心操作垂直度易于保证。成墙接缝多，且采用平接头方式，这是此工法有别其他工法之处。

射水法：具有地层适应性强、工效较高、成本适中的特点，最适宜于颗粒较小的软弱地层。

以上几种工法的原理、适用范围及特点见表2-3。

表2-3　混凝土防渗墙成槽工法分析

工法	钻劈法	钻抓法	抓取法	射水法
原理	用冲击钻机钻凿主孔和劈打副孔形成槽孔	用冲击或回转钻机先钻主孔，然后用抓斗挖掘其间副孔，形成槽孔	用抓斗分主孔与副孔挖掘地层，形成槽孔	利用灰渣泵及成槽器中的射流来切割、破碎地层岩土结构，同时卷扬机带动成槽器冲击破碎地层形成槽孔
使用主要设备	冲击钻机钻	冲击钻（回转）机钻、液压（钢丝绳）抓斗	液压（钢丝绳）抓斗	射水成槽机
适用范围	各种地层包括地层中含有较大粒径的卵石、漂石和坚硬的基岩	各种地层包括地层中含有较大粒径的卵石、漂石和坚硬的基岩	松软土层、砂卵石层、基岩强分化层	松软土层、砂卵石层、基岩强分化层
特点	适应于各种复杂地层，成墙厚度在60cm以上，成墙深度范围大；其缺点是工效相对较低，机械装备落后	适应于各种复杂地层，成墙厚度在60cm以上，成墙深度范围大，成槽质量好，施工工效高；其缺点是造价较高	地层的适应性一般，成槽质量好，施工工效高，成墙厚度在30cm以上，造价相对较低；其缺点是墙体不利于穿过较大粒径的卵石、漂石进入坚硬的基岩	地层的适应性一般，成槽质量好，成墙厚度在25cm以上，墙厚薄，造价较低，设备简单；其缺点是墙体不利于穿过较大粒径的卵石、漂石进入坚硬的基岩

二、深层搅拌法水泥土防渗墙

深层搅拌法水泥土防渗墙是利用钻搅设备将地基土水泥等固化剂搅拌均匀，使地基土固化剂之间产生一系列物理—化学反应，硬凝成具有整体性、水稳定性和一定强度的水泥土，深层搅拌法包括单头搅、双头搅、多头搅。水泥土防渗墙是深层搅拌法加固地基技术作为防渗方面的应用，这几年在堤防垂直防渗中得到大量应用，特别是为了适应和推广这一技术，已研究出适应这一技术的专用设备一多头小直径深层搅拌截渗桩机。深搅法的特点是施工设备市场占有量大、施工速度快、造价低等，特别是采用多头搅形成薄型水泥土截渗墙，工效更高。

深搅法处理深度一般不超过20m，比较适用于粉细以下的细颗粒地层，该技术形成的水泥土均匀性和底部的连续性在施工中应加以重视。

第三章　水闸和渠系建筑物施工

第一节　水闸施工技术

一、水闸的组成及布置

水闸是一种低水头的水工建筑物，它具有挡水和泄水的双重作用，用以调节水位、控制流量。

（一）水闸的类型

水闸有不同的分类方法。既可按其承担的任务分类，也可按其结构形式、规模等分类。

1.按水闸承担的任务分类

（1）拦河闸

建于河道或干流上，拦截河流。拦河闸控制河道下泄流量，又称为节制闸。枯水期拦截河道，抬高水位，以满足取水或航运的需要，洪水期则提闸泄洪，控制下泄流量。

（2）进水闸

建在河道，水库或湖泊的岸边，用来控制引水流量。这种水闸有开敞式及涵洞式两种，常建在渠首。进水闸又称取水闸或渠首闸。

（3）分洪闸

常建于河道的一侧，用以分泄天然河道不能容纳的多余洪水进入湖泊、洼地，以削减洪峰，确保下游安全。分洪闸的特点是泄水能力很大，而经常没有水的作用。

（4）排水闸

常建于江河沿岸，防江河洪水倒灌；河水退落时又可开闸排洪。排水闸双向均可能泄水，所以前后都可能承受水压力。

（5）挡潮闸

建在人海河口附近，涨潮时关闸防止海水倒灌，退潮时开闸泄水，具有双向挡水特点。

（6）冲沙闸

建在多泥沙河流上，用于排除进水闸、节制闸前或渠系中沉积的泥沙，减少引水水流的含沙量，防止渠道和闸前河道淤积。

2. 按闸室结构形式分类

水闸按闸室结构形式可分为开敞式、胸墙式及涵洞式等。

（1）开敞式。过闸水流表面不受阻挡，泄流能力大。

（2）胸墙式。闸门上方设有胸墙，可以减少挡水时闸门上的力，增加挡水变幅。

（3）涵洞式。闸门后为有压或无压洞身，洞顶有填土覆盖。多用于小型水闸及穿堤取水情况。

3. 按水闸规模分类

（1）大型水闸。泄流量大于1 000m³/s。

（2）中型水闸。泄流量为100～1 000m³/s。

（3）小型水闸。泄流量小于100m³/s。

（二）水闸的组成

水闸一般由闸室段、上游连接段和下游连接段三部分组成。

1. 闸室段

闸室是水闸的主体部分，其作用是：控制水位和流量，兼有防渗防冲作用。闸室段结构包括：闸门、闸墩、底板、胸墙、工作桥、交通桥、启闭机等。

闸门用来挡水和控制过闸流量。闸墩用来分隔闸孔和支承闸门、胸墙、工作桥、交通桥等。闸燉将闸门、胸墙以及闸墩本身挡水所承受的水压力传递给底板。胸墙设于工作闸门上部，帮助闸门挡水。

底板是闸室段的基础，它将闸室上部结构的重量及荷载传至地基。建在软基上的闸室主要由底板与地基间的摩擦力来维持稳定。底板还有防渗和防冲的作用。

工作桥和交通挢用来安装启闭设备、操作闸门和联系两岸交通。

2. 上游连接段

上游连接段处于水流行进区，主要作用是引导水流从河道平稳地进入闸室，保护两岸及河床免遭冲刷，同时有防冲、防渗的作用。一般包括上游翼墙、铺盖、上游防冲槽和两岸护坡等。

上游翼墙的作用是导引水流，使之平顺地流入闸孔；抵御两岸填土压力，保护闸前河岸不受冲刷；并有侧向防渗的作用。

铺盖主要起防渗作用，其表面还应进行保护，以满足防冲要求。

上游两岸要适当进行护坡，其目的是保护河床两岸不受冲刷。

3. 下游连接段

下游连接段的作用是消除过闸水流的剩余能量，引导出闸水流均匀扩散，调整流速分布和减缓流速，防止水流出闸后对下游的冲刷。

下游连接段包括护坦（消力池）、海漫、下游防冲槽、下游翼墙、两岸护坡等。下游翼墙和护坡的基本结构和作用同上游。

（三）水闸的防渗

水闸建成后，由于上、下游水位差，在闸基及边墩和翼墙的背水一侧产生渗流。渗流对建筑物的不利影响，主要表现为：降低闸室的抗滑稳定性及两岸翼墙和边墩的侧向稳定性；可能引起地基的渗透变形，严重的渗透变形会使地基受到破坏，甚至失事；损失水量；使地基内的可溶物质加速溶解。

1. 地下轮廓线布置

地下轮廓线是指水闸上游铺盖和闸底板等不透水部分和地基的接触线。地下轮廓线的布置原则是："上防下排"，即在闸基靠近上游侧以防渗为主，采取水平防渗或垂直防渗措施，阻截渗水，消耗水头。在下游侧以排水为主，尽快排除渗水、降低渗压。

（1）黏性土地基地下轮廓布置

黏性土壤具有凝聚力，不易产生管涌，但摩擦系数较小。因此，布置地下轮廓线，主要考虑降低渗透压力，以提高闸室稳定性。闸室上游宜设置水平钢筋混凝土或黏土铺盖，或土工膜防渗铺盖，闸室下游护坦底部应设滤层，下游排水可延伸到闸底板下。

（2）沙性土地基地下轮廓布置

沙性土地基正好与黏性土地基相反，底板与地基之间摩擦系数较大，有利闸室稳定，但土壤颗粒之间无黏着力或黏着力很小，易产生管涌，故地下轮廓线布置的控制因素是如何防止渗透变形。

当地基砂层很厚时，一般采用铺盖加板桩的形式来延长渗径，以达到降低渗透坡降和渗透流速。板桩多设在底板上游一侧的齿墙下端。如设置一道板桩不能满足渗径要求时，可在铺盖前端增设一道短板桩，以加长渗径。

当砂层较薄，其下部又有相对不透水层时，可用板桩切入不透水层，切入深度一般不应小于1.0m。

2. 防渗排水设施

防渗设施是指构成地下轮廓的铺盖、板桩及齿墙，而排水设施指铺设在护坦、浆砌石海漫底部或闸底板下游段起导渗作用的砂砾石层。排水常与反滤结合使用。

水闸的防渗有水平防渗和垂直防渗两种。水平防渗措施为铺盖，垂直防渗措施有板桩、灌浆帷幕、齿墙和混凝土防渗墙等。

（1）铺盖

铺盖有黏土和黏壤土铺盖、沥青混凝土铺盖、钢筋混凝土铺盖等。

①黏土和黏壤土铺盖

铺盖与底板连接处为一薄弱部位，通常是在该处将铺盖加厚；将底板前端做成倾斜面，使黏土能借自重及其上的荷载与底板紧贴；在连接处铺设油毛毡等止水材料，一端用螺栓固定在斜面上，另一端埋入黏土中，为了防止铺盖在施工期遭受破坏和运行期间被水流冲刷，应在其表面铺砂层，然后在砂层上再铺设单层或双层块石护面。

②沥青混凝土铺盖

沥青混凝土铺盖的厚度一般为5～10cm，在与闸室底板连接处应适当加厚，接缝多为搭接形式。为提高铺盖与底板间的粘接力，可在底板混凝土面先涂一层稀释的沥青乳胶，再涂一层较厚的纯沥青。沥青混凝土铺盖可以不分缝，但要分层浇筑和压实，各层的浇筑缝要错开。

③钢筋混凝土铺盖

钢筋混凝土铺盖的厚度不宜小于0.4m，在与底板连接处应加厚至0.8～1.0m，并用沉降缝分开，缝中设止水。在顺水流和垂直水流流向均应设沉降缝，间距不宜超过15～20m，在接缝处局部加厚，并设止水。用作阻滑板的钢筋混凝土铺盖，在垂直水流流向仅有施工缝，不设沉降缝。

（2）板桩

板桩长度视地基透水层的厚度而定。当透水层较薄时，可用板桩截断，并插入不透水层至少1.0m；若不透水层埋藏很深，则板桩的深度一般采用0.6～1.0倍水头。用作板桩的材料有木材、钢筋混凝土及钢材三种。

板桩与闸室底板的连接形式有两种，一种是把板桩紧靠底板前缘，顶部嵌入黏土铺盖一定深度；另一种是把板桩顶部嵌入底板底面特设的凹槽内，桩顶填塞可塑性较大的不透水材料。前者适用于闸室沉降量较大、而板桩尖已插入坚实土层的情况；后者则适用于闸室沉降量小，而板桩桩尖未达到坚实土层的情况。

（3）齿墙

闸底板的上、下游端一般均设有浅齿墙，用来增强闸室的抗滑稳定，并可延长渗径。齿墙深一般在1.0m左右。

（4）其他防渗设施

垂直防渗设施在我国有较大进展，就地浇筑混凝土防渗墙、灌注式水泥砂浆帷幕以及用高压旋喷法构筑防渗墙等方法已成功地用于水闸建设。

（5）排水及反滤层

排水一般采用粒径1～2cm的卵石、砾石或碎石平铺在护坦和浆砌石海漫的底部，或伸入底板下游齿墙稍前方，厚约0.2～0.3m。在排水与地基接触处（即渗流出口附近）容易发生渗透变形，应做好反滤层。

（四）水闸的消能防冲设施与布置

水闸泄水时，部分势能转为动能，流速增大，而土质河床抗冲能力低，所以，闸下冲刷是一个普遍的现象。为了防止下泄水流对河床的有害冲刷，除了加强运行管理外，还必须采取必要的消能、防冲等工程措施。水闸的消能防冲设施有下列主要形式。

1.底流消能工

平原地区的水闸，由于水头低，下游水位变幅大，一般都采用底流式消能。消力池是水闸的主要消能区域。

底流消能工的作用是通过在闸下产生一定淹没度的水跃来保护水跃范围内的河床免遭冲刷。

当尾水深度不能满足要求时，可采取降低护坦高程；在护坦末端设消力坎；既降低护坦高程又建消力坎等措施形成消力池。有时还可在护坦上设消力墩等辅助消能工。

消力池布置在闸室之后，池底与闸室底板之间，用1∶3～1∶4的斜坡连接。为防止产生波状水跃，可在闸室之后留一水平段，并在其末端设置一道小槛；为防止产生折冲水流，还可在消力池前端设置散流墩。如果消力池深度不大（1.0m左右），常把闸门后的闸室底板用1∶3的坡度降至消力池底的高程，作为消力池的一部分。

消力池末端一般布置尾槛，用以调整流速分布，减小出池水流的底部流速，且可在槛后产生小横轴旋滚，防止在尾槛后发生冲刷，并有利于平面扩散和消减下游边侧回流。

在消力池中除尾坎外，有时还设有消力墩等辅助消能工，用以使水流受阻，给水流以反力，在墩后形成涡流，加强水跃中的紊流扩散，从而达到稳定水跃，减小和缩短消力池深度和长度的作用。

消力墩可设在消力池的前部或后部，但消能作用不同。消力墩可做成矩形或梯形，设两排或三排交错排列，墩顶应有足够的淹没水深，墩高约为跃后水深的1/5～1/3。在出闸水流流速较高的情况下，宜采用设在后部的消力墩。

2.海漫

护坦后设置海漫等防冲加固设施，以使水流均匀扩散，并将流速分布逐步调整到接近天然河道的水流形态。

一般在海漫起始段做5～10m长的水平段，其顶面高程可与护坦齐平或在消力池尾坎顶以下0.5m左右，水平段后做成不陡于1∶10的斜坡，以使水流均匀扩散，调整流速分布，保护河床不受冲刷。

对海漫的要求：表面有一定的粗糙度，以利于进一步消除余能；具有一定的透水性，以便使渗水自由排出，降低扬压力；具有一定的柔性，以适应下游河床可能的冲刷变形。

常用的海漫结构有以下几种：干砌石海漫、浆砌石海漫、混凝土板海漫、钢丝石笼海漫及其他形式海漫。

3.防冲槽及末端加固

为保证安全和节省工程量，常在海漫末端设置防冲槽、防冲墙或采用其他加固设施。

（1）防冲槽

在海漫末端预留足够的粒径大于30cm的石块，当水流冲刷河床，冲刷坑向预计的深度逐渐发展时，预留在海漫末端的石块将沿冲刷坑的斜坡陆续滚下，散铺在冲坑的上游斜坡上，自动形成护面，使冲刷不再向上扩展示。

（2）防冲墙

防冲墙有齿墙、板桩、沉井等形式。齿墙的深度一般为1～2m，适用于冲坑深度较小的工程。如果冲深较大，河床为粉、细砂时，则采用板桩、井柱或沉井。

4.翼墙与护坡

在与翼墙连接的一段河岸，由于水流流速较大和回流漩涡，需加做护坡。护坡在靠近翼墙处常做成浆砌石的，然后接以干砌石的，保护范围稍长于海漫，包括预计冲刷坑的侧坡。干砌石护坡每隔6～10m设置混凝土埂或浆砌石梗一道，其断面尺寸约为30cm×60cm。在护坡的坡脚以及护坡与河岸土坡交接处应做一深0.5m的齿墙，以防回流淘刷和保护坡顶。护坡下面需要铺设厚度各为10cm的卵石及粗砂垫层。

（五）闸室的布置和构造

闸室由底板、闸墩、闸门、胸墙、交通桥及工作桥等组成。其布置应考虑分缝及止水。

1.底板

常用的闸室底板有水平底板和反拱底板两种类型。

对多孔水闸，为适应地基不均匀沉降和减小底板内的温度应力，需要沿水流方向用横缝（温度沉降缝）将闸室分成若干段，每个闸段可为单孔、两孔或三孔。

横缝设在闸墩中间，闸墩与底板连在一起的，称为整体式底板。整体式底板闸孔两侧闸墩之间不会出现过大的不均匀沉降，对闸门启闭有利，用得较多。整体式底板常用实心结构；当地基承载力较差，如只有30～40kPa时，则需考虑采用刚度大、重量轻的箱式底板。

在坚硬、紧密或中等坚硬、紧密的地基上，单孔底板上设双缝，将底板与闸墩分开的，称为分离式底板。分离式底板闸室上部结构的重量将直接由闸墩或连同部分底板传给地基。底板可用混凝土或浆砌块石建造，当采用浆砌块石时，应在块石表面再浇一层厚约15cm、强度等级为C15的混凝土或加筋混凝土，以使底板表面平整并具有良好的防冲性能。

如地基较好，相邻闸墩之间不致出现不均匀沉降的情况下，还可将横缝设在闸孔底板中间。

2.闸墩

如闸墩采用浆砌块石，为保证墩头的外形轮廓，并加快施工进度，可采用预制构件。大、中型水闸因沉降缝常设在闸墩中间，故墩头多采用半圆形，有时也采用流线型闸墩。

有些地区采用框架式闸墩。这种形式既可节约钢材，又可降低造价。

3.闸门

闸门在闸室中的位置与闸室稳定、闸墩和地基应力以及上部结构的布置有关。平面闸门一般设在靠上游侧，有时为了充分利用水重，也可移向下游侧。弧形闸门为不使闸墩过长，需要靠上游侧布置。

平面闸门的门槽深度决定于闸门的支承形式，检修门槽与工作门槽之间应留有1.0～3.0m净距，以便检修。

4.胸墙

胸墙一般做成板式或梁板式。板式胸墙适用于跨度小于5.0m的水闸。

墙板可做成上薄下厚的楔形板。跨度大于5.0m的水闸可采用梁板式，由墙板、顶梁和底梁组成。当胸墙高度大于5.0m，且跨度较大时，可增设中梁及竖梁构成肋形结构。

胸墙的支承形式分为简支式和固结式两种。简支胸墙与闸墩分开浇筑，缝间涂沥青；也可将预制墙体插入闸墩预留槽内，做成活动胸墙。固结式胸墙与闸墩同期浇筑，胸墙钢筋伸入闸墩内，形成刚性连接，截面尺寸较小，可以增强闸室的整体性，但受温度变化和闸墩变位影响，容易在胸墙支点附近的迎水面产生裂缝。整体式底板可用固结式，分离式底板多用简支式。

5.交通桥及工作桥

交通桥一般设在水闸下游一侧，可采用板式、梁板式或拱形结构。为了安装闸门启闭机和便于操作管理，需要在闸墩上设置工作桥。小型水闸的工作桥一般采用板式结构；大、中型水闸多采用装配式梁板结构。

6.分缝方式及止水设备

（1）分缝方式与布置

为了防止和减少由于地基不均匀沉降、温度变化和混凝土干缩引起底板断裂和裂缝，对于多孔水闸需要沿轴线每隔一定距离设置永久缝。缝距不宜过大或过小。

整体式底板的温度沉降缝设在闸墩中间，一孔、二孔或三孔成为一个独立单元。靠近岸边，为了减轻墙后填土对闸室的不利影响，特别是当地质条件较差时，最好采用单孔，再接二孔或三孔的闸室。若地基条件较好，也可将缝设在底板中间或在单孔底板上设双缝。

为避免相邻结构由于荷重相差悬殊产生不均匀沉降，也要设缝分开，如铺盖与底板、消力池与底板以及铺盖、消力池与翼墙等连接处都要分别设缝。此外，混凝土铺盖及消力池本身也需设缝分段、分块。

（2）止水设备

止水分铅直止水及水平止水两种。前者设在闸墩中间，边墩与翼墙间以及上游翼墙本身；后者设在铺盖、消力池与底板和翼墙、底板与闸墩间以及混凝土铺盖及消力池本身的温度沉降缝内。

二、水闸主体结构的施工技术

水闸主体结构施工主要包括闸身上部结构预制构件的安装以及闸底板、闸墩、止水设施和门槽等方面的施工内容。

为了尽量减少不同部位混凝土浇筑时的相互干扰，在安排混凝土浇筑施工次序时，可从以下几个方面考虑。

第一，先深后浅。先浇深基础，后浇浅基础，以避免浅基础混凝土产生裂缝。

第二，先重后轻。荷重较大的部位优先浇筑，待其完成部分沉陷后，再浇相邻荷重较小的部位，以减小两者之间的不均匀沉陷。

第三，先主后次。优先浇筑上部结构复杂、工种多、工序时间长、对工程整体影响大的部位或浇筑块。

第四，穿插进行。在优先安排主要关键项目、部位的前提下，见缝插针，穿插安排一些次要、零星的浇筑项目或部位。

（一）底板施工

水闸底板有平底板与反拱底板两种，平底板为常用底板。这两种闸底板虽都是混凝土浇筑，但施工方法并不一样。平底板的施工总是先于墩墙，而反拱底板的施工，一般是先浇墩墙，预留联结钢筋，待沉陷稳定后再浇反拱底板。

1.平底板的施工

（1）浇注块划分

混凝土水闸常由沉降缝和温度缝分为许多结构块，施工时应尽量利用结构缝分块。当永久缝间距很大，所划分的浇筑块面积太大，以致混凝土拌和运输能力或浇筑能力满足不了需要时，则可设置一些施工缝，将浇筑块面积划小些。浇注块的大小，可根据施工条件，在体积、面积及高度三个方面进行控制。

（2）混凝土浇筑

闸室地基处理后，软基上多先铺筑素混凝土垫层8～10cm，以保护地基，找平基面。浇筑前先进行扎筋、立模、搭设仓面脚手架和清仓等工作。

浇筑底板时，运送混凝土入仓的方法很多。可以用载重汽车装载立罐通过履带式起重机吊运入仓，也可以用自卸汽车通过卧罐、履带式起重机入仓。采用上述两种方法时，都不需要在仓面搭设脚手架。

一般中小型水闸采用手推车或机动翻斗车等运输工具运送混凝土入仓，且需在仓面设脚手架。

水闸平底板的混凝土浇筑，一般采用平层浇筑法。但当底板厚度不大，拌和站的生产能力受到限制时，亦可采用斜层浇筑法。

底板混凝土的浇筑，一般先浇上、下游齿墙，然后再从一端向另一端浇筑。当底板混凝土方量较大，且底板顺水流长度在12m以内时，可安排两个作业组分层浇筑。首先两组同时浇筑下游齿墙，待齿墙浇平后，将第二组调至上游齿墙，另一组自下游向上游开浇第一坯底板。上游齿墙组浇完，立即调到下游开浇第二坯，而第一坯组浇完又调头浇第三坯。这样交替连环浇注可缩短每坯间隔时间，加快进度，避免产生冷缝。

钢筋混凝土底板，往往有上下两层钢筋。在进料口处，上层钢筋易被砸变形。故开始浇筑混凝土时，该处上层钢筋可暂不绑扎，待混凝土浇筑面将要到达上层钢筋位置时，再进行绑扎，以免因校正钢筋变形延误浇筑时间。

2.反拱底板的施工

（1）施工程序

①先浇筑闸墩及岸墙，后浇反拱底板

为减少水闸各部分在自重作用下产生不均匀沉陷，造成底板开裂破坏，应尽量将自重较大的闸墩、岸墙先浇筑到顶。接缝钢筋应预埋在墩墙底板中，以备今后浇入反拱底板内。岸墙应及早夯填到顶，使闸墩岸墙地基预压沉实。

②反拱底板与闸墩岸墙底板同时浇筑

此法适用于地基较好的水闸，虽然对反拱底板的受力状态较为不利，但其保证了建筑的整体性，同时减少了施工工序，便于施工安排。对于缺少有效排水措施的砂性土地基，采用此法较为有利。

（2）施工要点

第一，由于反拱底板采用土模，因此必须做好基坑排水工作。尤其是沙土地基，不做好排水工作，拱模控制将很困难。

第二，挖模前将基土夯实，再按设计要求放样开挖；土模挖好后，在其上先铺一层约10cm厚的砂浆，具有一定强度后加盖保护，以待浇筑混凝土。

第三，采用第一种施工程序，在浇筑岸、墩墙底板时，应将接缝钢筋一头埋在岸、墩墙底板之内，另一头插入土模中，以备下一阶段浇入反拱底板。岸、墩墙浇筑完毕后，应尽量推迟底板的浇筑，以便岸、墩墙基础有更多的时间沉实。反拱底板尽量在低温季节浇筑，以减小温度应力，闸墩底板与反拱底板的接缝按施工缝处理，以保证其整体性。

第四，当采用第二种施工程序时，为了减少不均匀沉降对整体浇筑的反拱底板的不利影响，可在拱脚处预留一缝，缝底设临时铁皮止水，缝顶设“假铰”，待大部分上部结构荷载施加以后，便在低温期用二期混凝土封堵。

第五，为了保证反拱底板的受力性能，在拱腔内浇筑的门槛、消力坎等构件，需在底板混凝土凝固后浇筑二期混凝土，且不应使两者成为一个整体。

（二）闸墩施工

由于闸墩高度大、厚度小，门槽处钢筋较密，闸墩相对位置要求严格，所以闸墩的立模与混凝土浇筑是施工中的主要难点。

1. 闸墩模板安装

为使闸墩混凝土一次浇筑达到设计高程，闸墩模板不仅要有足够的强度，而且要有足够的刚度。所以闸墩模板安装以往采用“铁板螺栓、对拉撑木”的立模支撑方法。此法虽需耗用大量木材和钢材，工序繁多，但对中小型水闸施工仍较为方便。有条件的施工单位，在闸墩混凝土浇筑中逐渐采用翻模施工方法。

（1）“铁板螺栓、对拉撑木”的模板安装

立模前，应准备好固定模板的对销螺栓及空心钢管等。常用的对销螺栓有两种形式：一种是两端都车螺纹的圆钢；另一种是一端带螺纹另一端焊接上一块5mm×40mm×400mm的扁铁的螺栓，扁铁上钻两个圆孔，以便将其固定在对拉撑木上。空心圆管可用长度等于闸墩厚度的毛竹或混凝土空心撑头。

闸墩立模时，其两侧模板要同时相对进行。先立平直模板，后立墩头模板。在闸底板上架立第一层模板时，必须保持模板上口水平。在闸墩两侧模板上，每隔1m左右钻与螺栓直径相应的圆孔，并于模板内侧对准圆孔撑以毛竹或混凝土撑头，然后将螺栓穿入，且两头穿出横向围囹和竖向围囹，然后用螺帽固定在竖向围囹上。铁板螺栓带扁铁的的一端与水平拉撑木相接，与两端均车螺丝的螺栓相间布置。

（2）翻模施工

翻模施工法立模时一次至少立三层，当第二层模板内混凝土浇至腰箍下缘时，第一层模板内腰箍以下部分的混凝土须达到脱模强度，这样便可拆掉第一层，去架立第四层模板，并绑扎钢筋。依次类推，保持混凝土浇筑的连续性，以避免产生冷缝。

2. 混凝土浇筑

闸墩模板立好后，随即进行清仓工作。清仓用高压水冲洗模板内侧和闸墩底面，污水则由底层模板的预留孔排出，清仓完毕堵塞小孔后，即可进行混凝土浇筑。闸墩混凝土的浇筑，主要是解决好两个问题，一是每块底板上闸墩混凝土的均衡上升；二是流态混凝土的入仓方式及仓内混凝土的铺筑方法。

当落差大于2m时，为防止流态混凝土下落产生离析，应在仓内设置溜管，可每隔2～3m设置一组。仓内可把浇筑面分划成几个区段，分段进行浇筑。每坯混凝土厚度可控制在30cm左右。

（三）止水设施的施工

为了适应地基的不均匀沉降和伸缩变形，在水闸设计中均设置温度缝与沉陷缝，并常用沉陷缝代温度缝作用。缝有铅直和水平的两种，缝宽一般为1.0～2.5cm。缝中填料及止水设施，在施工中应按设计要求确保质量。

1.沉陷缝填料的施工

沉陷缝的填充材料，常用的有沥青油毛毡、沥青杉木板及泡沫板等多种。填料的安装有两种方法。

一种是先将填料用铁钉固定在模板内侧后，再浇混凝土，拆模后填料即粘在混凝土面上，然后再浇另一侧混凝土，填料即牢固地嵌入沉降缝内。如果沉陷缝两侧的结构需要同时浇灌，则沉陷缝的填充材料在安装时要竖立平直，浇筑时沉陷缝两侧流态混凝土的上升高度要一致。

另一种是先在缝的一侧立模浇混凝土，并在模板内侧预先钉好安装填充材料的长铁钉数排，并使铁钉的1/3留在混凝土外面，然后安装填料、敲弯铁尖，使填料固定在混凝土面上，再立另一侧模板和浇混凝土。

2.止水的施工

凡是位于防渗范围内的缝，都有止水设施，止水包括水平止水和垂直止水，常用的有止水片和止水带。

（1）水平止水

水平止水大都采用塑料止水带，其安装与沉陷缝的安装方法一样。

（2）垂直止水

止水部分的金属片，重要部分用紫铜片，一般用铝片、镀锌铁皮或镀铜铁皮等。

对于需灌注沥青的结构形式，可按照沥青井的形状预制混凝土槽板，每节长度可为0.3～0.5m，与流态混凝土的接触面应凿毛，以利结合。安装时需涂抹水泥砂浆，随缝的上升分段接高。沥青井的沥青可一次灌注，也可分段灌注。止水片接头要进行焊接。

（3）接缝交叉的处理

止水交叉有两类：一是铅直交叉（指垂直缝与水平缝的交叉），二是水平交叉（指水平缝与水平缝的交叉）。交叉处止水片的连接方式也可分为两种：一种是柔性连接，即将金属止水片的接头部分埋在沥青块体中；另一种是刚性连接，即将金属止水片剪裁后焊接成整体。在实际工程中可根据交叉类型及施工条件决定连接方法，铅直交叉常用柔性连接，而水平交叉则多用刚性连接。

（四）门槽二期混凝土施工

采用平面闸门的中小型水闸，在闸墩部位都设有门槽。为了减小闸门的启闭力及闸门封水，门槽部分的混凝土中埋有导轨等铁件，如滑动导轨、主轮、侧轮及反轮导轨、止水座等。这些铁件的埋设可采取预埋及留槽后浇混凝土两种方法。小型水闸的导轨铁件较小，可在闸墩立模时将其预先固定在模板的内侧。闸墩混凝土浇筑时，导轨等铁件即浇入混凝土中。由于大、中型水闸导轨较大、较重，在模板上固定较为困难，宜采用预留槽后浇二期混凝土的施工方法。

1.门槽垂直度控制

门槽及导轨必须铅直无误，所以在立模及浇筑过程中应随时用吊锤校正。校正时，可在门槽模板顶端内侧钉一根大铁钉，然后把吊锤系在铁钉端部，待吊锤静止后，用钢尺量取上部与下部吊锤线到模板内侧的距离，如相等则该模板垂直，否则按照偏斜方向予以调正。

2.门槽二期混凝土浇筑

在闸墩立模时，于门槽部位留出较门槽尺寸大的凹槽。闸墩浇筑时，预先将导轨基础螺栓按设计要求固定于凹槽的侧壁及正壁模板，模板拆除后基础螺栓即埋入混凝土中。

导轨安装前，要对基础螺栓进行校正，安装过程中必须随时用垂球进行校正，使其铅直无误。导轨就位后即可立模浇筑二期混凝土。

闸门底槛设在闸底板上，在施工初期浇筑底板时，若铁件不能完成，亦可在闸底板上留槽以后浇二期混凝土。

浇筑二期混凝土时，应采用较细骨料混凝土，并细心捣实，不要振动已装好的金属构件。门槽较高时，不要直接从高处下料，可以分段安装和浇筑。二期混凝土拆模后，应对埋件进行复测，并作好记录，同时检查混凝土表面尺寸，清除遗留的杂物、钢筋头，以免影响闸门启闭。

3.弧形闸门的导轨安装及二期混凝土浇筑

弧形闸门的启闭是绕水平轴转动，转动轨迹由支臂控制，所以不设门槽，但为了减小启闭门力，在闸门两侧亦设置转轮或滑块，因此也有导轨的安装及二期混凝土施工。

为了便于导轨的安装，在浇筑闸墩时，根据导轨的设计位置预留20cm×80cm的凹槽，槽内埋设两排钢筋，以便用焊接方法固定导轨。安装前应对预埋钢筋进行校正，并在预留槽两侧，设立垂直闸墩侧面并能控制导轨安装垂直度的若干对称控制点。安装时，先将校正好的导轨分段与预埋的钢筋临时点焊接数点，待按设计坐标位置逐一校正无误，并根据垂直平面控制点，用样尺检验调整导轨垂直度后，再电焊牢固，最后浇二期混凝土。

三、闸门的安装方法

闸门是水工建筑物的孔口上用来调节流量，控制上下游水位的活动结构。它是水工建筑物的一个重要组成部分。

闸门主要由三部分组成：主体活动部分，用以封闭或开放孔口，通称闸门或门叶；埋固部分，是预埋在闸墩、底板和胸墙内的固定件，如支承行走埋设件、止水埋设件和护砌埋设件等；启闭设备，包括连接闸门和启闭机的螺杆或钢丝绳索和启闭机等。

闸门按其结构形式可分为平面闸门、弧形闸门及人字闸门三种。闸门按门体的材料可分为钢闸门、钢筋混凝土或钢丝水泥闸门、木闸门及铸铁闸门等。

所谓闸门安装是将闸门及其埋件装配、安置在设计部位。由于闸门结构的不同，各种闸门的安装，如平面闸门安装、弧形闸门安装、人字闸门安装等，略有差异，但一般可分为埋件安装和门叶安装两部分。

（一）平面闸门安装

主要介绍平面钢闸门的安装。

平面钢闸门的闸门主要由面板、梁格系统、支承行走部件、止水装置和吊具等组成。

1.埋件安装

闸门的埋件是指埋设在混凝土内的门槽固定构件，包括底槛、主轨、侧轨、反轨和门楣等。安装顺序一般是设置控制点线，清理、校正预埋螺栓，吊入底槛并调整其中心、高程、里程和水平度，经调整、加固、检查合格后，浇筑底槛二期混凝土。设置主、反、侧轨安装控制点，吊装主轨、侧轨、反轨和门楣并调整各部件的高程、中心、里程、垂直度及相对尺寸，经调整、加固、检查合格，分段浇筑二期混凝土。二期混凝土拆模后，复测埋件的安装精度和二期混凝土槽的断面尺寸，超出允许误差的部位需进行处理，以防闸门关闭不严、出现漏水或启闭时出现卡阻现象。

2.门叶安装

如门叶尺寸小，则在工厂制成整体运至现场，经复测检查合格，装上止水橡皮等附件后，直接吊入门槽。如门叶尺寸大，由工厂分节制造，运到工地后，在现场组装。

闸门安装完毕后，需作全行程启闭试验，要求门叶启闭灵活无卡阻现象，闸门关闭严密，漏水量不超过允许值。

（二）弧形闸门安装

弧形闸门由弧形面板、梁系和支臂组成。弧形闸门的安装，根据其安装高低位置不同，分为露顶式弧形闸门安装和潜孔式闸门安装。

1.露顶式弧形闸门安装

露顶式弧形闸门包括底槛、侧止水座板、侧轮导板、铰座和门体。安装顺序：①在一期混凝土浇筑时预埋铰座基础螺栓，为保证铰座的基础螺栓安装准确，可用钢板或型钢将每个铰座的基础螺栓组焊在一起，进行整体安装、调整、固定。②埋件安装，先在闸孔混凝土底板和闸墩边墙上放出各埋件的位置控制点，接着安装底槛、侧止水导板、侧轮导板和铰座，并浇筑二期混凝土。③门体安装，有分件安装和整体安装两种方法。分件安装是先将铰链吊起，插入铰座，于空间穿轴，再吊支臂用螺栓与铰链连接；也可先将铰链和支臂组成整体，再吊起插入铰座进行穿轴；若起吊能力许可，可在地面穿轴后，再整体吊入。2个直臂装好后，将其调至同一高程，再将面板分块装于支臂上，调整合格后，进行面板焊接和将支臂端部与面板相连的连接板焊好。门体装完后起落2次，使其处于自由状态，然后安装侧止水橡皮，补刷油漆，最后再启闭弧门检查有无卡阻和止水不严现象。整体安装是在闸室附近搭设的组装平台上进行，将2个已分别与铰链连接的支臂按设计尺寸用撑杆连成一体，再于支臂上逐个吊装面板，将整个面板焊好，经全面检查合格，拆下面板，将2个支臂整体运入闸室，吊起插入铰座，进行穿轴，而后吊装面板。此法一次起吊重量大，2个支臂组装时，其中心距要严格控制，否则会给穿轴带来困难。

2.潜孔式弧形闸门安装

设置在深孔和隧洞内的潜孔式弧形闸门，顶部有混凝土顶板和顶止水，其埋件除与露顶式相同的部分外，一般还有铰座钢梁和顶门楣。安装顺序：①铰座钢梁宜和铰座组成整体，吊入二期混凝土的预留槽中安装。②埋件安装。深孔弧形闸门是在闸室内安装，故在浇筑闸室一期混凝土时，就需将锚钩埋好。③门体安装方法与露顶式弧形闸门的基本相同，可以分体装，也可整体装。门体装完后要起落数次，根据实际情况，调整顶门楣，使弧形闸门在启闭过程中不发生卡阻现象，同时门楣上的止水橡皮能和面板接触良好，以免启闭过程中门叶顶部发生涌水现象。调整合格后，浇筑顶门楣二期混凝土。④为防止闸室混凝土在流速高的情况下发生空蚀和冲蚀，有的闸室内壁设钢板衬砌。钢衬可在二期混凝土安装，也可在一期混凝土时安装。

（三）人字闸门安装

人字闸门由底枢装置、顶枢装置、支枕装置、止水装置和门叶组成。人字闸门分埋件和门叶两部分进行安装。

1.埋件安装

包括底枢轴座、顶枢埋件、枕座、底槛和侧止水座板等。其安装顺序：设置控制点，校正预埋螺栓，在底枢轴座预埋螺栓上加焊调节螺栓和垫板。将埋件分别布置在不同位置，根据已设的控制点进行调整，符合要求后，加固并浇筑二期混凝土。为保证底止水安装质量，在门叶全部安装完毕后，进行启闭试验时安装底槛，安装时以门叶实际位置为基准，并根据门叶关闭后止水橡皮的压缩程度适当调整底槛，合格后浇筑二期混凝土。

2.门叶安装

首先在底枢轴座上安装半圆球轴（蘑菇头），同时测出门叶的安装位置，一般设置在与闸门全开位置呈120°～130°的夹角处。门叶安装时需有2个支点，底枢半圆球轴为一支点，在接近斜接柱的纵梁隔板处用方木或型钢铺设另一临时支点。根据门叶大小、运输条件和现场吊装能力，通常采用整体吊装、现场组装和分节吊装等三种安装方法。

四、启闭机的安装方法

在水工建筑物中，专门用于各种闸门开启与关闭的起重设备称为闸门启闭机。将启闭闸门的起重设备装配、安置在设计确定部位的工程称作闸门启闭机安装。

闸门启闭机安装分固定式和移动式启闭机安装两类。固定式启闭机主要用于工作闸门和事故闸门，每扇闸门配备1台启闭机，常用的有卷扬式启闭机、螺杆式启闭机和液压式启闭机等几种。移动式启闭机可在轨道上行走，适用于操作多孔闸门，常用的有门式、台式和桥式等几种。

大型固定式启闭机的一般安装程序：①埋设基础螺栓及支撑垫板。②安装机架。③浇筑基础二期混凝土。④在机架上安装提升机构。⑤安装电气设备和安保元件。⑥联结闸门作启闭机操作试验，使各项技术参数和继电保护值达到设计要求。

移动式启闭机的一般安装程序：①埋设轨道基础螺栓。②安装行走轨道，并浇筑二期混凝土。③在轨道上安装大车构架及行走台车。④在大车梁上安装小车轨道、小车架、小车行走机构和提升设备。⑤安装电气设备和安保元件。⑥进行空载运行及负荷试验，使各项技术参数和继电保护值达到设计要求。

（一）固定式启闭机的安装

1.卷扬式启闭机的安装

卷扬式启闭机由电动机、减速箱、传动轴和绳鼓所组成。卷扬式启闭机是由电力或人力驱动减速齿轮，从而驱动缠绕钢丝绳的绳鼓，借助绳鼓的转动，收放钢丝绳使闸门升降。

固定卷扬式启闭机安装顺序：①在水工建筑物混凝土浇筑时埋入机架基础螺栓和支承垫板，在支承垫板上放置调整用楔形板。②安装机架。按闸门实际起吊中心线找正机架的中心、水平、高程，拧紧基础螺母，浇筑基础二期混凝土，固定机架。③在机架上安装、调整传动装置，包括：电动机、弹性联轴器、制动器、减速器、传动轴、齿轮联轴器、开式齿轮、轴承、卷筒等。

固定卷扬式启闭机的调整顺序：①按闸门实际起吊中心找正卷筒的中心线和水平线，并将卷筒轴的轴承座螺栓拧紧。②以与卷筒相联的开式大齿轮为基础，使减速器输出端开式小齿轮与大齿轮啮合正确。③以减速器输入轴为基础，安装带制动轮的弹性联轴器，调整电动机位置使联轴器的两片的同心度和垂直度符合技术要求。④根据制动轮的位置，安装与调整制动器；若为双吊点启闭机，要保证传动轴与两端齿轮联轴节的同轴度。⑤传动装置全部安装完毕后，检查传动系统动作的准确性、灵活性，并检查各部分的可靠性。⑥安装排绳装置、滑轮组、钢丝绳、吊环、扬程指示器、行程开关、过载限制器、过速限制器及电气操作系统等。

2.螺杆式启闭机安装

螺杆式启闭机是中小型平面闸门普遍采用的启闭机。它由摇柄、主机和螺栓组成。螺杆的下端与闸门的吊头连接，上端利用螺杆与承重螺母相扣合。当承重螺母通过与其连接的齿轮被外力（电动机或手摇）驱动而旋转时，它驱动螺杆作垂直升降运动，从而启闭闸门。

安装过程包括基础埋件的安装、启闭机安装、启闭机单机调试、启闭机负荷试验。

安装前，首先检查启闭机各传动轴，轴承及齿轮的转动灵活性和啮合情况，着重检查螺母螺纹的完整性，必要时应进行妥善处理。

检查螺杆的平直度，每米长弯曲超过0.2mm或有明显弯曲处可用压力机进行机械校直。螺杆螺纹容易碰伤，要逐圈进行检查和修正。无异状时，在螺纹外表涂以润滑油脂，并将其拧入螺母，进行全行程的配合检查，不合适处应修正螺纹。然后整体竖立，将它吊入机架或工作桥上就位，以闸门吊耳找正螺杆下端连接孔，并进行连接。

挂一线锤，以螺杆下端头为准，移动螺杆启闭机底座，使螺杆处于垂直状态。对双吊点的螺杆式启闭机，两侧螺杆找正后，安装中间同步轴，螺杆找正和同步轴连接合格后，最后把机座固定。

对电动螺杆式启闭机，安装电动机及其操作系统后应作电动操作试验及行程限位整定等。

3.液压式启闭机的安装

液压式启闭机由机架、油缸、油泵、阀门、管路、电机和控制系统等组成。油缸拉杆下端与闸门吊耳铰接。液压式启闭机分单向与双向两种。

液压式启闭机通常由制造厂总装并试验合格后整体运到工地，若运输保管得当，且出厂不满一年，可直接进行整体安装，否则，要在工地进行分解、清洗、检查、处理和重新装配。安装程序：①安装基础螺栓，浇筑混凝土。②安装和调整机架。③油缸吊装于机架上，调整固定。④安装液压站与油路系统。⑤滤油和充油。⑥启闭机调试后与闸门联调。

（二）移动式启闭机的安装

移动式启闭机安装在坝顶或尾水平台上，能沿轨道移动，用于启闭多台工作闸门和检修闸门。常用的移动式启闭机有门式、台式和桥式等几种。

移动式启闭机行走轨道均采取嵌入混凝土方式，先在一期混凝土中埋入基础调节螺栓，经位置校正后，安放下部调节螺母及垫板，然后逐根吊装轨道，调整轨道高程、中心、轨距及接头错位，再用上压板和夹紧螺母紧固，最后分段浇筑二期混凝土。

第二节 渠系主要建筑物的施工技术

一、渠系建筑物组成及特点

在渠道上修建的建筑物称为渠道系统中的水工建筑物，简称渠系建筑物。

（一）渠系建筑物的分类

渠系建筑物按其作用可分为：

（1）渠道。是指为农田灌溉、水力发电、工业及生活输水用的、具有自由水面的人工水道。

（2）调节及配水建筑物。用以调节水位和分配流量，如节制闸、分水闸等。

（3）交叉建筑物。渠道与山谷、河流、道路、山岭等相交时所修建的建筑物，如渡槽、倒虹吸管、涵洞等。

（4）落差建筑物。在渠道落差集中处修建的建筑物，如跌水、陡坡等。

（5）泄水建筑物。为保护渠道及建筑物安全或进行维修，用以放空渠水的建筑物，如泄水闸、虹吸泄洪道等。

（6）冲沙和沉沙建筑物。为防止和减少渠道淤积，在渠首或渠系中设置的冲沙和沉沙设施，如冲沙闸、沉沙池等。

（7）量水建筑物。用以计量输配水量的设施，如量水堰等。

（二）渠系建筑物的特点

1.面广量大、总投资多

渠系中的建筑物，一般规模不大，但数量多，总的工程量和造价在整个工程中所占比重较大。

2.同一类型建筑物的工作条件、结构形式、构造尺寸较为近似

同一类型的渠系建筑物的工作条件一般较为近似，因此，在一个灌区内可以较多地采用同一的结构形式和施工方法，广泛采用定型设计和预制装配式结构。

（三）渠系建筑物的组成

1.渠道

（1）渠道的分类

渠道按用途可分为灌溉渠道、动力渠道、供水渠道、通航渠道和排水渠道等。

（2）渠道的横断面

渠道横断面的形状，在土基上多采用梯形，两侧边坡根据土质情况和开挖深度或填筑高度确定，一般用1∶1～1∶2，在岩基上接近矩形。

断面尺寸取决于设计流量和不冲不淤流速，可根据给定的设计流量、纵坡等用明

渠均匀流公式计算确定。

（3）渠道防渗

实践证明，对渠道进行砌护防渗，不仅可以消除渗漏带来的危害，还能减小渠道糙率，提高输水能力和抗冲能力，因而可以减少渠道断面及渠系建筑物的尺寸。

为减小渗漏量和降低渠床糙率，一般均需在渠床加做护面，护面材料主要有：砌石、黏土、灰土、混凝土以及防渗膜等。

2.渡槽

（1）渡槽的作用和组成

渡槽是渠道跨越河、沟、路或洼地时修建的过水桥。它由进口段、槽身、支承结构、基础和出口段等部分组成。

渡槽与倒虹吸管相比具有水头损失小，便于运行管理等优点，在渠道绕线或高填方方案不经济时，往往优先考虑渡槽方案，渡槽是渠系建筑物中应用最广的交叉建筑物之一。

渡槽除输送渠水外，还用于排洪和导流等方面当挖方渠道与冲沟相交时，为防止山洪及泥沙入渠，在渠道上修建排洪渡槽。当在流量较小的河道上进行施工导流时，可在基坑上修建渡槽，以使上游来水通过渡槽泄向下游。

（2）渡槽的形式

渡槽根据支承结构形式可分为梁式渡槽和拱式渡槽两大类。

①梁式渡槽

梁式渡槽的槽身搁置在槽墩或槽架上，槽身在纵向起梁的作用。

梁式渡槽的跨度大小与地形地质条件、支撑高度、施工方法等因素有关，一般不大于20m，常采用8～15m。梁式渡槽的优点是结构比较简单，施工较方便。当跨度较大时，可采用预应力混凝土结构。

②拱式渡槽

当槽身支承在拱式支承结构上时，称为拱式渡槽。其支撑结构由槽墩、主拱圈、拱上结构组成。主拱圈主要承受压应力，可用抗拉强度小而抗压强度大的材料建造，并可用于大跨度。

（3）渡槽的整体布置

渡槽的整体布置包括槽址选择、结构选型、进出口段的布置。

梁式渡槽的槽身横断面常用矩形和U形，矩形槽身可用浆砌石或钢筋混凝土建造。拱式渡槽的槽身一般为预制的钢筋混凝土U形槽或矩形槽。

为使槽内水流与渠道平顺衔接，在渡槽的进、出口需要设置渐变段。

3.倒虹吸管

倒虹吸管是当渠道横跨山谷、河流、道路时，为连接渠道而设置的压力管道，其形状如倒置的虹吸管。它与渡槽相比较，具有造价低、施工方便的优点，但水头损失较大，运行管理不如渡槽方便。它应用于修建渡槽困难，或需要高填方建渠道的场合；在渠道水位与所跨越的河流或路面高程接近时，也常用倒虹吸方案。

倒虹吸管由进口段、管身和出口段三部分组成。

（1）进口段

进口段包括：渐变段、闸门、拦污栅，有的工程还设有沉沙池。进口段要与渠道平顺衔接，以减少水头损失。渐变段可以做成扭曲面或八字墙等形式。闸门用于管内清淤和检修。不设闸门的小型倒虹吸管，可在进口侧墙上预留检修门槽，需用时临时插板挡水。拦污栅用于拦污和防止人畜落入渠内被吸进倒虹吸管。

在多泥沙河流上，为防止渠道水流携带的粗颗粒泥沙进入倒虹吸管，可在闸门与拦污栅前设置沉沙池。

（2）出口段

出口段的布置形式与进口段基本相同。单管可不设闸门；若为多管，可在出口段侧墙上预留检修门槽。出口渐变段比进口渐变段稍长。

（3）管身

管身断面可为圆形或矩形。圆形管因水力条件和受力条件较好，大、中型工程多采用这种形式。矩形管仅用于水头较低的中、小型工程。根据流量大小和运用要求，倒虹吸管可以设计成单管、双管或多管。在管路变坡或转弯处应设置镇墩。

4.涵洞

（1）涵洞是渠道与溪谷、道路等相交叉时，为宣泄溪谷来水或输送渠水，在填方渠道或道路下修建的交叉建筑物。

（2）涵洞由进口段、洞身和出口段三部分组成。其顶部往往有填土。涵洞一般不设闸门，有闸门时称为涵洞式或封闭式水闸。

（3）小型涵洞的进、出口段都用浆砌石建造。大、中型工程可采用混凝土或钢筋混凝土结构。为适应不均匀沉降，常用沉降缝与洞身分开，缝间设止水。

（4）由于水流状态的不同，涵洞可能是无压的、有压的或半有压的。有压涵洞的特点是工作时水流充满整个洞身断面，洞内水流自进口至出口均处于有压流状态；无压涵洞是渠道上输水涵洞的主要形式，其特点是洞内水流具有自由表面，自进口至出口始终保持无压流状态；半有压涵洞的特点是进口洞顶水流封闭，但洞内的水流仍具有自由表面。

（5）涵洞的形式一般是指洞身的形式。根据用途、工作特点、结构形式和建筑材料等常分为圆形、箱形、盖板式及拱涵等几种。圆形涵洞受力条件好，泄水能力大，宜于预制，适用于上面填土较厚的情况，为有压涵洞的主要形式；箱式涵洞多为四边封闭的矩形钢筋混凝土结构，泄量大时可用双孔或多孔，适用于填土较浅的无压或低压涵洞；拱形涵洞顶部为拱形，也有单孔和多孔之分，常用混凝土和浆砌石做成，适用于填土高度及跨度较大而侧压力较小的无压涵洞。

5.跌水及陡坡

（1）当渠道通过地面坡度较陡的地段或天然跌坎，在落差集中处可建跌水或陡坡。使渠道上游水流自由跌落到下游渠道的落差建筑物称为跌水。使上游渠道沿陡槽下泄到下游渠道的落差建筑物，称为陡坡。

（2）根据地面坡度大小和上下游渠道落差的大小，可采用单级跌水或多级跌水。二者构造基本相同。跌水的上下游渠底高差称为跌差。一般土基上单级跌水的跌差小于3～5m，超过此值时宜做成多级跌水。

（3）单级跌水一般由进口连接段、跌水口、跌水墙、侧墙、消力池和出口连接段组成。多级跌水的组成和构造与单级跌水相同，只是将消力池做成几个阶梯，各级落差和消力池长度都相等，使每级具有相同的工作条件，并便于施工。

（4）陡坡的构造与跌水相似，不同之处是陡坡段代替了跌水墙。

二、渠系主要建筑物的施工方法

（一）渠道施工

渠道施工包括渠道开挖、渠堤填筑和渠道衬砌。渠道施工的特点是工程量大，施工线路长，场地分散；但工种单纯，技术要求较低。

1.渠道开挖

渠道开挖的施工方法有人工开挖、机械开挖和爆破开挖等。开挖方法的选择取决于技术条件、土壤特性、渠道横断面尺寸、地下水位等因素。渠道开挖的土方多堆在渠道两侧用作渠堤，因此，铲运机、推土机等机械得到广泛地应用。

（1）人工开挖

①施工排水。

渠道开挖首先要解决地表水或地下水对施工的干扰问题，办法是在渠道中设置排水沟。排水沟的布置既要方便施工，又要保证排水的通畅。

②开挖方法

在干地上开挖，应自渠道中心向外，分层下挖，先深后宽。为方便施工，加快工程进度，边坡处可先按设计坡度要求挖成台阶状，待挖至设计深度时再进行削坡。开挖后的弃土，应先行规划，尽量做到挖填平衡。开挖方法有一次到底法和分层下挖法。

一次到底法适用于土质较好，挖深2～3m的渠道。开挖时先将排水沟挖到低于渠底设计高程0.5m处，然后按阶梯状向下逐层开挖至渠底。

分层下挖法适用于土质较软、含水量较高、渠道挖深较大的情况。可将排水沟布置在渠道中部，逐层下挖排水沟，直至渠底。当渠道较宽时，可采用翻滚排水沟法，用此法施工，排水沟断面小，施工安全，施工布置灵活。

③边坡开挖与削坡

开挖渠道如一次开挖成坡，将影响开挖进度。因此。一般先按设计坡度要求挖成台阶状，其高宽比按设计坡度要求开挖，最后进行削坡。

（2）机械开挖。

①推土机开挖

推土机开挖，渠道深度一般不宜超过1.5～2.0m，填筑渠堤高度不宜超过2～3m，其边坡不宜陡于1∶2。推土机还可用于平整渠底，清除腐殖土层、压实渠堤等。

②铲运机开挖

铲运机最适宜开挖全挖方渠道或半挖半填渠道。对需要在纵向调配土方的渠道，如运距不远，也可用铲运机开挖。铲运机开挖渠道的开行方式有：

环形开行：当渠道开挖宽度大于铲土长度，而填土或弃土宽度又大于卸土长度，可采用横向环形开行。反之，则采用纵向环形开行，铲土和填土位置可逐渐错动，以完成所需断面。

“8”字形开行：当工作前线较长，填挖高差较大时，则应采用“8”字形开行。其进口坡道与挖方轴线间的夹角以40°～60°为宜，过大则重车转弯不便，过小则加大运距。

③爆破开挖

采用爆破法开挖渠道时，药包可根据开挖断面的大小沿渠线布置成一排或几排。当渠底宽度大于深度的2倍以上时，应布置2～3排以上的药包，但最多不宜超过5排，以免爆破后回落土方过多。单个药包装药量及间、排距应根据爆破试验确定。

2.渠堤填筑

渠堤填筑前要进行清基，清除基础范围内的块石、树根、草皮、淤泥等杂质，并将基面略加平整，然后进行刨毛。如基础过于干燥，还应洒水湿润，然后再填筑。

筑堤用的土料，以土块小的湿润散土为宜，如沙质壤土或沙质黏土。如用几种土料，应将透水性小的土料填筑在迎水面，透水性大的填筑在曹水面。土料中不得掺有杂质，并应保持一定的含水量，以利压实。严禁使用冻土、淤泥、净砂等。

填方渠道的取土坑与堤脚应保持一定距离，挖土深度不宜超过2m，取土宜先远后近，并留有斜坡道以便运土。半填半挖渠道应尽量利用挖方填堤，只有土料不足或土质不能满足填筑要求时，才在取土坑取土。

渠堤填筑应分层进行。每层铺土厚度以20～30cm为宜，并应铺平铺匀。每层铺土宽度应保证土堤断面略大于设计宽度，以免削坡后断面不足。堤顶应做成坡度为2%～4%的坡面，以利排水。填筑高度应考虑沉陷，一般可预加5%的沉陷量。

3.渠道衬护

渠道衬护就是用灰土、水泥土、块石、混凝土、沥青、塑料薄膜等材料在渠道内壁铺砌一衬护层。在选择衬护类型时，应考虑以下原则：防渗效果好，因地制宜，就地取材，施工简便，能提高渠道输水能力。

（1）灰土衬护

灰土是由石灰和土料混合而成。衬护的灰土比一般为1∶2～1∶6（重量比）。衬护厚度一般为20～40cm。灰土施工时，先将过筛后的细土和石灰粉干拌均匀，再加水拌和，然后堆放一段时间，使石灰粉充分熟化，稍干后即可分层铺筑夯实拍打坡面消除裂缝。灰土夯实后应养护一段时间再通水。

（2）砌石衬护

砌石衬护有三种形式：干砌块石、干砌卵石和浆砌块石。干砌块石用于土质较好的渠道，主要起防冲作用；浆砌块石用于土质较差的渠道，起抗冲防渗作用。

用干砌卵石衬砌施工时，应先按设计要求铺设垫层，然后再砌卵石。砌筑卵石以外形稍带扁平而大小均匀的为好。砌筑时应采用直砌法，即要求卵石的长边垂直于边坡或渠底，并砌紧、砌平、错缝，且坐落在垫层上。为了防止砌面被局部冲毁而扩大，每隔10～20m距离，用较大的卵石干砌或浆砌一道隔墙，隔墙深60～80cm，宽40～50cm，以增加渠底和边坡的稳定性。渠底隔墙可砌成拱形，其拱顶迎向水流方向，以提高抗冲能力。

砌筑顺序应遵循“先渠底，后边坡”的原则。

（3）混凝土衬护

混凝土衬护由于防渗效果好，一般能减少90%以上渗漏量，耐久性强，糙率小，强度高，便于管理，适应性强，因而成为一种广泛采用的衬护方法。

混凝土衬护有现场浇筑和预制装配两种形式。前者接缝少、造价低，适用于挖方渠段，后者受气候条件影响小，适用于填方渠段。

大型渠道的混凝土衬护多采用现浇施工。在渠道开挖和压实后，先设置排水，铺设垫层，然后浇筑混凝土。浇筑时按结构缝分段，一般段长为10m左右，先浇渠底，后浇渠面。渠底一般多采用跳仓法浇筑。

装配式混凝土衬护，是在预制厂制作混凝土衬护板，运至现场后进行安装，然后灌注填缝材料。装配式混凝土预制板衬护，具有质量容易保证、施工受气候条件影响较小的特点。但接缝较多且防渗、抗冻性能较差，故多用于中小型渠道。

（4）沥青材料衬护

沥青材料渠道衬砌有沥青薄膜与沥青混凝土两大类。

沥青薄膜类防渗按施工方法可分为现场浇筑和装配式两种。现场浇筑又可分为喷洒沥青和沥青砂浆两种。

现场喷洒沥青薄膜施工，首先要求将渠床整平、压实、并洒水少许，然后将温度为200℃的软化沥青用喷洒机具，在354kPa压力下均匀地喷洒在渠床上，形成厚6～7mm的防渗薄膜。一般需喷洒两层以上，各层间需结合良好。喷洒沥青薄膜后，应及时进行质量检查和修补工作。最后在薄膜表面铺设保护层。

沥青砂浆防渗多用于渠底。施工时先将沥青和砂分别加热，然后进行拌和，拌好后保持在160～180℃，即行现场摊铺，然后用大方铣反复烫压，直至出油，再作保护层。

（5）塑料薄膜衬护

用于渠道防渗的塑料薄膜厚度以0.12～0.20mm为宜。塑料薄膜的铺设方式有表面式和埋藏式两种。表面式是将塑料薄膜铺于渠床表面，埋藏式是在铺好的塑料薄膜上铺筑土料或砌石作为保护层。保护层厚度一般不小于30cm，在寒冷地区加厚。

塑料薄膜衬砌渠道施工，大致可分为渠床开挖和修整、塑料薄膜的加工和铺设、保护层的填筑等三个施工过程。塑料薄膜的接缝可采用焊接或搭接。

（二）渡槽施工

渡槽按施工方法分为装配式渡槽和现浇式渡槽两种类型。装配式渡槽具有简化施工、缩短工期、提高质量、减轻劳动强度、节约钢木材料、降低工程造价的特点，所以被广泛采用。

1.装配式渡槽施工

装配式渡槽施工包括预制和吊装两个过程。

（1）构件的预制。

①排架的预制

槽架是渡槽的支承构件，为了便于吊装，一般选择靠近槽址的场地预制。制作的方式有地面立模和砖土胎模两种。

地面立模：在平坦夯实的地面上用1∶3∶8的水泥、黏土、砂浆抹面，厚约1cm，压抹光滑作为底模，立上侧模后就地浇制，拆模后，当强度达到70%时，即可移出存放，以便重复利用场地。

砖土胎模：其底模和侧模均采用砌砖或夯实土做成，与构件接触面用水泥、黏土、砂浆抹面，并涂上脱模剂即可。使用土模应做好四周的排水工作。

②槽身的预制

槽身的预制宜在两排架之间或排架一侧进行。槽身的方向可以垂直或平行于渡槽的纵向轴线，根据吊装设备和方法而定。要避免因预制位置选择不当，从而造成起吊时发生摆动或冲击现象。

③预应力构件的制造

在制造装配式梁、板及柱时采取预应力钢筋混凝土结构，不仅能提高混凝土的抗裂性与耐久性，减轻构件自重，并可节约钢筋20%～40%。预应力就是在构件使用前，预先加一个力，使构件产生应力，以抵消构件使用时荷载产生相反的应力。制造预应力钢筋混凝土构件的方法很多，基本上可分为先张法和后张法两大类。

先张法就是在浇筑混凝土之前，先将钢筋拉张固定，然后立模浇筑混凝土。等混凝土完全硬化后，去掉拉张设备或剪断钢筋，利用钢筋弹性收缩的作用，通过钢筋与混凝土间的粘接力把压力传给混凝土，使混凝土产生预应力。

后张法就是在混凝土浇好以后再张拉钢筋。这种方法是在设计配置预应力钢筋的部位，预先留出孔道，等到混凝土达到设计强度后，再穿入钢筋进行拉张，拉张锚固后，让混凝土获得压应力，并在孔道内灌浆，最后卸去锚固外面的拉张设备。

（2）渡槽的吊装

①排架的吊装

槽架下部结构有支柱、横梁和整体排架等。支柱和排架的吊装通常有垂直吊插法和就地旋转立装法两种。

垂直吊插法是用吊装机具将整个排架垂直吊离地面后，再对准并插入基础预留的杯口中校正固定的吊装方法。

就地旋转立装法是把支架当作一旋转杠杆，其旋转轴心设于架脚，并于基础铰接好，吊装时用起重机吊钩拉吊排架顶部，排架就地旋转立于基础上。

②槽身的吊装

槽身的吊装，基本上可分为两类，即起重设备架立于地面上吊装及起重设备架立于槽墩或槽身上吊装。

2. 现浇式渡槽施工

现浇式渡槽的施工主要包括槽墩和槽身两部分。

（1）槽墩的施工

渡槽槽墩的施工，一般采用常规方法，也可采用滑升模板施工。使用滑升模板时，一般采用坍落度小于2cm的低流态混凝土，同时还需要在混凝土内掺速凝剂，以保证随浇随滑升，不致使混凝土坍塌。

（2）槽身的施工

渡槽槽身的混凝土浇筑，就整座渡槽的浇筑顺序而言，有从一端向另一端推进或从两端向中部推进以及从中部增加两个工作面向两端推进等几种方式。槽身如采取分层浇筑时，必须合理选取分层高度，应尽量减小层数，并提高第一层的浇筑高度。对于断面较小的梁式渡槽一般均采用全断面一次平起浇筑的方式。U形薄壳双悬臂梁式渡槽，一般采用全断面一次平起浇筑。

（三）倒虹吸管施工

介绍现浇钢筋混凝土倒虹吸管的施工。

现浇倒虹吸管施工顺序一般为放样、清基和地基处理，管座施工，管模板的制作与安装，管钢筋的制作与安装；管道接头止水施工；混凝土浇筑；混凝土养护与拆模。

1. 管座施工

在清基和地基处理之后，即可进行管座施工。

管座的形式主要有刚性弧形管座、两节点式及中空式刚性管座。

（1）刚性弧形管座

刚性弧形管座通常是一次做好后，再进行管道施工。当管径较大时，管座事先做好，在浇捣管底混凝土时，则需在内模底部开置活动口，以便进料浇捣。为了避免在内模底部开口，也可采用管座分次施工的方法，即先做好底部范围的小弧座，以作为外模的一部分，待管底混凝土浇到一定程度时，即边砌小弧座旁的浆砌管座边浇混凝土，直到砌完整个管座为止。

（2）两点式及中空式刚性管座

两点式及中空式刚性管座均事先砌好管座，在基座底部挖空处可用土模代替外模。施工时，对底部回填土要仔细夯实，以防止在浇筑过程中，土壤产生压缩变形而导致混凝土开裂。

2.混凝土的浇筑

在灌区建筑物中，倒虹吸管混凝土对抗拉、抗渗要求比一般结构的混凝土要严格得多。

要求混凝土的水灰比一般控制在0.5～0.6，有条件时可达到0.4左右，坍落度用机械振捣时为4～6cm，人工振捣不应大于6～9cm。含砂率常用值为30%～38%，以采用偏低值为宜。

（1）浇筑顺序

为便于整个管道施工，可每次间隔一节进行浇筑。

（2）浇筑方式

一般常见的倒虹吸管有卧式和立式两种。在卧式中，又可分平卧或斜卧，平卧大都是管道通过水平或缓坡地段所采用的一般方式，斜卧多用于进出口山坡陡峻地区，至于立式管道则多采用预制管安装。

第三节　橡胶坝

一、橡胶坝的形式

橡胶坝分袋式、帆式及钢柔混合结构式三种坝型，比较常用的是袋式坝型。坝袋按充账介质可分为充水式、充气式和气水混合式；按锚固方式可分锚固坝和无锚固坝，锚固坝又分单线锚固和双线锚固等。

橡胶坝按岸墙的结构形式可分为直墙式和斜坡式。直墙式橡胶坝的所有锚固均在底板上，橡胶坝埂袋采用堵头式，这种形式结构简单，适应面广，但充坝时在坝袋和岸墙结合部位出现拥肩现象，引起局部溢流，这就要求坝袋和岸墙结合部位尽可能光滑。斜坡式橡胶坝的端锚固设在岸墙上，这种形式坝袋在岸墙和底板的连接处易形成褶皱，在护坡式的河道中，与上下游的连接容易处理。

二、橡胶坝组成及其作用

橡胶坝结构主要由三部分组成。

（一）土建部分

土建部分包括基础底板、边墩（岸墙）、中墩（多跨式）、上下游翼墙、上下游护坡、上游防渗铺盖或截渗墙、下游消力池、海漫等。铺盖常采用混凝土或黏土结构，厚度视不同材料而定，一般混凝土铺盖厚0.3m，黏土铺盖厚不小于0.5m。护坦（消力池）一般采用混凝土结构，其厚度为0.3～0.5m。海漫一般采用浆砌石、干砌石或铅丝石笼，其厚度一般为0.3～0.5m。

1.底板

橡胶坝底板形式与坝型有关，一般多采用平底板。枕式坝为减小坝肩，在每跨底板端头一定范围内做成斜坡。端头锚固坝一般都要求底板面平直。对于较大跨度的单个坝段，底板在垂直水流方向上设沉降缝，缝距根据规定确定。

2.中墩

中墩的作用主要是分隔坝段，安放溢流管道，支承枕式坝两端堵头。

3.边墩

边墩的作用主要是挡土，安放溢流管道，支承枕式坝端部堵头。

（二）坝体（橡胶坝袋）

用高强合成纤维织物做受力骨架，内外涂上合成橡胶作粘接保护层的胶布，锚固在混凝土基础底板上，成封闭袋形，用水（气）的压力充胀，形成柔性挡水坝。主要作用是挡水，并通过充坍坝来控制坝上水位及过坝流量。橡胶坝主要依靠坝袋内的胶布（多采用锦纶帆布）来承受拉力，橡胶保护胶布免受外力的损害。根据坝高不同，坝袋可以选择一布二胶、二布三胶、三布四胶，采用最多的是二布三胶。一般夹层胶厚0.3～0.5mm，内层覆盖胶大于2.0mm，外层覆盖胶大于2.5mm。坝袋表面上涂刷耐老化涂料。

三、橡胶坝设计要点

（一）坝址选择

设计时应根据橡胶坝特点和运用要求，综合考虑地形、地质、水流、泥沙、环境影响等因素，经过技术经济比较后确定坝址；宜选在河段相对顺直、水流流态平顺及岸坡稳定的河段；不宜选在冲刷和淤积变化大、断面变化频繁的河段；同时，应考虑施工导流、交通运输、供水供电、运行管理、坝袋检修等条件。

（二）工程布置

力求布局合理、结构简单、安全可靠、运行方便、造型美观。宜包括土建、坝体、充排和安全观测系统等；坝长应与河（渠）宽度相适应，坍坝时应能满足河道设计行洪要求，单跨坝长度应满足坝袋制造、运输、安装、检修以及管理要求；取水工程应保证进水口取水和防沙的可靠性。

（三）坝袋

作用在坝袋上的主要设计荷载为坝袋外的静水压力和坝袋内的充水（气）压力。

设计内外压比 a 值的选用应经技术经济比较后确定。充水橡胶坝内外压比值宜选用1.25～1.60；充气橡胶坝内外压比值宜选用0.75～1.10。

坝袋强度设计安全系数充水坝应不小于6.0，充气坝应不小于8.0。

坝袋袋壁承受的径向拉力应根据薄膜理论按平面问题计算。

坝袋袋壁强度、坝袋横断面形状、尺寸及坝体充胀容积的计算。

坝袋胶布除必须满足强度要求外，还应具有耐老化、耐腐蚀、耐磨损、抗冲击、抗屈挠、耐水、耐寒等性能。

（四）锚固结构

锚固结构形式可分为螺栓压板锚固、楔块挤压锚固以及胶囊充水锚固三种。应根据工程规模、加工条件、耐久性、施工、维修等条件，经过综合经济比较后选用。锚固构件必须满足强度与耐久性的要求。对于重要的橡胶坝工程，应做专门的锚固结构试验。

（五）安全与观测设备

安全设备设置应满足下列要求：①充水坝设置安全溢流设备和排气阀，坝袋内压不超过设计值；排气阀装设在坝袋两端顶部。②充气坝设置安全阀、水封管或U形管等充气压力监测设备。③对建在山区河道、溢流坝上或有突发洪水情况出现的充水式橡胶坝，宜设自动坍坝装置。

观测装置设置宜满足下列要求：①橡胶坝上、下游水位观测，设置连通管或水位标尺，必要时亦可采用水位传感器。②坝袋内压力观测设置，充水坝采用坝内连通管；充气坝安装压力表，对重要工程应安装自动监测设备。

四、土建工程施工

（一）基坑开挖

基坑开挖宜在准备工作就绪后进行，对于砂砾石河床，一般采用反铲挖掘机挖装，自卸汽车运至弃渣区。要求预留一定厚度（20～30cm）的保护层，用人工挖清理至设计高程。

对于坝基础石方开挖，应自上而下进行。设计边坡轮廓面可采用预裂爆破或光面爆破，高度较大的边坡应考虑分台阶开挖；基础岩石开挖时，应采取分层梯段爆破；紧邻水平建基面，可预留保护层进行分层爆破，避免产生大量的爆破裂隙，损害岩体的完整性；设计边坡开挖前，应及时做好开挖边线外的危石处理、削坡、加固和排水等工作。

在开挖过程中，对于降雨积水或地下水渗漏，必须及时抽干，不得长期积水；若地基不满足设计要求，要开挖进行处理，并防止产生局部沉陷。侧墙开挖要严防塌方，以免影响工期。

（二）混凝土施工

主要有坝底板、上游防渗铺盖、下游消力池、边墩（中墩）等混凝土施工。一般从岸边向中间跳仓浇筑，先浇筑坝基混凝土，再浇上游防渗铺盖混凝土、下游消力池混凝土。

坝底板混凝土施工流程：基础开挖→垫层混凝土→供排水管道安装→钢筋制作与安装→埋件与止水安装→模板安装→混凝土浇筑→拆模养护等。混凝土入仓时，注意吊罐卸料口接近仓面，缓慢下料，可采用台阶法或斜层铺筑法，避免扰动钢筋或预埋件。先浇筑沟槽，再浇筑底板。振捣时严禁接触预埋件及钢管。

边墩（中墩）混凝土施工流程：基础开挖→混凝土垫层→供排水管道安装→基础钢筋制作与安装→基础预埋件与止水安装→基础模板制作与安装→基础混凝土浇筑→墩墙钢筋制作与安装→墩墙模板安装→墩墙混凝土浇筑→拆模养护等。边墩（中墩）混凝土施工同坝底板混凝土施工，一般先浇筑基础混凝土，后浇墩墙混凝土。墩墙混凝土施工时，在墙体顶部设置下料漏斗，均匀下料，分层振捣密实。

止水安装如橡皮止水带（条）、铝皮止水等按设计要求进行。施工中按尺寸加工成型，拼组焊接。防止止水卷曲和移位，严禁止水上钉铁钉、穿孔。

（三）埋件和锚固

1. 预埋件安装

埋件安装有埋设在一期混凝土、地下和其他砌体中的预埋件，包括供排水管和套管、电气管道及电缆，设备基础、支架、吊架、坝袋锚固螺栓、垫板锚钩等固定件，接地装置等预埋件。

坝袋埋件主要有锚固螺栓和垫板。当坝底板立模、扎筋完成后，应在钢筋上放出锚固槽位置，将垫板按要求摆放到位，在两端焊拉线固定架，拉线确定垫板的中心线和高程控制线，把垫板上抬至设计高程，中心对中然后焊接固定，再进行统一测量和检查调整。全部垫板安装完毕并检查无误后，可将锚固螺栓自下向上穿入垫板锚栓孔内，测量高程，调整垂直度和固定。

锚固螺栓和垫板全部安装完成以后，可安装锚固槽模板和浇筑混凝土。

2. 锚固施工

锚固结构形式可分为螺栓压板锚固和模块挤压锚固。

螺栓压板锚固的施工。在预埋螺栓时，可采用活动木夹板固定螺栓位置，用经纬仪测量，螺栓中心线要求成一直线。用水准仪测定螺栓高度，无误差后用木支撑将活动木夹板固定于槽内，再用一根钢筋将所有的钢筋和两侧预埋件焊接在一起，使螺栓首先牢固不动，然后才可向槽内浇筑混凝土。混凝土浇筑一般分为两期：一期混凝土浇筑至距锚固槽底100mm时，应测量螺栓中心位置高程和间距，发现误塞及时纠正；二期混凝土浇筑后，在混凝土初凝前再次进行校核工作。压板除按设计尺寸制造外，还要制备少量尺寸不同规格的压板，以适用于拐角等特殊部位。

楔块锚固。必须在基础底板上设置锚固槽，槽的尺寸允许偏差为±5mm，槽口线和槽底线一定要直，槽壁要求光滑平整无凸凹现象。为了便于掌握上述标准，可采用二期混凝土施工。二期混凝土预留的范围可宽一些。浇筑混凝土模块，要严格控制尺寸，允许偏差为小于2mm；特别应保证所有直立面垂直；前模块与后模块的斜面必须吻合，其斜坡角度一般取75°。

锚固线布置分单线锚固、双线锚固两种。单线锚固只有上游一条锚固线，锚线短，锚固件少，但多费坝袋胶布，低坝和充气坝多采用单线锚固。由于单线锚固仅在上游侧锚固，坝袋可动范围大，对坝袋防防磨损不利，尤其在坝顶溢流时，有可能在下游坝脚处产生负压，将泥沙（或漂浮物）吸进坝袋底部，造成坝袋磨损。双线锚固是将胶布分别锚固于四周，锚线长，锚固件多，安装工作量大相应地处理密封的工作量也大，但由于其四周锚固，坝袋可动范围小，有利于坝袋防振防磨损。

五、坝袋安装

（一）安装前检查

（1）模块、基础底板及岸墙混凝土的强度必须达到设计要求。

（2）坝袋与底板及岸墙接触部位应平整光滑。

（3）充排管道应畅通，无渗漏现象。

（4）预埋螺栓、垫板、压板、螺、帽（或锚固槽、模块、木芯）、进出水（气）口、排气孔、超压溢流孔的位置和尺寸应符合设计要求。

（5）坝袋和底垫片运到现场后，应结合就位安装首先复查其尺寸和搬运过程中有无损伤，如有损伤应及时修补或更换。

（二）坝袋安装顺序及要求

（1）底垫片就位（指双锚线型坝袋）

对准底板上的中心线和锚固线的位置，将底垫片临时固定于底板锚固槽内和岸墙上，按设计位置开挖进出水口和安装水帽，孔口垫片的四周作补强处理，补强范围为孔径的3倍以上；为避免止水胶片在安装过程中移动，最好将止水胶片粘贴在底垫片上。

（2）坝袋就位

底垫片就位后，将坝袋胶布平铺在底垫片上，先对齐下游端相应的锚固线和中心线，再使其与上游端锚固线和中心线对齐吻合。

（3）双线锚固型坝袋安装

按先下游，后上游，最后岸墙的顺序进行。先从下游底板中心线开始，向左右两侧同时安装，下游锚固好后，将坝袋胶布翻向下游，安装导水胶管，然后再将胶布翻向上游，对准上游锚固中心线，从底板中心线开始向左右两侧同时安装。锚固两侧边墙时，须将坝袋布挂起撑平，从下部向上部锚固。

（4）单线锚固型坝袋的安装

单线错固只有上游一条锚固线，锚固时从底板中心线开始，向两侧同时安装。先安装底层，装设水帽及导水胶管，放置止水胶，再安装面层胶布。

（5）堵头式橡胶坝袋的安装

先将两侧堵头裙脚锚固好；从底板中线开始，向两侧连续安装锚固。为了避免误差集中在一个小段上，坝袋产生褶皱，不论采用何种方法锚固，锚固时必须严格控制误差的平均分配。

（6）螺栓压板锚固施工步骤

压板要首尾对齐，不平整时要用橡胶片垫平；紧螺帽时，要进行多次拧紧，坝袋充水试验后，再次拧紧螺帽；紧螺帽时宜用扭力扳手，按设定的扭力矩逐个螺栓进行拧紧；卷入的压轴（木芯或钢管）的对接缝应与压板接缝处错开，以免出现软缝，造成局部漏水。

（7）混凝土模块锚固施工步骤。将坝袋胶布与底垫片卷入木芯，推至锚固槽的半圆形小槽内；逐个放入前模块，一个前模块在两头处打入木模块，在前模块中间放入后模块，用大铁锤边打木模块，边打后模块，反复敲打使后模块达到设计深度并挤紧时，才将术模块撬起换上另两块后模块，如此反复进行；当锚固到岸墙与底板转角处，应以锚固槽底高程为控制点，坝袋胶布可在此处放宽300mm左右，这样坝袋胶布就可以满足槽底最大弧度要求。

六、控制、安全和观测系统

（一）控制系统

控制系统由水泵（鼓风机或空压机）、机电设备、传感器、管道和阀门等组成。其施工安装要求较高，任何部位漏水（气）都会影响坝袋的使用，在安装中应注意下列事项。

（1）所有闸阀在安装前，都要做压力试验，不漏水（气）才能安装使用。所有仪表在安装前应经调试校验。

（2）充水式橡胶坝的管道大部分用钢管，其弯头、三通和闸阀的连接处均用法兰、橡胶圈止水连接，尽可能用厂家产品。管道在底板分缝处，应加橡胶伸缩节与固定法兰连接。

（3）充气式橡胶坝的管道均采用无缝钢管，为节省管道，进气和排气管路可采用一条主供、排气管。管与管之间尽可能用法兰连接，坝袋内支管与坝袋内总管连接采用三通或弯头。排气管道上设置安全阀，当主供气管内压力超过设计压力时开始动作，以防坝袋超压破坏。另外要在管道上设置压力表，以监测坝袋内压力，总管与支管均设阀门控制。

（二）安全系统

安全系统由超压溢流孔、安全阀、压力表、排气孔等组成，该系统的施工要求严密，不得有漏水（气）现象。安装时注意以下几点。

（1）密封性高的设备都要在安装前进行调试，符合设计要求方能安装使用。

（2）安全装置应设置在控制室内或控制室旁，以利随时控制。

（3）超压管的设置，其超压排水（气）能力应不小于进坝的供水（气）量。

（三）观测系统

观测系统由压力表、内压检测、上下游水位观测装置等组成，施工中应注意以下几点。

（1）施工安装时一定要掌握仪器精度，要保证其灵活性、可靠性和安全性。

（2）坝袋内压的观测要求独立管理，直接从坝内引管观测，上、下游水位观测要求独立埋管引水，取水点尽量离上下游远点。

（3）坝袋的经纬向拉力观测，要求厂家提供坝袋胶布的伸长率曲线。

七、工程检查与验收

（1）施工期间应检查坝袋、锚固螺栓或模块标号及外形尺寸、安装构件、管道、操作设备的性能。

（2）检查施工单位提供的质量检验记录和分部分项工程质量评定记录，同时需进行抽样检查。

（3）坝袋安装后，必须进行全面检查。在无挡水的条件下，应做坝袋充坝试验；若条件许可，还应进行挡水试验。整个过程应进行下列项目的检查：①坝袋及安装处的密封性。②锚固构件的状况。③坝袋外观观察及变形观测。④充排、观测系统情况。⑤充气坝袋内的压力下降情况。

（4）充坝检查后，应排除坝袋内水（气）体，重新紧固锚固件。

（5）坝袋以设计坝高为验收标准。验收前的管理维护工作如下：①工程验收前，应由施工单位负责管理维护。②对工程施工遗留问题，施工单位必须认真加以处理，并在验收前完成。③工程竣工后，建设单位应及时组织验收。

第四节 渠道混凝土衬砌机械化施工

一、混凝土机械衬砌的优点

大断面渠道衬砌，衬砌混凝土厚度一般较小，在8～15cm，混凝土面积较大，但不同于大体积混凝土施工，目前国内外基本可以分为人工衬砌和机械衬砌。由于人工衬砌速度较慢，质量不均一，施工缝多，逐渐被机械化衬砌所取代。

渠道混凝土机械衬砌施工的优点可归纳如下。

（1）衬砌效率高，一般可达到200m2/h，约20m。

（2）衬砌质量好，混凝土表面平整、光滑，坡脚过度圆滑、美观，密实度、强度也符合设计要求。

（3）后期维修费用低。

二、混凝土衬砌的施工程序

机械化衬砌又分为滚筒式、滑模式和复合式。一般在坡长较短的渠道上，可以采用滑模式。滚筒式的使用范围较广，可以应用各种坡长要求。根据衬砌混凝土施工工序，在渠道已经基本成型，坡面预留一定厚度的原状土。

三、衬砌坡面修整

渠道开挖时，渠坡预留约30cm的保护层。在衬砌混凝土浇筑前，需要根据渠坡地质条件选用不同的施工方法进行修整。

坡脚齿墙按要求砌筑完后，方可进行削坡。

（一）削坡

1.粗削

削坡前先将河底塑料薄膜铺设好，然后，在每一个伸缩缝处，按设计坡面挖出一条槽，并挂出标准坡面线，按此线进行粗削找平，防止削过。

2.细削

是指将标准坡面线下混凝土板厚的土方削掉。粗削大致平整后，在两条伸缩缝中间的三分点上加挂两条标准坡面线，从上到下挂水平线依次削平。

3.刮平

细削完成后，坡面基本平整，这时要用3～4m长的直杆（方木或方铝），在垂直于河中心线的方向上来回刮动，直至刮平。

（二）清坡的方法

1. 人工清坡

在没有机械设备的条件下，可以使用人工清坡，在需要清理的坡面上设置网格线，根据网格线和坡面的高差，控制坡面高程。根据以往的施工经验，在大坡面上即使严格控制施工质量，误差4在±3cm。这个误差对于衬砌厚度只有8～10cm厚度的混凝土来说，是不允许的。即使是有垫层，也不能满足要求。对于坡长更长的坡面，人工清坡质量是难以控制的。

2. 螺旋式清坡机

该机械在较短的坡面上效果较好，通过一镶嵌合金的连续螺旋体旋转，将土体进行切削，弃土可以直接送至渠顶，但在过长的坡面上不适应，因为过长的螺旋需要的动力较大，且挠度问题难以解决。

3. 滚齿式

该清坡机沿轨道顺渠道轴线方向行走，一定长度的滚齿旋转切削土体，切削下来的土体抛向渠底，形成平整的原状土坡面。一幅结束后，整机前移，进行下一幅作业。

先由一台削坡机粗削坡，削坡机保留3～4mm的保护层。待具备浇筑条件时，由另一台削坡机精削坡一次修至设计尺寸，并及时铺设保温防渗层。

超挖的部位用与建基面同质的土料或砂砾料补坡，采用人工或小型碾压机械压实。对于因雨水冲刷或局部坍塌的部位，先将坡面清理成锯齿状，再进行补坡。补坡厚度高出设计断面，并按设计要求压实。可采用人工方式也可以使用与衬砌机配套使用的专用渠道修整机精修坡面。

渠坡修整后的平整度对保温板铺设的影响较大，土质边坡宜采用机械削坡以保证良好的平整度。

四、砂砾或者胶结砂砾垫层、保温层、防渗层铺设

（一）砂砾或者胶结砂砾垫层铺设

根据设计要求渠坡需要铺设砂砾料垫层。垫层砂砾料要求质地坚硬、清洁、级配良好。铺料厚度、含水率、碾压方法及遍数通常根据现场试验确定。铺料及碾压可采用横向振动碾压衬砌机一次完成，表面平整度要求不大于lcm/2m。

采用垫层摊铺机可连续将砂砾或者胶结砂砾料摊铺在坡面和坡脚上，摊铺机振动梁系统同步将其密实成型，工效高，质量好。摊铺后，垫层密实度和坡面、坡脚表面形状误差均可满足设计要求。

垫层铺设后采用灌水（砂）法取样作相对密度检验。每600m^{2}或每压实班至少检测一次，每次测点不少于3个，坡肩、坡脚部位均设测点，检查处人工分层回填捣实。砂砾料或沙料削坡按渠道削坡的有关要求执行。

（二）保温层铺设

为满足抗冻（胀）要求，北方冬季低温地区的渠道混凝土衬砌下铺设保温层，保温材料通常采用聚苯乙烯泡沫塑料板。保温板是否紧贴建基面对衬砌面板混凝土能否振捣密实有较大影响。

外观完整，色泽与厚度均匀，表面平整清洁，无缺角、断裂、明显变形。保温板应错缝铺设，平整牢固，板面紧贴渠床，接缝紧密平顺，两板接缝处的高差不大于2mm。板与板之间、板与坡面基础之间紧密结合，聚苯乙烯保温板位置放好后用U形卡从板面钉入砂砾料层固定（梅花状布置），铺好的板上面严禁穿戴钉鞋行走，铺板完成后、铺设复合土工膜之前同样对保温板的接缝、平整度进行检查，平整度控制在±5mm，使用2m靠尺进行检查，接缝控制在0～-2mm。

（三）防渗层铺设

防渗层采用复合土工膜（两布一膜），铺设前按设计要求并参照各项技术指标进行检测。接缝处土工膜采用双焊缝热熔焊法拼接，充气法检查；土工布采用缝接法拼接。防渗层铺设、焊接完成后应禁止踩踏，以防损坏。

1. 复合土工膜铺设

复合土工膜施工之前首先做焊接试验，焊接抗拉强度至少不能低于母材的80%，从试验得出适应于现场实际操作、施工的一些技术参数。

铺设时由坡肩自上而下滚铺至坡脚，中间不出现纵向连接缝。渠坡和渠底结合部以及和下段待铺的复合土工膜部位预留50～80cm搭接长度，坡肩处根据设计蓝图预留80cm复合土工膜的长度。复合土工膜在铺设时先将土工膜按尺寸、匹幅铺好，膜与膜之间不能有褶皱，复合土工膜垂直于水流方向铺设，膜与膜重合10cm进行焊接。铺时将焊接接头预留好后用剪刀剪断。土工膜铺好后进行固定，使用沙袋或其他重物将其压紧。

2. 复合土工膜裁剪

复合土工膜裁剪时以长木条作参照划线引导，保证裁剪后边缘整齐平顺，使用记号笔按照要求的最少搭接界限标识在接缝处上下两张膜上，保证焊接后的搭接宽度。

遇到建筑物时根据建筑物尺寸在复合土工膜上进行标识，并根据土工膜与建筑物的粘接宽度进行裁剪。

3. 复合土工膜与建筑物粘接

若复合土工膜与墩、柱、墙等建筑物进行粘接，粘接宽度不小于设计要求，建筑物周围复合土工膜充分松弛。保证土工膜与建筑物粘接牢固，防水密封可靠，对土工膜或墩柱进行涂胶之前，将涂胶基面清理干净，保持干燥。涂胶均匀布满粘接面，不出现过厚、漏涂现象。粘接过程和粘接后2h内粘接面不承受任何拉力，并保证粘接面不发生错动。

4. 复合土工膜保护措施

复合土工膜专车运输。装卸、搬运时不拖拉、硬拽，不使用任何可能对复合土工膜造成损伤的机具，避免尖锐物刺伤；复合土工膜铺设人员穿软底鞋，严禁穿硬底鞋或穿钉鞋作业；铺设好的复合土工膜由专人看管。严禁在复合土工膜上进行一切可能引起复合土工膜损坏的施工作业；堤顶预留的土工膜及时挖槽用土封压，坡脚部位土工膜用彩条布包裹并用沙袋覆压保护，衬砌混凝土浇筑时，保证模板的支立和固定不造成复合土工膜破坏，采用在模板的辅助装置上压置重物、设置支撑等方法支立和固定模板；铺设过程中，采用砂袋或软性重物压重的方法，防止大风对已铺设土工膜造成破坏；施工现场严禁烟火，电气焊作业远离复合土工膜。

五、浇筑衬砌

渠坡混凝土浇筑衬砌是渠道工程的核心工作内容。

渠道衬砌按部位不同可分为渠坡衬砌和渠底衬砌，按地质条件不同可分为石渠、土渠、砂砾石渠道衬砌以及膨胀土、湿陷性黄土地区的渠道衬砌。石渠段由于边坡较陡，现有渠道衬砌机尚不能满足使用要求。土质渠段和砂砾石渠段边坡通常较缓，采用衬砌机可取得良好效果。对于渠底衬砌，采用传统的人工拖模施工方法或专用的摊铺设备即可满足进度和质量要求。

针对渠道衬砌混凝土面板超薄无筋、施工强度高、速度快、受气候因素影响大等特点，采用机械化施工的衬砌混凝土配合比应专门研究确定，保证混凝土下料后不分离，振捣后密实均匀。衬砌混凝土浇筑前宜进行生产性施工检验，以便验证混凝土配合比、衬砌设备工作参数及施工工艺的合理性。施工过程中，各类技术参数应根据地质、气候等实际情况适时调整。

（一）准备工作

砂砾料防冻胀层、聚苯乙烯保温板和复合土工膜经验收合格；校核基准线；拌和系统运转正常，运输车辆准备就绪；工作台车、养护洒水车等辅助施工设备运转正常；衬砌机设定到正确高度和位置；检查衬砌板厚的设置，板厚与设计值的允许偏差为-5%～+20%。

（二）衬砌机的安装

国内衬砌机均为采用轨道式，控制好轨道线是衬砌机定位的关键。根据设计渠道纵轴线、渠道断面尺寸和衬砌机的特性，用全站仪放出渠顶和渠底的轨道中心线，及轨道顶面高程，人工精心铺设。轨道基底要求平整、密实便于控制渠坡衬砌厚度，渠底有地下水的情况必须先对地基进行相应处理（局部换填或浇筑混凝土垫层），避免轨道基底沉陷影响衬砌质量。

（三）模板安装

完成土工膜铺设后开始侧模安装，测量放样出面板横缝位置线和面板顶面及底面线，严格按设计线控制其平整度，不出现陡坎接头。侧模及端头模板均采用10#槽钢安装模板时，在背面钢筋上加压砂袋对模板进行固定。齿槽和坡肩侧模板采用定型钢模板，混凝土衬砌施工过程中测量人员随时对模板进行校核，保证混凝土分缝顺直。

（四）混凝土拌制

渠道混凝土所用的原材料，如水泥、粉煤灰、砂石骨料、外加剂等原材料要符合设计和有关规范要求。衬砌混凝土配合比由试验室提供，保证满足耐久性、强度和经济性等基本要求，并适应机械化施工的工作性要求。骨料的最大粒径不大于衬砌混凝土板厚度的1/3。混凝土拌合物的坍落度为7～9cm。

衬砌混凝土的用水量、砂率、水灰比及掺和料比例通过优化试验确定。配合比参数不得随意变更，当气候和运输条件变化时，微调水量，维持入仓坍落度不变，保证衬砌混凝土机械化施工的工作性。

外加剂采用后掺法掺入，以液体形式掺加，其浓度和掺量根据配合比试验确定。混凝土的拌制时间通过试验确定，混凝土随拌、随运、随用，因故发生分离、漏浆、严重泌水、坍落度降低等问题时，在浇筑现场重新拌合，若混凝土已初凝，作废料处理。

衬砌厚度的控制由衬砌机的液压升降支腿和内置的模板进行调节控制，轨道铺设纵坡比率与渠道的纵坡比率一致，在衬砌过程中使用自制的高程标签插入已铺好的混凝土中检查衬砌厚度（包括虚铺厚度及压光后的厚度），坡肩、坡面、坡脚处均设侧点，如发现厚度有误差及时进行调整。

（五）衬砌混凝土浇筑

在混凝土衬砌基层检查合格后，进行混凝土衬砌施工。混凝土熟料由混凝土搅拌车运输至布料机进料口，采用螺旋布料器布料，开动螺旋输料器均匀布置。开动振动器和纵向行走开关，边输料边振动，边行走，布料较多时，开动反转功能，将混凝土料收回。布料宽度达到2～3m时，开动成型机，启动工作部分开始二次振捣、提浆、整平。施工时料位的正常高度应在螺旋布料器叶片最高点以下，保证不缺料。30cm段护顶混凝土与渠坡混凝土一次成型。使用滑膜衬砌机时完成一段渠坡衬砌后往前行进。用同衬砌厚度相同的槽钢作为上下边模板，安装在上口设计水平段外边线和坡脚齿槽外边线处，并用钢筋桩与地基定位。防止边角混凝土坍塌变形。

滑模衬砌机施工出现的局部混凝土面缺陷由人工进行修补，保证衬砌面的平整。

混凝土浇筑过程中应高度重视振捣工艺，确保混凝土振捣密实、表面出浆，避免漏振、过振或欠振，浇筑后应避免扰动，严禁踩踏。渠底混凝土浇筑时，要避免雨水、渠坡养护水、地下水等外来水流入仓位，影响混凝土浇筑质量或对已浇筑完成的混凝土造成破坏。渠底混凝土严重的泌水问题通常会导致成品混凝土遭受冻融或表面剥蚀损坏，施工时应采取恰当的处理措施。

当衬砌机出现故障时，立即通知拌和站停止生产，在故障排除衬砌机内混凝土尚未初凝时，继续衬砌。停机时间超过2h，及时将衬砌机驶离工作面，清理仓内混凝土，故障出现后对已浇筑的混凝土进行严格的质量检查，并清除分缝位置以外的浇筑物，为恢复衬砌作业作好准备。混凝土终凝后及时铺盖棉毡洒水养护，割缝完成后，进行第二次覆盖。

（六）衬砌混凝土表面成型

衬砌混凝土初凝前应采用与混凝土衬砌机配套的专用抹面压光机及时进行抹面压光，表面平整度控制在5mm/2m。

混凝土浇筑完成后要及时提浆抹面，确定合理的收面时机和抹面遍数，既要保证衬砌混凝土面板的平整度，又要避免过度抹光，严禁扰动已初凝的混凝土，杜绝二次洒水、撒灰抹面。

1.采用混凝土抹光机+人工进行表面成型

抹光机抹盘抹面具有对混凝土挤压及提浆整平功能，压光由人工完成。并配备2m靠尺跟踪检测平整度，混凝土表面平整度控制在5mm/2m。人工采用钢抹子抹面，一般为2～3遍。初凝前及时进行压光处理，清除表面气泡，使混凝土表面平整、光滑、无抹痕。衬砌抹面施工严禁洒水、撒水泥、涂抹砂浆。抹光机将自下而上，由左到右按顺序有搭接地进行。

抹光机整面后，人工用钢抹子随后进行压光出面。压光由渠坡横断面最初施工的一侧向另一侧推行，在施工时及时用2m靠尺检查，对不符合要求的及时处理，确保出面光滑平整。表面平整度要求控制在5mm/2m以内。

2.采用多功能混凝土表面成型机进行表面成型

多功能混凝土表面成型机具有对混凝土表面挤压、提浆整平及压光功能。工作方式与振动碾压成型机基本相同。

（七）养护

衬砌混凝土养护时间与普通混凝土一样，养护方式大致可分为喷雾养护、洒水养护、铺塑料薄膜养护、铺草帘、毡布等保湿养护及养护剂养护等。由于渠道衬砌施工速度快、线路长、面积大、混凝土面板厚度薄、所处环境气候变化大，养护不到位易使混凝土水分散失加快，造成水化作用不充分，从而导致混凝土强度不足、裂缝大量产生。因此，养护工作至关重要，应引起高度重视。

混凝土面层浇筑完毕后及时养护，在纵、横方向均匀洒布养护剂，喷洒要均匀，成膜厚度一致，喷洒时间在表面混凝土泌水完毕后进行，喷洒高度控制在0.5～lm。除喷洒上表面外，板两侧也要喷洒。然后喷洒一次水，覆盖薄膜，养护不少于28d。

（八）特殊天气施工

在渠道混凝土衬砌施工过程中如遇到特殊气候条件，要采取应急措施，保证衬砌混凝土施工质量。

1.风天施工

采取必要的防范措施，防止塑性收缩裂缝产生。适当调整混凝土用水量，增加混凝土出机口的坍落度1～2cm。对衬砌的作业面及时收面并立即养护，对已经衬砌完成并出面的浇筑段及时采取覆盖塑料布等养护措施。

2.雨天施工

雨季施工要收集气象资料，并制定雨季雨天衬砌施工应急预案。砂石料场做好排水通道，运输工具增加防雨及防滑措施，浇筑仓面准备防雨覆盖材料，以备突发阵雨时遮盖混凝土表面。当浇筑期间降雨时，启动应急预案，浇筑仓面搭棚遮挡防雨水冲刷。降雨停止后必须清除仓面积水，不得带水抹面压光作业。降雨过后若衬砌混凝土尚未初凝，对混凝土表面进行适当的处理后才能继续施工；否则应按施工缝处理。雨后继续施工，须重新检测骨料含水率，并适时调整混凝土配合比中的水量。

3.高温季节施工

日最高气温超过30℃时，应采取相应措施保证入仓混凝土温度不超过28℃。加强混凝土出机口和入仓混凝土的温度检测频率，并应有专门记录。

高温季节施工可增加骨料堆高，骨料场搭设防晒遮阳棚、骨料表面洒水降温等措施降低混凝土原材料的温度，并合理安排浇筑时间、掺加高效缓凝减水剂、采用加冰或加冰水拌合、对骨料进行预冷等方法降低混凝土的入仓温度。混凝土运输罐车采取防晒措施、混凝土输送带搭建防晒棚等措施降低入仓温度。

4.低温施工

当日平均气温连续5d稳定在5℃以下或现场最低气温在0℃以下时，不宜施工。如因需要继续施工，应采取措施保证混凝拌合物的入仓温度不低于5℃；当日平均气温低于0℃时，应停止施工。

低温季节施工可增加骨料堆高和覆盖保温方式，掺加防冻剂、热水拌和等措施。拌和水温一般不超过60℃，当超过60℃时，改变拌和加料顺序，将骨料与水先拌和，然后加入水泥拌和，以免水泥假凝。在混凝土拌和前，用热水冲洗拌和机，并将积水或冰水排除，使拌和机体处于正温状态。混凝土拌和时间比常温季节适当延长20%～25%。对混凝土运输车车罐采取保温措施，尽量缩短混凝土运输时间。对衬砌成型的混凝土及时覆盖保温或采取蓄热保温措施保温养护。

第五节　生态护坡

一、生态护坡类型

（一）人工种草护坡

人工种草护坡，是通过人工在边坡坡面简单播撒草种的一种传统边坡植物防护措施。多用于边坡高度不高、坡度较缓且适宜草类生长的土质路堑和路堤边坡防护工程。

（二）液压喷播植草护坡

液压喷播植草护坡，是国外近十多年新开发的一项边坡植物防护措施，是将草籽、肥料、黏着剂、纸浆、土壤改良剂上、色素等按一定比例在混合箱内配水搅匀，通过机械加压喷射到边坡坡面而完成植草施工的。

（三）客土植生植物护坡

客土植生植物护坡，是将保水剂、黏合剂、抗蒸腾剂、团粒剂、植物纤维、泥炭土、腐殖土、缓释复合肥等一类材料制成客土，经过专用机械搅拌后吹附到坡面上，形成一定厚度的客土层，然后将选好的种子同木纤维、黏合剂、保水剂、复合肥、缓释营养液经过喷播机搅拌后喷附到坡面客土层中。

（四）平铺草皮

平铺草皮护坡，是通过人工在边坡面铺设天然草皮的一种传统边坡植物防护措施。

（五）生态袋护坡

生态袋护坡，是利用人造土工布料制成生态袋，植物在装有土的生态袋中生长，以此来进行护坡和修复环境的一种护坡技术。

（六）混凝土生态护坡

混凝土生态护坡，是由石块、混凝土砌块、现浇混凝土等材料形成网格，在网格中栽植植物，形成网格与植物综合护坡系统，既能起到护坡作用，同时能恢复生态、保护环境。

混凝土生态护坡将工程护坡结构与植物护坡相结合，护坡效果非常好。其中现浇网格生态护坡是一种新型护坡专利技术，具有护坡能力极强、施工工艺简单、技术合理、经济实用等优点，是新一代生态护坡技术，具有很大的实用价值。

二、生态混凝土材料

（一）骨料

骨料宜采用单级配，粒径宜控制在20～40mm。针片状颗粒含量不宜大于15%，含泥（粉）总量不宜大于1%。

（二）水泥

生态混凝土应采用通用硅酸盐水泥作为胶凝材料，包括硅酸盐水泥、普通硅酸盐水泥、矿渣硅酸盐水泥、火山灰质硅酸盐水泥、粉煤灰硅酸盐水泥或复合硅酸盐水泥。

（三）添加剂

制作用于水上护坡、护岸的生态混凝土，空隙内应添加盐碱改良材料，以改善空隙内生物生存环境。盐碱改良材料应具有下列功能。

（1）不破坏维持混凝土稳定性、耐久性的碱性环境。

（2）避免混凝土析出的盐碱性物质对生态系统的不利影响。

用于水上护坡、护岸的生态混凝土宜添加缓释肥，或通过盐碱改良材料与混凝土析出物相互作用提供植物生长必需元素。

对有抗冻要求的地区，制作生态混凝土时应添加引气减水剂，提高抗冻融能力。

当需进一步提高生态混凝土抗压强度时，可在拌和时加入减水剂或环氧树脂、丙乳等聚合物黏合剂。

三、生态混凝土施工

（一）生态混凝土的配合比

生态混凝土的配合比应符合下列规定。

（1）生态混凝土的骨料品种和粒径、水灰比，应满足防护安全要求和构建不同生态系统的需要。

（2）骨料粒径宜为20～400mm，水泥用量宜为280～320kg/m³，水灰比不宜大于0.5，必要时应加入减水剂。

（3）采用碎石或砾石作为骨料的生态混凝土，其抗压强度不应小于5MPa。

（4）盐碱改良材料用量应根据营养基和盐碱改良材料的性能综合确定，确保植物一次播种绿化年限不应少于5年。

（二）生态混凝土的配制

生态混凝土的配制应符合下列规定。

（1）生态混凝土的拌和宜采取两次加水方式，即先将骨料倒入搅拌设备中，加入用水量的50%，使骨料表面湿润，再加入水泥进行搅拌混合；然后陆续加入的50%用水量继续进行搅拌，以骨料被水泥浆充分包裹、表面无流淌为度。

（2）生态混凝土在运送途中，应避免阳光暴晒、风吹、雨淋，防止形成表面初凝或脱浆。如有表团初凝现象，应进行人工拌和，符合要求后方可入仓。

（三）坡式结构施工

坡式结构清基及修坡应符合下列规定。

（1）坡式结构施工前应进行清基和修坡处理，不得有树根、杂草、垃圾、废渣、洞穴及粒径50mm以上的土块。

（2）坡面应平整，无软基，坡面修整的坡比、表面压实度应满足设计要求和生态修复要求。

（3）修整后的坡面无天然可耕作表土时，应根据设计要求，覆盖适合植物生长的土料。

（4）对清除的表土应外运至弃土场，不得重新用于填筑边坡；对可利用的种植土料宜进行集中储备，并采取防护措施。

营养土工布铺设应符合下列规定：①采用营养土工布作为营养基和反滤层时，铺设要求和连接方式应按现行行业标准规定执行；②铺设营养土工布作为反滤层时，营养层应在上侧，反滤层在底侧；③营养土工布应遮光保护，施工时应避免被阳光长时间照射，防止老化；④营养土工布铺设宜采用铁丝制成的U形钉将其固定在坡面上，防止滑移；⑤施工人员应穿软底鞋进行铺设，并严禁吸烟。

预制生态混凝土构件铺设应符合下列规定：①预制生态混凝土块体或混凝土外框内填生态混凝土构件，应采用专用的构件成型机一次浇筑成型。②构件铺设时应整齐摆放，确保平整、稳定；缝隙应紧密、规则，间隙不宜大于4mm；相邻构件边沿宜无错位，相对高差不宜大于3mm。③在整体护砌面铺设后四周空缺处，应采用相应几何形状的半块构件或生态混凝土现浇补充。④当遭到坡面局部不平整时，可于铺设构件前，在营养型无纺布表面用土找平或夯平。⑤搬运、摆放时应避免磕碰、摔打、撞击，铺设时严禁采用砸、踩、摔等方式找平。

现场浇筑生态混凝土应符合下列规定：①现场浇筑生态混凝土应根据设计的分仓形式先进行分仓施工。②浇筑生态混凝土前应预先在底面铺设一层小粒径碎石。③生态混凝土进入框架、格室内后，应及时平整，可采用微型电动抹具压平或人工压实表面，保证与框架梁或格室紧密结合，不宜采用大功率振捣器进行振捣。④生态混凝土浇筑厚度应满足设计要求，浇筑作业时间不宜过长，以避免骨料表面风干。⑤采用土工格室分仓时，土工格室的边长、高度、厚度应符合设计要求，并用木桩或铁桩进行张拉和固定（含高度控制）；生态混凝土浇人格室时应在格室两侧同时进料，防止格室变形。

生态混凝土生态孔隙填充应符合下列要求：①填充前应按生态混凝土盐碱改良要求和营养供应要求配制好填充材料，并摊铺在生态混凝土表面，厚度为生态混凝土厚度的25%～30%；②生态孔隙填充方式可视具体情况选用下列方法：第一，吹填法：用空气压缩机、吹风机吹填，吹填时应减少飞溅量，以填充材料无法继续吹入为度；第二，水填法：采用低水压喷水，使填充材料随水流注入生态孔隙内。水量不宜过大，避免水流将填充材料流走；第三，振填法：生态混凝土预制构件可采用振填方法，可采用微型平板振动器振动构件外沿，使填充材料沉入生态孔径内。

生态混凝土表面种植土回填应符合下列规定：①生态混凝土表面回填种植土采用可耕作土壤；②回填种植土前应在基面撒一层土，然后在生态混凝土基面施用15～20g/m2的速效底肥。速效底肥宜采用磷酸二铵、尿素等氮肥；③回填土料含水率不应小于15%，土料过干时，可在回填后的土料表面喷洒少量水；④回填土时可人工摊平并轻压，摊平后的土料平均厚度不宜大于20mm。

预制生态混凝土块体和构件的运输及安装应符合下列规定：①块体和构件装运时应轻搬、轻放、轻码，运输中防止剧烈颠簸，严禁抛掷和倾倒自卸；②安装前坡面修整及反滤材料铺设应按规定执行；③安装时应从护坡基脚开始，由护坡底部向护坡顶部有序安装；④安装应保持坡面平整，高差应控制在设计允许偏差范围内，不得凹凸过大。安装要符合外观质量要求，纵、横及斜向线条应平直；⑤构件安装应稳固，不得晃动、错动，预制构件间的缝隙应紧密；⑥在基脚、封顶处，将预制构件碰接处的空缺应用生态混凝土填实。

（四）柔性生态护坡

柔性生态护坡工程系统的根植土厚度达0.3m以上，完全达到园林规范要求，植被土层的厚度，可为各种草本和木本植物提供良性生长的土壤环境。

柔性生态护坡优点：

1.结构稳定

自锁结构，整体受力，有很好的稳定性，对冲击力有很好的缓冲作用，抗震性好。生态袋具有透水、透气、不透土的性能，有很好的水环境和潮湿环境的适应性，基本不对结构产生反渗水压力。结构面通过植被的根系同原自然坡面结合成一个有机的整体，不会产生分离和坍塌等现象。对基础处理要求低，对不均匀沉降有很好的适应性，结构不产生温度应力，不需要设置伸缩缝。是永久性有生命的工程，随着时间的延续，植被根系进一步发达，结构的稳定性和牢固性也会进一步地加强。

2.生态环保

良好的生态环境系统，乔、灌、藤、花、草结合，植被不退化。不使用传统的高耗能材料，不产生建筑垃圾，没有施工噪声污染，能与生态环境很好的融合。植物种子选择多样化，在乡土植物、地带性的前提下，充分发挥植物根系的保土、蓄水、改良环境等功能。绿维生态护坡的广泛应用，比传统做法节约80%以上的能源消耗，可为国家节约数以亿万计的二氧化碳等有害气体排污治理费。

3.施工快捷

施工快捷方便，施工人员专业技术要求低。管理方便，材料轻便易运易储，运输量比传统做法减少95%以上。

4.维护费低

良好的生态边坡，植被持久不会退化，不需后期维护费。相比于传统护坡，绿维柔性生态技术为植被生长提供更厚的土壤环境，延长了植被生长时间，减少了修复次数费用。植物土壤改良方便，肥效利用明显提高，减少多次补肥费用，透水透气系统强有利植被生长，节省维护费用。就地取土，进行土壤改良，节省二次搬运费用。

（五）生态袋

生态袋护坡系统针对开挖坡度65°～75°，甚至更大坡度，易发生滑坡和垮塌的边坡，宜采用生态袋生态护坡系统进行防护施工。其核心技术是不可替代的高分子生态袋：用由聚丙烯及其他高分子材料复合制成的材料编织而成，耐腐蚀性强，耐微生物分解，抗紫外线，易于植物生长，使用寿命长达70年的高科技材料制成的护坡材料。主要特点是：它允许水从袋体渗出，从而减小袋体的静水压力；它不允许袋中土壤泻出袋外，达到了水土保持的目的，成为植被赖以生存的介质；袋体柔软，整体性好。

生态袋护坡系统通过将装满植物生长基质的生态袋沿边坡表面层层堆叠的方式在边坡表面形成一层适宜植物生长的环境，同时通过连接配件将袋与袋之间，层与层之间，生态袋与边坡表面之间完全紧密地结合起来，达到牢固的护坡作用，同时随着植物在其上的生长，进一步地将边坡固定然后在堆叠好的袋面采用绿化手段播种或栽植植物，达到恢复植被的目的。由于采用生态袋护坡系统所创造的边坡表面生长环境较好，草本植物、小型灌木，甚至一些小乔木都可以非常好地生长，能够形成茂盛的植被效果。近年被广泛应用于各种恶劣情况下的边坡防护施工以及其他一些防护和生态修复领域。

施工程序：①施工准备，做好人员、机具、材料准备。挖好基础。②清坡，清除坡面浮石、浮根，尽可能平整坡面。③生态袋填充，将基质材料填装入生态袋内。采用封口扎带或现场用小型封口机封制。④生态袋和生态袋结构扣及加筋格栅的施工，基础和上层形成的结构将生态袋结构扣水平放置两个袋子之间在靠近袋子边缘的地方，以便每一个生态袋结构扣跨度两个袋子，摇晃扎实袋子以便每一个标准扣刺穿袋子的中腹正下面。每层袋子铺设完成后在上面放置木板并由人在上面行走踩踏，这一操作是用来确保生态袋结构扣和生态袋之间良好的联结。铺设袋子时，注意把袋子的缝线结合一侧向内摆放，每垒砌三层生态袋便铺设一层加筋格栅，加筋格栅一端固定在生态袋结构扣。在墙的顶部，将生态袋的长边方向水平垂直于墙面摆放，以确保压顶稳固。⑤绿化施工，喷播：采用液压喷播的方式对构筑好的生态袋墙面进行喷播绿化施工，然后加盖无纺布，浇水养护。

第四章 水利工程施工进度控制

第一节 施工进度基础理论

一、工程进度控制的目标与原则

进度控制的目的是在保证项目按合同工期竣工、工程质符合质量控制目标前提下，达到资源配备合理、投资符合控制目标等要求的工程进度整体最优化，进而获得最佳经济效益。因此，进度控制是监理工作的重要一环。

（一）工程进度控制的目标

进度控制是目标控制，进度控制是指在限定的工期内，以事先拟定的合理且经济的工程进度计划为依据，对整个建设过程进行监督、检查、指导和纠正的行为过程。工期是由从开始到竣工的一系列施工活动所需的时间构成的。

工期目标包括：（1）总进度计划实现的总工期目标。（2）各分进度计划或子项进度计划实现的工期目标。（3）各阶段进度计划实现的里程碑目标。

通过计划进度目标与实际进度完成目标值的比较，找出偏差及其原因，采取措施调整纠正，从而实现对项目进度的控制。进度控制是反复循环的过程，体现运用进度控制系统控制工程建设进展的动态过程。进度控制在某一界限范围内对（最低费用相对应的最优工期）加快施工进度能达到使费用降低的目的。而超越这一界限，施工进度的加快反而将会导致投入费用的增大。因此，对建设项目进行三大目标控制的实施过程中应互相兼顾，单纯地追求某一目标的实现，均会适得其反。因而对建设项目进度计划目标实施的全时控制，是投资目标和质量目标实施的根本保证，也是履行工程承包合同的重要工作内容。

（二）工程进度控制的原则

为确保实现工期目标，承包方中标后应采取以下原则对工程进度实施控制。

1. 合同原则

工程进度控制的依据是建设工程施工合同所约定的工期目标。

2. 质量、安全原则

在确保工程质量和安全的前提下，控制进度。

3. 业主经济利益最优化原则

工程进度控制必须符合业主经济利益最优化要求。

4. 目标、责任分解原则

工程进度控制必须制订详细的进度控制目标或对总进度计划目标进行必要的分解，确保进度控制责任落实到各参建单位、各职能部门。

5. 动态控制原则

采用动态的控制方法，通过随时检查工程进度情况，及时掌握工程进度信息，并进行统计分析，对工程进度进行动态控制。

6. 主动控制原则

通过监督施工单位按时提供进度计划，并严格审批，体现监理单位对工程进度的预先控制和主动控制。

7. 反索赔原则

监理要通过对合同的理解和对工程进度的认识，尽量避免工程延期或使工程延期可能造成的损失降低到最低。

8. 进度控制应实行全过程控制原则

工程项目进度计划的实施中，控制循环过程包括：(1) 执行计划的事前进度控制，体现对计划、规划和执行进行预测的作用。(2) 执行计划的过程进度控制，体现对进度计划执行的控制作用，以及在执行中及时采取措施纠正偏差的能力。(3) 执行计划的事后进度控制，体现对进度控制每一循环过程总结整理的作用和调整计划的能力。

二、工程进度控制的内容、途径、流程

（一）工程进度控制的内容

1. 事前控制

第一，分析进度滞后的风险所在，尽早提出相应的预防措施。根据经验，造成进度滞后的风险主要有以下几个方面：设计单位出阁速度慢；设计变更不能及时确认；装修方案和装修材料久议不决；设备订货到货晚；分包商与总包方的配合不力导致扯皮现象发生；承包单位人力不足；进场材料不合格造成退货；施工质量不合格造成返工等。将上述因素分类后，有针对性地向业主、承包单位、分包单位、设备供应单位等提出“预警”信息和建议，使各方意识到造成进度滞后的潜在风险，采取相应的防范性对策。

第二，认真审核承包单位提交的工程施工总进度计划。

第三，分析所报送的进度计划的合理性和可行性，提出审核意见，由总监理工程师批准执行。监理工程师应结合本项目的工程条件，即规模、质量目标，工艺的繁简程度，现场条件，施工设备配置情况，管理体系和作业层的素质水平，全面分析其承包商编制的施工进度计划的合理性和可行性。

2.事中控制

第一，认真审核承包单位编制的周、月（季）进度计划。

第二，每周监理例会检查进度情况，将实际进度与计划进度进行比较，及时发现问题。对滞后的工作，分析原因，找出对策，并调整可以超前的工序进行弥补，尽量保证总工期不受影响。

第三，积极协调各有关方面的工作，减少工程中的内耗，提高工作效率。

第四，监理工程师积极配合承包单位的工作，及时到工地检查和签认，无特殊原因，不能因个人工作的延误影响施工的正常进行。

3.事后控制

第一，根据工程进展的实际情况，适时调整局部的进度计划，使其更加合理和有可操作性。

第二，当发现实际进度滞后于计划进度时，立即签发监理工程师通知单指令承包单位采取调整措施，对承包单位因人为原因造成的进度滞后，应督促其采取措施纠偏，若此延误无法消除，则其后的周及月进度计划均需相应作出调整。

第三，对由于资金、材料设备、人员组织不到位导致的工期滞后，在监理例会上进行协调，并由责任单位采取措施解决。

第四，如承包单位发生非自身原因的延误，监理工程师应对进度计划进行优化调整，如确属无法消除的延误，总监理工程师应在与业主协商后，审核批准工程延期，并相应调整其他事项的时间与安排，避免引起工程使用单位的索赔。

4.物资设备采购的计划管理

第一，按照工程进度，协助业主制订详尽的物资设备采购计划。在工程进行过程中，提醒业主及时安排各项物资设备的采购。

第二，物资设备采购的周期应充分考虑加工周期及可能发生的运输延误，避免因物资迟到现场而导致施工进度拖延。

第三，在考察过程中，对当地市场有特殊要求的行业及产品，监理对厂家提供的材料要仔细审核，避免物资进场后，因质量保证资料不齐而无法验收安装，导致工期延误及相成的索赔。

第四，必要时，监理机构征得业主同意，对生产加工的进度进行跟踪检查，督促其内部保证体系有效发挥作用，确保物资按质、按量、按时到达施工现场，以保证工期目标的顺利实现。

（二）工程进度控制的途径

在工程项目进展的过程中，不同时间、不同施工阶段形成不同形式的工程的过程，也有不同的进度失控原因和条件。因此，进度控制途径包括以下几方面。

1.突出关键线路

坚持抓关键线路作为最基本的工作方法，作为组织管理的基本点，并以此作为牵制各项工作的重心。工程分解为土方及地基加固、钢筋混凝土结构、设备安装工程及装修工程等。

2.加强配置生产要素管理

配置生产要素包括：劳动力、资金、材料、设备等，并对其进行存量、流量、流向分布的调查、汇总、分析、预测和控制。合理地配置生产要素是提高施工效率、增加管理效能的有效途径，也是网络节点动态控制的核心和关键。在动态控制中，必须高度重视整个工程建设系统内部条件、外部条件的变化，及时跟踪现场主观、客观条件的发展变化，坚持每天用大时间来熟悉、研究人、材、机械、工程的进展状况，不断分析预测各工序资源需要与资源总量及实际机械、工程的进展状况，不断分析预测各工序资源需要量与资源总量及实际投入量之间的矛盾，规范投入方向，采取调整措施，确保工期目标的实现。

3.严格工序控制

掌握现场施工实际情况，记录各工序的开始日期、工作进程和结束日期，其作用是为计划实施的检查、分析、调整、总结提供原始资料。因此，严格工序控制有三个基本要求：一是要跟踪记录；二是要如实记录：三是要借助图表形成记录文件。

三、工程进度控制的任务、程序和措施

（一）进度控制的主要任务

施工阶段进度控制的主要任务是：

（1）编制施工总进度计划并控制其执行，按期完成整个施工项目的施工任务。

（2）编制单位工程施工进度计划并控制其执行，按期完成单位工程的施工任务。

（3）编制分部分项工程施工进度计划，并控制其执行，按期完成分部分项工程的施工任务。

（4）编制季度、月（旬）进度计划，并控制其执行，完成规定的目标等。

（二）进度控制的程序

项目监理机构应按下列程序进行工程进度控制。

（1）总监理工程师审批承包单位报送的施工总进度计划。

（2）总监理工程师审批承包单位编制的年、季、月度施工进度计划。

（3）专业监理工程师对进度计划实施情况检查、分析。

（4）当实际进度符合计划进度时，应要求承包单位编制下一期进度计划；当实际进度滞后于计划进度时，专业监理工程师应书面通知承包单位采取纠偏措施并监督实施。

（三）进度控制的措施

建设工程进度控制的措施包括组织措施、技术措施、经济措施、合同措施和信息管理措施等。

1.进度控制的组织措施

（1）落实项目监理机构中进度控制部门的人员，具体控制任务和管理职责分工。

（2）进行项目分解，如按项目结构分、按项目进展阶段分、按合同结构分，并建立编码体系。

（3）确定进度协调工作制度，包括协调会议举行的时间，协调会议的参加人员等。

（4）对影响进度目标实现的干扰和风险因素进行分析。风险分析要有依据，主要是根据许多统计资料的积累，对各种因素影响进度的概率及进度拖延的损失值进行计算和预测，并应考虑有关项目审批部门对进度的影响等。

2.进度控制的技术措施

（1）审查承包商提交的进度计划，使承包商能在合理的状态下施工。

（2）编制进度控制工作细则，指导监理人员实施进度控制。

（3）采用网络计划技术及其他科学适用的计划方法，并结合计算机的应用，对建设工程进度实施动态控制。

3.进度控制的经济措施

（1）及时办理工程预付款及工程进度款支付手续。

（2）对应急赶工给予优厚的赶工费用。

（3）对工期提前给予奖励。

（4）对工程延误收取误期损失赔偿金。

4.进度控制的合同措施

（1）加强合同管理，协调合同工期与进度计划之间的关系，保证合同中进度目标的实现。

（2）严格控制合同变更，对各方提出的工程变更和设计变更，监理工程师应严格审查后再补入合同文件之中。

（3）加强风险管理，在合同中应充分考虑风险因素及其对进度的影响，以及相应的处理方法。

（4）加强索赔管理，公正地处理索赔。

5.信息管理措施

主要是通过计划进度与实际进度的动态比较，定期地向建设单位提供比较报告等。

第二节　施工进度控制方法

一、工程进度控制措施的落实方式

（一）进度控制的主要方法

进度控制的主要方法包括进度控制的行政方法、经济方法和管理技术方法。

1.进度控制的行政方法

用行政方法控制进度，是指上级单位及上级领导、本单位的领导，利用其行政地位和权力，通过发布进度指令，进行指导、协调、考核。利用激励手段（奖罚、表扬、批评），监督、督促等方式进行进度控制。

使用行政方法进行进度控制，优点是直接、迅速、有效，但要提倡科学性、防止主观、武断、片面地瞎指挥。

行政方法控制进度的重点应当是进度控制目标的决策和指导，在实施中应由实施者自己进行控制，尽量减少行政干预。

2.进度控制的经济方法

进度控制的经济方法，是指有关部门和单位用经济类手段，对进度控制进行影响和制约，主要有以下几种：在承包合同中写进有关工期和进度的条款；建设单位通过招标的进度优惠条件鼓励承包单位加快进度；建设单位通过工期提前奖励和延期罚款实施进度控制，通过物资的供应进行控制等。

3.进度控制的管理技术方法

进度控制的管理技术方法主要是规划、控制和协调。规划是指确定工程项目的总进度控制目标和分进度控制目标，并编制其进度计划；控制是指在项目实施的全过程中，进行实际进度与计划进度的比较，出现偏差就及时采取措施进行调整；协调是指协调参加单位之间的进度关系。

（二）进度控制的方式

进度控制的措施主要有组织措施、技术措施、经济措施、合同措施等。具体到实践中，四种措施总结出如下几种方式：口头通知方式，书面通知方式，现场专题会议方式，上层高级会议方式，变更组织机构方式，经济支付方式等多种。控制的力度，监理的服务质量也能够较好地达到业主的满意。

1.口头通知方式

口头通知方式与监理的现场巡视相对应，口头通知运用于现场监理巡视将是很好的方法。特别适用于现场的一般提示和预见性控制。这应属于监理对于进度控制的风险性分析内容，作为监理工程师，除按规范要求进行风险分析制定防范性对策外，从监理本身工作的内容来讲应对进度风险所涉及的关于承包商的内容以口头形式告知承包商。而从实际的工作中来看，这种口头方式对承包商进度控制的作用不可低估，承包商认为这是对其工作的一种帮助和支持，从而可得到承包商的认可。我们的监理还必须落在监帮结合的平台上，监而不帮，从大的方面也不利于实现监理的最终进度目标因此对于进度的控制，应该从两个方面来做，一方面要“监”，用监理的尺子去靠、去扯；另一方面也要发挥监理的高素质、高水率，用监理工程师的多年经验和专长，对承包商可能发生的制约进度的因素预先加以控制，从工程监理的实践上来看，效果是良好的。此种方式的使用方法，可以是现场对承包商管理层的交流与洽谈、对专业工程师不当错误行为的指正和批评，并要求其对错误工作进行改正和指出对错误工作的认识及今后如何防止类似错误的承诺。从日常的监理工作来看，口头的通知将适用于监理工程师对现场进度控制的日常性的预控工作。

2.书面通知方式

按照监理规范的规定，当发现实际进度滞后于计划进度时应签发监理工程师通知单指令承包商采取调整措施。监理通知是进度控制的书面文件，发出时应有一个时限范围：第一次发现现场进度失控或较长时间没有失控而近期又有失控时应及时采用书面通知比较合适。也即进度的偏离是由于一时的不正常引起的，是由于暂时的不规律导致的，而非由于规律性的长期因素造成。作为监理采用书面的通知，一方面是提高了监理指令的严肃性，监理的书面通知将会作为不可忽视的对承包商一种正规指令性文件，是对承包商建设行为的一种评价和要求。承包商有义务接受并实施；另一方面，书面的通知还会成为监理作为公正的一方对承包商进行延期确认、索赔确认的可追索资料，在书面文件中应该对承包商的现状进行评价，指出其与进度计划的不相符内容。这样承包商一旦接收下来，便是一种压力。当然作为这样功能的监理文件应该是有正规的发文记录，并以监理通知送达签收时起生效。

3.现场专题会议方式

当监理的书面通知方式效果不佳，监理通知却没有收到应有的效果，没有引起承包商的高度重视时，这时监理应组织一个进度控制的专题会议进行专门的解决是最为适当的措施之一在会议之前监理应当收集相关的进度控制资料。例如，承包商的人员投入情况、机械投入情况、材料进场和验收情况、现场操作方法和施工措施环境情况，这些都将是监理组织进度专题会议的基础资料之一。通过这些事实，监理才能对承包商的施工进度有一个真切的结论，除指出承包商进度落后这一结论和要求承包商进行改正的监理意思外，监理还能建设性地对如何改正提出自己的看法，对承包商将要采取的措施得力与否进行科学的评价，不准备全面的一手资料，承包商是不会轻易地认可监理的看法的，也就不会达到以理服人的效果，监理也不会对承包商采取的措施是否会达到预期的效果有一个正确的认识。现场专题会议一般是由现场的项目经理、副经理、业主代表和业主的相关管理人员、监理工程师参加。由项目总监理工程师主持。会议要有记录，会后要编制会议纪要。

4.上层高级会议方式

口头通知、书面通知、现场组织的专题会议对现场的进度不见其效，这个时候组织一个上层高级会议是监理有效的方式。在现场的一般都是项目经理，项目经理的上面还有上层领导，监理将提请业主一起预先约定一个时间，把该项目的上层领导请来，就这些进度问题和业主一起与承包商的高层领导进行洽商。当然这时也应让承包商的项目经理在场，对项目经理的工作进行评价，特别是对进度上存在的问题进行客观的指正，并将进度达不到计划要求的后果明确指出，引起承包商的上级主管人员的高度重视。现场工作的好坏是承包商现场项目经理的工作成绩之一，也会是其工作考核内容之一，因此如果承包商的现场项目经理工作能力或者其后方支持不力，采用这样的会议方式对解决这样的问题将是很有成效的。这样一来，如果其原因是上级对其支持不力，则这种方式便是监理和业主对现场项目经理的一种正面的有力支持，而如果是现场经理本身管理问题的话，这种会议方式则是对其本身工作的一种督促和激励。要开好这样的会议，监理更是要掌握全部的进度控制方面的基础资料，用事实来说话，用资料来评价。施工方上级部门领导参会，一起从其公司的角度来讨论解决方案。进度滞后情况严重的情况可要求承包商的上级主管一个月甚至半个月必须到一次现场进行督阵，将收到较好的效果

5.变更组织机构方式

变更组织机构方式是对承包商的项经理进行调整，也是对进度控制的一个方法。作为监理，对不称职的项目经理有权建议更换。这时监理应该与业主取得沟通，得到业主的一致认可后，对于拒不执行监理指令、对业主及监理的工作置之不理、置若罔闻和对业主监理进行无理取闹的项目经理，监理将果断建议业主对其进行撤换。这时的书面形式可以采用信函方式也可以是传真和电子邮件方式，还可以是和业主一起直接到其总部进行要求的方式。但是采用这一方式处理时一定要相对稳妥，因为一个项目经理的撤换可能会导致对工期的影响。但是只要是对项目的总体进度有利，就可以采用这一方式进行进度的控制。一般进度对业主和承包商的经济有很大的影响，进度的有效控制是双方共同的意愿。

6.经济支付方式

进度控制体现在多方面，其中合同措施也是一个比较关键的措施。监理应该认真分析合同内容，特别是在支付手段上，对进度达不到计划规定要求比例的，有不少的合同规定将减付工程款，给承包商一定的压力来促进进度达到计划要求。监理在控制过程中，可以对承包商进行多方面、多层次的交流，经济支付也将是不可缺少的方式之一。在进度控制过程中，从对进度有利的前提出发，监理也可以促使甲乙双方对合同的约定进行合理的变更，但在没有达成一致之前监理仍将执行原来的合同，并将原合同的内容一直执行到底。

进度控制方式必须对症下药、有的放矢，针对项目不同的情况采取不同的方法对项目进度实施控制。但是无论采用哪一种方法，进度的控制也不会是独立的控制，对进度的控制仍会涉及其他多个方面的内容，作为监理综合运用这些因素得到最好的控制效果，全面实现最终的监理目标，才是最好的控制方法。

二、基于BIM技术的工程进度控制手段

自BIM（building informationmodeling，BIM）概念出现以来，多机构试图对BIM给出定义，美国麦格劳·希尔公司将BIM定义为：创建并利用数字模型对项目进行设计、建造及运营的过程。维基百科把BIM解释为：在建筑生命周期中产生和管理建筑数据的过程。中国建筑科学研究院把BIM归纳为“聚合信息，为我所用”。这些定义都体现出BIM是一个过程，是个动词，是通过创新的信息技术来收集、聚集建设工程不同阶段的项目相关信息，运用这些有用的信息减少建设项目的各种浪费和损耗，从而提高建设项目的管理效率。

技术在进度管理中的应用价值可概括为以下几点。

第一，基于BIM模型，项目管理人员可以在三维视图中进行施工现场布置，并能快速、直观地发现平面、空间、时间上存在的问题和冲突，从而提高施工管理效率。

第二，BIM技术为项目的进度管理提供信息集成平台，项目管理人员通过BIM模型进行创建、查询、修改项目进度信息，减少沟通障碍和信息丢失，减少各参与方之间的沟通和协调时间，从而提高进度管理效率。

第三，提供工程量信息的实时查询，根据施工进度计划，精确统计待施工工程量，进行施工资源的储备和订购，避免施工材料过剩，储藏成本增加。

第四，基于BIM模型和P6/Microsoft Project进度计划，实现土石坝施工过程的动态模拟，分析土石坝施工技术方案的可行性，通过分析比选出最优方案。

自20世纪以来，项目进度管理的技术和方法发展可分为传统方法和现代方法两个阶段。

随着信息技术的发展，BIM技术应运而生，BM技术可以支持工程项目信息在规划、设计、建造和运营维护全过程无损传递和充分共享：可以支持项目所有参建方在工程的全生命周期内以同一基准点进行协同工作，包括工程项目施工进度计划编制与控制。BIM技术的应用拓宽了施工进度管理思路，可以有效地解决传统施工进度管理方式中的一些问题和弊病。

BIM技术的应用涉及项目的整个生命周期，而在施工进度管理中的应用主要通过建模软件建立项目的三维信息模型，然后依据项目工期目标和资源情况编制项目进度计划，最后将三维信息模型与进度计划关联，形成项目的4D模型，实现项目的进度模拟。项目管理人员可以基于该4D模型，进行项目实际进度的跟踪记录、分析及纠偏，优化进度计划，从而实现项目施工进度的动态管理。

BIM技术在项目施工管理中的应用主要包括进度模拟、施工方案优化、三维技术交底、碰撞检查与施工安全四个方面。

（一）施工进度模拟

基于BIM的进度模拟是将BIM模型与施工进度计划相链接，把模型信息和时间信息整合在一个可视的4D模型中，这样就可以直观、精确地反映整个项目的施工过程，还能够实时跟踪、监控当前的进度状态，协调各专业，筹备资源，制订应对措施，以实现动态化的进度管理。

通过BIM 4D施工进度模拟，可对工程重要分项工程、重要部位进行分析，制订切实可行的应对策略；依据BIM模型，制订施工方案，制订施工计划，合理划分施工流水段；施工模拟过程中将实际进度与计划进度进行对比，实现进度偏差的分析。

（二）BIM施工方案优化

基于4D模型，通过对关键工序的模拟计算，掌握工期、人员、材料、机械、场地等资源的占用情况，对工期、资源配置、场地布置进行优化，实现多方案的比选。

（三）基于BIM的三维技术交底

我国建设项目多采用总承包、专业承包、劳务分包的承、发包模式，现场实施人员多为专业分包或劳务分包单位职员，实施人员普遍文化水平不高、专业技能有限，对复杂的二维图纸、进度横道图、技术方案等理解不完善，甚至无法理解。在技术交底中，BIM技术的应用可以借助三维模型技术呈现直观、易懂的建筑物，可以更加有效地传递技术方案，使现场实施的技术人员更易理解项目的施工重点、难点，提前预见可能出现的问题及现场注意事项，从而确保施工质量和安全。

（四）基于BIM的碰撞检查与施工安全

基于4D模型，进行施工过程模拟，对构件与管线、设施与结构进行动态碰撞检查和分析；通过BIM模型，由4D施工模型生成结构分析模型，对施工过程中时变结构与支撑体系进行动态的力学分析和安全评估。

（五）移动终端的应用

BIM模型可采用移动终端、Web及RFID等技术，可实现施工管理人员采用便携设备，例如手机、平板电脑等设备，在施工现场对施工进度进行检查，对施工质量进行检查。

三、工程工期控制点的设置

（一）设置工期控制点

以业主已批准的总进度计划网络为依据，详细编制各分部工程计划网络和月、季进度计划，在计划中确定各分项工程进度目标及分部工程竣工计划工期，分阶段予以控制，以保证总进度计划的实施。

（1）开工日期。

（2）土方开挖完成及地基处理完成时间。

（3）各个单位工程±0.000以下基础工程完成时间。

（4）各个单位工程结构封顶时间。

（5）各个单位工程二次结构和初装修工程开、竣工时间。

（6）各个单位工程外装修、电梯及建筑水、暖、电气完成时间。

（7）各个单位工程设备安装、系统综合调试完成时间。

（8）各个单位工程竣工时间。

（二）进度计划的划分

工程进度计划，可根据项目实施的不同阶段，分别编制总体进度计划及年、月进度计划；对于起控制作用的重点工程项目单独编制单位（单项）工程进度计划。

1.总体进度计划的内容

（1）工程项目的总工期，即合同工期或指令工期。

（2）完成各单位工程及各施工阶段所需要的工期、最早开始及最迟结束的时间。

（3）各单位工程及各施工阶段需要完成的工程量及现金流动估计。

（4）各单位工程及各施工阶段所需要配备的人力和设备数量。

（5）各单位或分部工程的施工方案和施工方法（施工组织设计）等。

2.年度进度计划的内容

（1）本年计划完成的单位工程及施工阶段的工程项目内容、工程数量及投资指标。

（2）施工队伍和主要施工设备的转移顺序。

（3）不同季节及气温条件下各项工程的时间安排。

（4）在总体进度计划下对各单项工程进行局部调整或修改的详细说明等。

3.月（季）进度计划的内容

（1）本月（季）计划完成的分项工程内容及顺序安排。

（2）完成本月（季）及各分项工程的工程数量及资料。

（3）在年度计划下对各单位工程或分项工程进行局部调整或修改的详细说明等。

4.单项工程进度计划的内容

（1）本项目的具体施工方案和施工方法。

（2）本项目的总体进度计划及各道工序的控制日期。

（3）本项目的现金流动计划。

（4）本项目的施工准备及结束清场的时间安排。

（5）对总体进度计划及其他相关工程的控制、依赖关系和说明等。

（三）严格管理进度计划的审批

在中标通知书发出后，在合同规定的时间内，专业监理工程师要求承包单位书面提交以下文件：

（1）一份细节和格式符合要求的工程总体进度计划及必要的各项特殊工程或重点工程的进度计划。

（2）一份有关全部支付的年度现金估算及流动计划。

（3）一份有关施工方案和施工方法的总说明（施工组织设计）。

（四）现场进度控制的具体表现

在将要开工以前或在开工以后合理的时间内，监理工程师要求承包单位提交以下文件。

（1）年度进度计划及现金流动估算。

（2）月（季）度进度计划及现金流动估算。

（3）分项（或分部）工程的进度计划。

（五）进度计划的审查步骤

对承包单位提交的各项进度计划进行审查，并在合同规定或满足施工需要的合理时间内审查完毕，审查工作按以下程序进行。

（1）阅读文件、列出问题，进行调查了解。

（2）提交问题与承包单位进行讨论或澄清。

（3）对有问题的部分进行分析，向承包单位提出修改意见。

（4）审查承包单位修改后的进度计划直到满意并批准。

（六）进度计划审查内容

（1）施工总工期的安排应符合合同工期。

（2）各施工阶段或单项工程的施工顺序和时间安排与材料和设备的进场计划相协调。

（3）对节假日及天气影响的时间，应有适当地扣除并留有足够的时间余量。

（七）对进度计划检查记录

应制订每日进度检查记录，按单位工程、分项工程或工序点对实际进度进行记录，并定期汇总报告，作为对工程进度进行掌握和决策的依据。每日进度检查记录主要记录并报告以下事项。

（1）当日实际完成及累计完成的工程量。

（2）当日实际参加施工的人力、机械数量及生产效率。

（3）当日施工停滞的人力、机械数量及其原因。

（4）当日承包单位的主管及技术人员到达现场的情况。

（5）当日发生的影响工程进度的特殊事件或原因。

（6）当日的天气情况等。

（7）每周、每月工程进度报告。

（八）严格控制进度计划的调整

1.进度符合计划

在工程实施期间，如果实际进度（尤其是关键线路上的实际进度）与计划进度基本相符，监理工程师不应干预承包单位对进度计划的执行，应提供和创造各种外部条件，及时调查处理影响工程进展的不利因素，促进工程按计划进行。

2.进度计划的调整

专业监理工程师发现工程现场的组织安排、施工程序或人力和设备与进度计划上的方案有较大不一致或原有的工、料、机、运、管和施工环境不适应进度计划要求时，应要求承包单位对原工程进度计划及现金流动计划予以调整，调整后的工程进度计划应符合工程现场实际情况，并应保证在合同工期内完成。

调整工期进度计划，主要是调解关键线路上的施工安排，对于非关键线路，如果实际进度与计划进度的差距并不对关键线路上的实际进度产生不利影响，监理工程师不必要求承包单位对整个工程进度计划进行调整。

3.加快工程进度

承包单位在无任何理由取得合理延期的情况下，监理工程师认为实际工程进度过慢，将不能按照进度计划预定的竣工期完成工程时，应要求承包单位采取加快进度的措施，以赶上工程进度计划中的阶段目标或总目标，承包单位提出和采取的加快工程进度的措施必须经过监理工程师批准，批准时应注意以下事项。

（1）只要承包单位提出的加快工程进度的措施符合施工程序并能确保工程质量，监理工程师应予以批准。

（2）因采取加快工程进度措施而增加的施工费用应由承包单位自负。

（3）因增加夜间施工或当地公认的休息日施工而涉及业主的附加监督管理费用，应由承包单位负担。

第三节　施工进度计划作用及类型

一、施工进度计划的作用和类型

（一）施工进度计划的作用

（1）控制工程的施工进度，使之按期或提前竣工，并交付使用或投入运转。

（2）通过施工进度计划的安排，加强工程施工的计划性，使施工能均衡、连续、有节奏地进行。

（3）从施工顺序和施工进度等组织措施上保证工程质量和施工安全。

（4）合理使用建设资金、劳动力、材料和机械设备，达到多、快、好、省地进行工程建设的目的。

（5）确定各施工时段所需的各类资源的数量，为施工准备提供依据。

（6）施工进度计划是编制更细一层进度计划（如月、旬作业计划）的基础。

（二）施工进度计划的类型

施工进度计划按编制对象的大小和范围不同可分为施工总进度计划、单项工程施工进度计划、单位工程施工进度计划、分部工程施工进度计划和施工作业计划等类型。下面只对常见的几种进度计划进行概述。

1.施工总进度计划

施工总进度计划是以整个水利水电枢纽工程为编制对象，拟定出其中各个单项工程和单位工程的施工顺序及建设进度，以及整个工程施工前的准备工作和完工后的结尾工作的项目与施工期限。因此，施工总进度计划属于轮廓性（或控制性）的进度计划，在施工过程中主要控制和协调各单项工程或单位工程的施工进度。

施工总进度计划的任务是：分析工程所在地区的自然条件、社会经济资源、影响施工质量与进度的关键因素，确定关键性工程的施工分期和施工程序，并协调安排其他工程的施工进度，使整个工程施工前后兼顾、互相衔接、均衡生产，从而最大限度地合理使用资金、劳动力、设备、材料，在保证工程质量和施工安全的前提下，使工程按时或提前建成投产。

2.单项工程施工进度计划

单项工程施工进度计划是以枢纽工程中的主要工程项目（如大坝、水电站等单项工程）为编制对象，并将单项工程划分成单位工程或分部、分项工程，拟定出其中各项目的施工顺序和建设进度以及相应的施工准备工作内容与施工期限。它以施工总进度计划为基础，要求进一步从施工程序、施工方法和技术供应等条件上，论证施工进度的合理性和可靠性，尽可能组织流水作业，并研究加快施工进度和降低工程成本的具体措施。反过来，又可根据单项工程施工进度计划对施工总进度计划进行局部微调或修正，并编制劳动力和各种物资的技术供应计划。

3.单位工程施工进度计划

单位工程施工进度计划是以单位工程（如土坝的基础工程、防渗体工程、坝体填筑工程等）为编制对象，拟定出其中各分部、分项工程的施工顺序、建设进度以及相应的施工准备工作内容和施工期限。它以单项工程施工进度计划为基础进行编制，属于实施性进度计划。

4.施工作业计划

施工作业计划是以某一施工作业过程为编制对象，制定出该作业过程的施工起止日期以及相应的施工准备工作内容和施工期限。它是最具体的实施性进度计划。在施工过程中，为了加强计划管理工作，各施工作业班组都应在单位（单项）工程施工进度计划的要求下，编制出年度、季度或逐月（旬）的作业计划。

二、施工总进度计划的编制

施工总进度计划是项目工期控制的指挥棒，是项目实施的依据和向导。编制施工总进度计划必须遵循相关的原则，并准备翔实可靠的原始资料，按照一定的方法去编制。

（一）施工总进度计划的编制原则

编制施工总进度计划应遵循以下原则。

（1）认真贯彻执行党的方针政策、国家法令法规、上级主管部门对本工程建设的指示和要求。

（2）加强与施工组织设计及其他各专业的密切联系，统筹考虑，以关键性工程的施工分期和施工程序为主导，协调安排其他各单项工程的施工进度。同时，进行必要的多方案比较，从中选择最优方案。

（3）在充分掌握及认真分析基本资料的基础上，尽可能采用先进的施工技术和设备，最大限度地组织均衡施工，力争全年施工，加快施工进度。同时，应做到实事求是，并留有余地，保证工程质量和施工安全。当施工情况发生变化时，要及时调整施工总进度。

（4）充分重视和合理安排准备工程的施工进度。在主体工程开工前，相应各项准备工作应基本完成，为主体工程的开工和顺利进行创造条件。

（5）对高坝、大库容的工程，应研究分期建设或分期蓄水的可能性，尽可能减少第一批机组投产前的工程投资。

（二）施工总进度计划的编制方法

1.基本资料的收集和分析

在编制施工总进度计划之前和编制过程中，要不断收集和完善编制施工总进度所需的基本资料。这些基本资料主要包括以下部分。

（1）上级主管部门对工程建设的指示和要求，有关工程的合同协议。如设计任务书，工程开工、竣工、投产的顺序和日期，对施工承建方式和施工单位的意见，工程施工机械化程度、技术供应等方面的指示，国民经济各部门对施工期间防洪、灌溉、航运、供水、过木等方面的要求。

（2）设计文件和有关的法规、技术规范、标准。

（3）工程勘测和技术经济调查资料。如地形、水文、气象资料，工程地质与水文地质资料，当地建筑材料资料，工程所在地区和库区的工矿企业、矿产资源、水库淹没和移民安置等资料。

（4）工程规划设计和概预算方面的资料。如工程规划设计的文件和图纸、主管部门的投资分配和定额资料等。

（5）施工组织设计其他部分对施工进度的限制和要求。如施工场地情况、交通运输能力、资金到位情况、原材料及工程设备供应情况、劳动力供应情况、技术供应条件、施工导流与分期、施工方法与施工强度限制以及供水、供电、供风和通信情况等。

（6）施工单位施工技术与管理方面的资料、已建类似工程的经验及施工组织设计资料等。

（7）征地及移民搬迁安置情况。

（8）其他有关资料，如环境保护、文物保护和野生动物保护等。

收集了以上资料后，应着手对各部分资料进行分析和比较，找出控制进度的关键因素。尤其是施工导流与分期的划分，截流时段的确定，围堰挡水标准的拟定，大坝的施工程序及施工强度、加快施工进度的可能性，坝基开挖顺序及施工方法、基础处理方法和处理时间，各主要工程所采用的施工技术与施工方法、技术供应情况及各部分施工的衔接，现场布置与劳动力、设备、材料的供应与使用等。只有充分掌握这些基本情况，并理顺它们之间的关系，才能作出既符合客观实际又满足主管部门要求的施工总进度安排。

2.施工总进度计划的编制步骤

（1）划分并列出工程项目

总进度计划的项目划分不宜过细。列项时，应根据施工部署中分期、分批开工的顺序和相互关联的密切程度依次进行，防止漏项，突出每一个系统的主要工程项目，分别列入工程名称栏内。对于一些次要的零星项目，则可合并到其他项目中去。例如河床中的水利水电工程，若按扩大单项工程列项，则可以有准备工作、导流工程、拦河坝工程、溢洪道工程、引水工程、电站厂房、升压变电站、水库清理工程、结束工作等。

（2）计算工程量

工程量的计算一般应根据设计图纸、工程量计算规则及有关定额手册或资料进行。其数值的准确性直接关系到项目持续时间的误差，进而影响进度计划的准确性。当然，设计深度不同，工程量的计算（估算）精度也不同。在有设计图的情况下，还要考虑工程性质、工程分期、施工顺序等因素，按土方、石方、混凝土、水上、水下、开挖、回填等不同情况，分别计算工程量。某些情况下，为了分期、分层或分段组织施工的需要，还应分别计算不同高程（如对大坝）、不同桩号（如对渠道）的工程量，作出累计曲线，以便分期、分段组织施工。计算工程量常采用列表的方式进行。工程量的计量单位要与使用的定额单位相吻合。

（3）计算各项目的施工持续时间

确定进度计划中各项工作的作业时间是计算项目计划工期的基础。在工作项目的实物工程量一定的情况下，工作持续时间与安排在工程上的设备水平、人员技术水平、人员与设备数量、效率等有关。在现阶段，工作项目持续时间的确定方法主要有下述几种。

①按实物工程量和定额标准计算

根据计算出的实物工程量，应用相应的标准定额资料，就可以计算或估算各项目的施工持续时间t：

$$t=\frac{Q}{mnN} \tag{4-1}$$

式中：Q——项目的实物工程量；

m——日工作班制，m=l、2、3；

n——每班工作的人数或机械设备台数；

N——人工或机械台班产量定额（用概算定额或扩大指标）。

②套用工期定额法

对于总进度计划中大“工序”的持续时间，通常采用国家制定的各类工程工期定额，并根据具体情况进行适当调整或修改。

③三时估计法

某些工作任务没有确定的实物工程量，或不能用实物工程量来计算工时，也没有颁布的工期定额可以套用，例如试验性工作或采用新工艺、新技术、材料的工程，此时可采用“三时估计法”计算该项目的施工持续时间t：

$$t=\frac{t_a+4t_m+t_b}{6} \tag{4-2}$$

式中：t_a——最乐观的估计时间，即最紧凑的估计时间；

t_b——观的估计时间，即最松动的估计时间；

t_m——最可能的估计时间。

（4）分析确定项目之间的逻辑关系

项目之间的逻辑关系取决于工程项目的性质和轻重缓急、施工组织、施工技术等许多因素，概括说来分为以下两大类。

工艺关系，即由施工工艺决定的施工顺序关系。在作业内容、施工技术方案确定的情况下，这种工作逻辑关系是确定的，不得随意更改。如一般土建工程项目，应按照先地下后地上、先基础后结构、先土建后安装再调试、先主体后围护（或装饰）的原则安排施工顺序。现浇柱子的工艺顺序为：扎柱筋→支柱模→浇筑混凝土→养护和拆模。土坝坝面作业的工艺顺序为：铺土→平土→晾晒或洒水→压实→刨毛。它们在施工工艺上，都有必须遵循的逻辑顺序，违反这种顺序将付出额外的代价，甚至造成巨大损失。

组织关系，即由施工组织安排决定的施工顺序关系。如工艺上没有明确规定先后顺序关系的工作，由于考虑到其他因素（如工期、质量、安全、资源限制、场地限制等）的影响而人为安排的施工顺序关系，均属此类。例如，由导流方案所形成的导流程序，决定了各控制环节所控制的工程项目，从而也就决定了这些项目的衔接顺序。再如，采用全段围堰隧洞导流的导流方案时，通常要求在截流以前完成隧洞施工、围堰进占、库区清理、截流备料等工作，由此形成了相应的衔接关系。又如，由于劳动力的调配、施工机械的转移、建筑材料的供应和分配、机电设备进场等原因，一些项目安排在先，另一些项目安排在后，均属组织关系所决定的顺序关系。由组织关系所决定的衔接顺序，一般是可以改变的。只要改变相应的组织安排，有关项目的衔接顺序就会发生相应的变化。

项目之间的逻辑关系，是科学地安排施工进度的基础，应逐项研究，认真确定。

（5）初拟施工总进度计划

通过对项目之间进行逻辑关系分析，掌握工程进度的特点，理清工程进度的脉络，来初步拟订出一个施工进度方案。在初拟进度时，一定要抓住关键，分清主次，理清关系，互相配合，合理安排。要特别注意把与洪水有关、受季节性限制较严、施工技术比较复杂的控制性工程的施工进度安排好。

对于堤坝式水利水电枢纽工程，其关键项目一般位于河床，故施工总进度的安排应以导流程序为主要线索。先将施工导流、围堰截流、基坑排水、坝基开挖、基础处理、施工度汛、坝体拦洪、下闸蓄水、机组安装和引水发电等关键性工程控制进度安排好，其中应包括相应的准备、结束工作和配套辅助工程的进度。这样构成的总的轮廓进度即进度计划的骨架。然后再配合安排不受水文条件控制的其他工程项目，以形成整个枢纽工程的施工总进度计划草案。

需要注意的是，在初拟控制性进度计划时，对于围堰截流、拦洪度汛、蓄水发电等关键项目，一定要进行充分论证，并落实相关措施。否则，如果延误了截流时机，影响了发电计划，对工期的影响和造成国民经济的损失往往是非常巨大的。

对于引水式水利水电工程，有时引水建筑物的施工期限成为控制总进度的关键，此时总进度计划应以引水建筑物为主来进行安排，其他项目的施工进度要与之相适应。

（6）调整和优化

初拟进度计划形成以后，要配合施工组织设计其他部分的分析，对一些控制环节、关键项目的施工强度、资源需用量、投资过程等重大问题进行分析计算。若发现主要工程的施工强度过大或施工强度不均衡（此时也必然引起资源使用的不均衡）时，就应进行调整和优化，使新的计划更加完善，更加切实可行。

必须强调的是，施工进度的调整和优化往往要反复进行，工作量大而枯燥。现阶段已普遍采用优化程序进行电算。

（7）编制正式施工总进度计划

经过调整优化后的施工进度计划，可以作为设计成果在整理以后提交审核。施工进度计划的成果可以用横道进度表的形式表示，也可以用网络图（包括时标网络图）的形式表示。此外，还应提交有关主要工种工程施工强度、主要资源需用强度和投资费用动态过程等方面的成果。

（三）落实、平衡、调整、修正计划

在完成草拟工程进度后，要对各项进度安排逐项落实。根据工程的施工条件、施工方法、机具设备、劳动力和材料供应以及技术质量要求等有关因素，分析论证所拟进度是否切合实际，各项进度之间是否协调。研究主体工程的工程量是否大体均衡，进行综合平衡工作。对原拟进度草案进行调整、修正。

以上简要地介绍了施工总进度计划的编制步骤。在实际工作中不能机械地划分这些步骤，而应该将其联系起来，大体上依照上述程序来编制施工总进度计划。当初步设计阶段的施工总进度计划获批后，在技术设计阶段还要结合单项工程进度计划的编制，来修正总进度计划。在工程施工中，再根据施工条件的演变情况予以调整，用来指导工程施工，控制工程工期。

第四节　网络进度计划

一、双代号网络图

用一条箭线表示一项工作（或工序），在箭线首尾用节点编号表示该工作的开始和结束。其中，箭尾节点表示该工作开始，箭头节点表示该工作结束。根据施工顺序和相互关系，将一项计划的所有工作用上述符号从左至右绘制而成的网状图形，称为双代号网络图。用这种网络图表示的计划叫作双代号网络计划。

双代号网络图是由箭线、节点和线路三个要素所组成的，现将其含义和特性分述如下。

（一）箭线

在双代号网络图中，一条箭线表示一项工作。需要注意的是，根据计划编制的粗细不同，工作所代表的内容、范围是不一样的，但任何工作（虚工作除外）都需要占用一定的时间，并消耗一定的资源（如劳动力、材料、机械设备等）。因此，凡是占用一定时间的施工活动，例如基础开挖、混凝土浇筑、混凝土养护等，都可以看成一项工作。

除表示工作的实箭线外，还有一种虚箭线。它表示一项虚工作，没有工作名称，不占用时间，也不消耗资源，其主要作用是在网络图中解决工作之间的连接或断开关系问题。另外，箭线的长短并不表示工作持续时间的长短。箭线的方向表示施工过程的进行方向，绘图时应保持自左向右的总方向。

（二）节点

网络图中表示工作开始、结束或连接关系的圆圈称为节点。节点仅为前后诸工作的交接之点，只是一个“瞬间”，它既不消耗时间，也不消耗资源。

网络图的第一个节点称为起点节点，它表示一项计划（或工程）的开始；最后一个节点称为终点节点，它表示一项计划（或工程）的结束；其他节点称为中间节点。任何一个中间节点都既是其前面各项工作的结束节点，又是其后面各项工作的开始节点。因此，中间节点可反映施工的形象进度。

节点编号的顺序是，从起点节点开始，依次向终点节点进行。编号的原则是，每一条箭线的箭头节点编号必须大于箭尾节点编号，并且所有节点的编号不能重复出现。

（三）线路

在网络图中，顺箭线方向从起点节点到终点节点所经过的一系列由箭线和节点组成的可通路径称为线路。一个网络图可能只有一条线路，也可能有多条线路，各条线路上所有工作持续时间的总和称为该条线路的计算工期。其中，工期最长的线路称为关键线路，其余线路则称为非关键线路。位于关键线路上的工作称为关键工作，位于非关键线路上的工作则称为非关键工作。关键工作完成的快慢直接影响整个计划的总工期。关键工作在网络图上通常用粗箭线、双箭线或红色箭线表示。当然，在一个网络图上，有可能出现多条关键线路，它们的计算工期是相等的。

在网络图中，关键工作的比重不宜过大，这样才有助于工地指挥者集中力量抓主要矛盾。

关键线路与非关键线路、关键工作与非关键工作，在一定条件下是可以相互转化的。例如，当采取了一定的技术组织措施，缩短了关键线路上有关工作的作业时间，或使其他非关键线路上有关工作的作业时间延长时，就可能出现这种情况。

1.绘制双代号网络图的基本规则

（1）网络图必须正确地反映各工序的逻辑关系。在绘制网络图之前，要确定施工的顺序，明确各工作之间的衔接关系，根据施工的先后次序逐步把代表各工作的箭线连接起来，绘制成网络图。

（2）一个网络图只允许有一个起点节点和一个终点节点，即除网络的起点和终点外，不得再出现没有外向箭线的节点，也不得再出现没有内向箭线的节点。如果一个网络图中出现多个起点或多个终点，则此时可将没有内向箭线的节点全部并为一个节点，把没有外向箭线的节点也全部并为一个节点。

（3）网络图中不允许出现循环线路。在网络图中从某一节点出发，沿某条线路前进，最后又回到此节点，出现循环现象，就是循环线路。

（4）网络图中不允许出现代号相同的箭线。网络图中每一条箭线都各有一个开始节点和结束节点的代号，号码不能完全重复。一项工作只能有唯一的代号。

（5）网络图中严禁出现没有箭尾节点的箭线和没有箭头节点的箭线。

（6）网络图中严禁出现双向箭头或无箭头的线段。因为网络图是一种单向图，施工活动是沿着箭头指引的方向去逐项完成的。因此，一条箭线只能有一个箭头，且不可能出现无箭头的线段。

（7）绘制网络图时，尽量避免箭线交叉。当交叉不可避免时，可采用过桥法或断线法表示。

（8）如果要表明某工作完成一定程度后，后道工序要插入，可采用分段画法，不得从箭线中引出另一条箭线。

2. 双代号网络图绘制示例

双代号网络图绘制步骤如下。

（1）根据已知的紧前工作，确定出紧后工作，并自左至右先画紧前工作，后画紧后工作。

（2）若没有相同的紧后工作或只有相同的紧后工作，则肯定没有虚箭线；若既有相同的紧后工作，又有不同的紧后工作，则肯定有虚箭线。

（3）到相同的紧后工作用虚箭线，到不同的紧后工作则无虚箭线。

二、单代号网络图

（一）单代号网络图的表示方法

单代号网络图也是由许多节点和箭线组成的，但是节点和箭线的意义与双代号有所不同。单代号网络图的一个节点代表一项工作，而箭线仅表示各项工作之间的逻辑关系。因此，箭线既不占用时间，也不消耗资源。用这种表示方法，把一项计划的所有施工过程按其先后顺序和逻辑关系从左至右绘制成的网状图形，叫作单代号网络图。用这种网络图表示的计划叫单代号网络计划。

与双代号网络图相比，单代号网络图具有这些优点：工作之间的逻辑关系更为明确，容易表达，且没有虚工作；网络图绘制简单，便于检查、修改。因此，国内单代号网络图得到越来越广泛的应用。

（二）单代号网络图的绘制规则

同双代号网络图一样，绘制单代号网络图也必须遵循一定的规则，这些基本规则具体如下。

（1）网络图必须按照已定的逻辑关系绘制。

（2）不允许出现循环线路。

（3）工作代号不允许重复，一个代号只能代表唯一的工作。

（4）当有多项开始工作或多项结束工作时，应在网络图两端分别增加一虚拟的起点节点和终点节点。

（5）严禁出现双向箭头或无箭头的线段。

（6）严禁出现没有箭尾节点或箭头节点的箭线。

第五章 水利工程施工质量与成本控制

第一节 水利工程施工质量控制

一、质量管理与质量控制

（一）掌握质量管理与质量控制的关系

1.质量管理

（1）按照《质量管理体系标准》的定义，质量管理是指确立质量方针及实施质量方针的全部职能及工作内容，并对其工作效果进行评价和改进的一系列工作。

（2）按照质量管理的概念，组织必须通过建立质量管理体系实施质量管理。其中，质量方针是组织最高管理者的质量宗旨、经营理念和价值观的反映。在质量方针的指导下，通过质量管理手册、程序性管理文件、质量记录的制定，并通过组织制度的落实、管理人员与资源的配置、质量活动的责任分工与权限界定等，形成组织质量管理体系的运行机制。

2.质量控制

（1）根据《质量管理体系标准》的定义，质量控制是质量管理的一部分，是致力于满足质量要求的一系列相关活动。由于建设工程项目的质量要求是由业主（或投资者、项目法人）提出的，即建设工程项目的质量总目标，是业主的建设意图通过项目策划，包括项目的定义及建设规模、系统构成、使用功能和价值、规格档次标准等的定位策划和目标决策来确定的。因此，在工程勘察设计、招标采购、施工安装、竣工验收等各个阶段，项目干系人均应围绕着满足业主要求的质量总目标而展开。

（2）质量控制所致力的一系列相关活动，包括作业技术活动和管理活动。产品或服务质量的产生，归根结底是由作业技术过程直接形成的。因此，作业技术方法的正确选择和作业技术能力的充分发挥，就是质量控制的关键点，它包含了技术和管理两个方面。必须认识到，组织或人员具备相关的作业技术能力，只是产出合格产品或服务质量的前提，在社会化大生产的条件下，只有通过科学的管理，对作业技术活动过程进行组织和协调，才能使作业技术能力得到充分发挥，实现预期的质量目标。

（3）质量控制是质量管理的一部分而不是全部。两者的区别在于概念、职能范围和作用均不同。质量控制是在明确的质量目标和具体的条件下，通过行动方案和资源配置的计划、实施、检查和监督，进行质量目标的事前预控、事中控制和事后纠偏控制，实现预期质量目标的系统过程。

（二）了解质量控制

质量控制的基本原理是运用全面全过程质量管理的思想和动态控制的原理，进行的事前质量预控、事中质量控制和事后质量控制。

1. 事前质量预控

事前质量预控就是要求预先进行周密的质量计划，包括质量策划、管理体系、岗位设置，把各项质量职能活动，包括作业技术和管理活动建立在能力充分、有条件保证和运行机制的基础上。对于建设工程项目，尤其施工阶段的质量预控，就是通过施工质量计划、施工组织设计或施工项目管理设施规划的制订过程，运用目标管理的手段，实施工程质量事前预控，或称为质量的计划预控。

事前质量预控必须充分发挥组织的技术和管理方面的整体优势，把长期形成的先进技术、管理方法和经验智慧，创造性地应用于工程项目中。

事前质量预控要求针对质量控制对象的控制目标、活动条件、影响因素进行周密分析，找出薄弱环节，制定有效的控制措施和对策。

2. 事中质量控制

事中质量控制也称作业活动过程质量控制，是指质量活动主体的自我控制和他人监控的控制方式。自我控制是第一位的，即作业者在作业过程中对自己质量活动行为的约束和技术能力的发挥，以完成预定质量目标的作业任务；他人监控是指作业者的质量活动过程和结果，接受来自企业内部管理者和企业外部有关方面的检查检验，如工程监理机构、政府质量监督部门等的监控。事中质量控制的目标是确保工序质量合格，杜绝质量事故发生。

由此可知，质量控制的关键是增强质量意识，发挥操作者的自我约束、自我控制能力，即坚持质量标准是根本的，他人监控是必要的补充，没有坚持质量标准或用他人监控取代坚持质量标准的行为都是不正确的。因此，有效进行过程质量控制，就在于创造一种过程控制的机制和活力。

3. 事后质量控制

事后质量控制也称为事后质量把关，以使不合格的工序或产品不进入后道工序、不流入市场。事后质量控制的任务就是对质量活动的结果进行评价、认定，对工序质量的偏差进行纠正，对不合格的产品进行整改和处理。

从理论上来讲，对于建设工程项目，计划预控过程所指定的行动方案考虑得越周密，事中自控能力越强、监控越严格，则实现质量预期目标的可能性就越大。理想的状态就是各项作业活动都“一次交验合格率达100%”。但要达到这样的管理水平和质量形成能力是相当不容易的，即使坚持不懈地进行努力，也还可能有个别工序或分部分项施工质量会出现偏差，这是因为在作业过程中不可避免地会存在一些难以预料的因素，如系统因素和偶然因素等。建设工程项目质量的事后控制，具体体现在施工质量验收各个环节的控制方面。

以上系统控制的三大环节，不是孤立和截然分开的，它们之间构成有机的系统过程，实质上也就是质量管理PDCA循环的具体化，并在每一次滚动循环中不断提高，以达到质量管理和质量控制的持续改进。

二、建设工程项目质量控制系统

（一）掌握建设工程项目质量控制系统的构成

建设工程项目质量控制系统，在实践中有多种叫法，常见的有质量管理体系、质量控制体系、质量管理系统、质量控制网络、质量管理网络、质量保证系统等。例如，我国《建设工程监理规范》规定：工程项目开工前，总监理工程师应审查承包单位现场项目管理机构的质量管理体系、技术管理体系和质量保证体系，确能保证工程项目施工质量时予以确认。对于质量管理体系、技术管理体系和质量保证体系，应审核这些内容：质量管理、技术管理和质量保证的组织机构；质量管理、技术管理制度；专职管理人员和特种作业人员的资格证、上岗证。

由此可见，上述规范中已经使用了“质量管理体系”“技术管理体系”和“质量保证体系”三个不同的体系名称。而建设工程项目的现场质量控制，除承包单位和监理机构外，业主、分包商及供货商的质量责任和控制职能也必须纳入工程项目的质量控制系统内。因此，无论这个系统名称为何，其内容和作用都是一致的。需要强调的是，要正确理解这类系统的性质、范围、结构、特点以及建立和运行的原理并加以应用。

1.项目质量控制系统的性质

建设工程项目质量控制系统既不是建设单位的质量管理体系或质量保证体系，也不是工程承包企业的质量管理体系或质量保证体系，而是建设工程项目目标控制的一个工作系统，其具有下列性质。

（1）建设工程项目质量控制系统是以工程项目为对象，由工程项目实施的总组织者负责建立的面向对象开展质量控制的工作体系。

（2）建设工程项目质量控制系统是建设工程项目管理组织的一个目标控制体系，它与项目投资控制、进度控制、职业健康安全与环境管理等目标控制体系，共同依托于同一项目管理的组织机构。

（3）建设工程项目质量控制系统根据工程项目管理的实际需要而建立，随着建设工程项目的完成和项目管理组织的解体而消失，因此是一个一次性的质量控制工作体系，它不同于企业的质量管理体系。

2.项目质量控制系统的范围

建设工程项目质量控制系统的范围，包括按项目范围管理的要求，列入系统控制的建设工程项目构成范围；项目实施的任务范围，即由工程项目实施的全过程或若干阶段进行定义；项目质量控制所涉及的责任主体范围。

（1）系统涉及的工程范围

系统涉及的工程范围，一般根据项目的定义或工程承包合同来确定。

（2）系统涉及的任务范围

建设工程项目质量控制系统服务于建设工程项目管理的目标控制，因此其质量控制的系统职能应贯穿于项目的勘察、设计、采购、施工和竣工验收等各个实施环节，即建设工程项目全过程质量控制的任务或若干阶段承包的质量控制任务。

（3）系统涉及的主体范围

建设工程项目质量控制系统所涉及的质量责任自控主体和监控主体，通常情况下包括建设单位、设计单位、工程总承包企业、施工企业、建设工程监理机构、材料设备供应厂商等。这些质量责任和控制主体，在质量控制系统中的地位和作用不同。承担建设工程项目设计、施工或材料设备供货的单位，具有直接的产品质量责任，属质量控制系统中的自控主体；在建设工程项目实施过程中，对各质量责任主体的质量活动行为和活动结果实施监督控制的组织，称为质量监控主体，如业主、项目监理机构等。

3.项目质量控制系统的结构

建设工程项目质量控制系统，一般情况下会形成多层次、多单元的结构形态，这是由其实施任务的委托方式和合同结构所决定的。

（1）多层次结构

多层次结构是相对于建设工程项目工程系统纵向垂直分解的单项、单位工程项目质量控制子系统而言的。在大中型建设工程项目，尤其是群体工程的建设工程项目中，第一层面的质量控制系统应由建设单位的建设工程项目管理机构负责建立，在委托代建、委托项目管理或实行交钥匙式工程总承包的情况下，应由相应的代建方项目管理机构、受托项目管理机构或工程总承包企业项目管理机构负责建立。第二层面的质量控制系统，通常是指由建设工程项目的设计总负责单位、施工总承包单位等建立的相应管理范围内的质量控制系统。第三层面及其以下是承担工程设计、施工安装、材料设备供应等各承包单位的现场质量自控系统，或称各自的施工质量保证体系。系统纵向层次机构的合理性是建设工程项目质量目标，是控制责任和措施分解落实的重要保证。

（2）多单元结构

多单元结构是指在建设工程项目质量控制总体系统下，第二层面的质量控制系统及其以下的质量自控或保证体系可能有多个，这是项目质量目标、责任和措施分解的必然结果。

4.项目质量控制系统的特点

如前所述，建设工程项目质量控制系统是面向对象而建立的质量控制工作体系，它和建筑企业或其他组织机构按照标准建立的质量管理体系，有如下区别。

（1）建立的目的不同。建设工程项目质量控制系统只用于特定的建设工程项目质量控制，而不是用于建筑企业或组织的质量管理。

（2）服务的范围不同。建设工程项目质量控制系统涉及建设工程项目实施过程中的所有质量责任主体，而不只是某一个承包企业或组织机构。

（3）控制的目标不同。建设工程项目质量控制系统的控制目标是建设工程项目的质量标准，并非某一具体建筑企业或组织的质量管理目标。

（4）作用的时效不同。建设工程项目质量控制系统与建设工程项目管理组织系统相融合，是一次性的质量工作系统，并非永久性的质量管理体系。

（5）评价的方式不同。建设工程项目质量控制系统的有效性一般由建设工程项目管理，以令组织者进行自我评价与诊断，不需进行第三方认证。

（二）建设工程项目质量控制系统的建立

建设工程项目质量控制系统的建立，实际上就是建设工程项目质量总目标的确定和分解过程，也是建设工程项目各参与方之间质量管理关系和控制责任的确立过程。为了保证质量控制系统的科学性和有效性，必须明确系统建立的原则、内容、程序和主体。

1.建立的原则

实践经验表明，建设工程项目质量控制系统的建立，遵循以下原则对于质量目标的总体规划、分解和有效实施控制是非常重要的。

（1）分层次规划的原则

建设工程项目质量控制系统的分层次规划，是指建设工程项目管理的总组织者（建设单位或代建制项目管理企业）和承担项目实施任务的各参与单位，分别进行建设工程项目质量控制系统不同层次和范围的规划。

（2）总目标分解的原则

建设工程项目质量控制系统总目标的分解，是根据控制系统内工程项目的分解结构，将工程项目的建设标准和质量总体目标分解到各个责任主体，明示于合同条件，由各责任主体制订出相应的质量计划，确定其具体的控制方式和控制措施。

（3）质量责任制的原则

建设工程项目质量控制系统的建立，应按照建筑法和建设工程质量管理条例有关建设工程质量责任的规定，界定各方的质量责任范围和控制要求。

（4）系统有效性的原则

建设工程项目质量控制系统，应从实际出发，结合项目特点、合同结构和项目管理组织系统的构成情况，建立项目各参与方共同遵循的质量管理制度和控制措施，并形成有效的运行机制。

2. 建立的程序

工程项目质量控制系统的建立过程，一般可按以下环节依次展开工作。

（1）确立系统质量控制网络

明确系统各层面的建设工程质量控制负责人。一般应包括承担项目实施任务的项目经理（或工程负责人）、总工程师，项目监理机构的总监理工程师、专业监理工程师等，以形成明确的项目质量控制责任者的关系网络架构。

（2）制定系统质量控制制度

系统质量控制制度包括质量控制例会制度、协调制度、报告审批制度、质量验收制度和质量信息管理制度等。形成建设工程项目质量控制系统的管理文件或手册，作为承担建设工程项目实施任务各方主体共同遵循的管理依据。

（3）分析系统质量控制界面

建设工程项目质量控制系统的质量责任界面，包括静态界面和动态界面两方面。静态界面根据法律法规、合同条件、组织内部职能分工来确定。动态界面是指项目实施过程设计单位之间、施工单位之间、设计与施工单位之间的衔接配合关系及其责任划分，必须通过分析研究，才能确定管理原则与协调方式。

（4）编制系统质量控制计划

建设工程项目管理总组织者，负责主持编制建设工程项目总质量计划，根据质量控制系统的要求，部署各质量责任主体编制与其承担任务范围相符的质量计划，按规定程序完成质量计划的审批，并将其作为实施自身工程质量控制的依据。

3. 建立的主体

按照建设工程项目质量控制系统的性质、范围和主体的构成，一般情况下其质量控制系统应由建设单位或建设工程项目总承包企业的工程项目管理机构负责建立。在分阶段依次对勘察、设计、施工、安装等任务进行分别招标发包的情况下，通常应由建设单位或其委托的建设工程项目管理企业负责建立，各承包企业根据建设工程项目质量控制系统的要求，建立隶属于建设工程项目质量控制系统的设计项目、施工项目、采购供应项目等质量控制子系统（可称相应的质量保证体系），以具体实施其质量责任范围内的质量管理和目标控制。

（三）建设工程项目质量控制系统的运行

建设工程项目质量控制系统的建立，为建设工程项目的质量控制提供了组织制度方面的保证。建设工程项目质量控制系统的运行，实质上就是系统功能的发挥过程，也是质量活动职能和效果的控制过程。然而，质量控制系统要能有效地运行，还有赖于系统内部的运行环境和运行机制的完善。

1.运行环境

建设工程项目质量控制系统的运行环境，主要是指以下几方面。

（1）建设工程的合同结构

建设工程合同是联系建设工程项目各参与方的纽带，只有在建设工程项目合同结构合理、质量标准和责任条款明确，并严格进行履约管理的条件下，质量控制系统的运行才能成为各方的自觉行动。

（2）质量管理的资源配置

质量管理的资源配置包括专职的工程技术人员和质量管理人员的配置，以及实施技术管理和质量管理所必需的设备、设施、器具、软件等物质资源的配置。人员和资源的合理配置是质量控制系统得以运行的基础条件。

（3）质量管理的组织制度

建设工程项目质量控制系统内部的各项管理制度和程序性文件的建立，为质量控制系统各个环节的运行，提供必要的行动指南、行为准则和评价基准的依据，是系统有序运行的基本保证。

2.运行机制

建设工程项目质量控制系统的运行机制，是由一系列质量管理制度安排所形成的内在能力。运行机制是质量控制系统的生命，机制缺陷是造成系统运行无序、失效和失控的重要原因。因此，在系统内部的管理制度设计时，必须予以高度的重视，防止重要管理制度缺失、制度本身存在缺陷、制度之间有矛盾等现象出现，才能为系统的运行注入动力机制、约束机制、反馈机制和持续改进机制。

（1）动力机制

动力机制是建设工程项目质量控制系统运行的核心机制，它来源于公正、公开、公平的竞争机制和利益机制的制度设计或安排。这是因为建设工程项目的实施过程是由多主体参与的价值增值链，只有保持供方及分供方等各方关系良好，才能形成合力，这是建设工程项目成功的重要保证。

（2）约束机制

没有约束机制的控制系统是无法使工程质量处于受控状态的，约束机制取决于各主体内部的自我约束能力和外部的监控效力。约束能力表现为组织及个人的经营理念、质量意识、职业道德及技术能力的发挥；监控效力取决于建设工程项目实施主体外部对质量工作的推动和检查监督。两者相辅相成，构成了质量控制过程的制衡关系。

（3）反馈机制

运行的状态和结果的信息反馈是对质量控制系统的能力和运行效果进行评价，并及时为处置提供决策依据。因此，必须有相关的制度安排，保证质量信息反馈及时和准确，保持质量管理者深入生产第一线，掌握第一手资料，才能形成有效的质量信息反馈机制。

（4）持续改进机制

在建设工程项目实施的各个阶段，不同的层面、不同的范围和不同的主体间，应用PDCA循环原理，即计划、实施、检查和处置的方式展开质量控制，同时必须注重控制点的设置，加强重点控制和例外控制，并不断寻求改进机会、研究改进措施，这样才能保证建设工程项目质量控制系统不断完善和持续改进，从而不断提高质量控制能力和控制水平。

三、建设工程项目施工质量控制

建设工程项目的施工质量控制，有两个方面的含义：一是指建设工程项目施工承包企业的施工质量控制，包括总包的、分包的、综合的和专业的施工质量控制；二是指广义的施工阶段建设工程项目质量控制，即除承包方的施工质量控制外，还包括业主的、设计单位、监理单位以及政府质量监督机构，在施工阶段对建设工程项目施工质量所实施的监督管理和控制。因此，从建设工程项目管理的角度来说，应全面理解施工质量控制的内涵，并掌握建设工程项目施工阶段质量控制任务目标与控制方式、施工质量计划的编制、施工生产要素和作业过程的质量控制方法，熟悉施工质量控制的主要途径。

（一）掌握施工阶段质量控制的目标

1.施工阶段质量控制的任务目标

建设工程项目施工质量的总目标，是实现由建设工程项目决策、设计文件和施工合同所决定的预期使用功能和质量标准。尽管建设单位、设计单位、施工单位、供货单位和监理机构等，在施工阶段质量控制的地位和任务目标不同，但从建设工程项目管理的角度来说，都是致力于实现建设工程项目的质量总目标，因此施工质量控制目标以及建筑工程施工质量验收依据，可具体表述如下。

（1）建设单位的控制目标

建设单位在施工阶段，通过对施工全过程、全面的质量监督管理、协调和决策，保证竣工项目达到投资决策所确定的质量标准。

（2）设计单位的控制目标

设计单位在施工阶段，通过对关键部位和重要施工项目施工质量验收签证、设计变更控制及解决施工中所发现的设计问题，采纳变更设计的合理化建议等，保证竣工项目的各项施工结果与设计文件（包括变更文件）所规定的质量标准相一致。

（3）施工单位的控制目标

施工单位包括职工总包和分包单位两方面，作为建设工程产品的生产者和经营者，应根据施工合同的任务范围和质量要求，通过全过程、全面的施工质量自控，保证最终能交付满足施工合同及设计文件所规定质量标准的建设工程产品。我国《建设工程质量管理条例》规定，施工单位对建设工程的施工质量负责；分包单位应当按照分包合同的约定对其分包工程的质量向总承包单位负责，总承包单位与分包单位对分包工程的质量承担连带责任。

（4）供货单位的控制目标

建筑材料、设备、构配件等供应厂商，应按照采购供货合同约定的质量标准提供货物及其质量保证、检验试验单据、产品规格和使用说明书，以及其他必要的数据和资料，并对其产品的质量负责。

（5）监理单位的控制目标

建设工程监理单位在施工阶段，通过审核施工质量文件、报告报表及采取现场旁站、巡视、平行检测等形式进行施工过程质量监理，并应用施工指令和结算支付控制等手段，监控施工承包单位的质量活动行为、协调施工关系，正确履行对工程施工质量的监督责任，以保证工程质量达到施工合同和设计文件所规定的质量标准。我国《建筑法》规定，建设工程监理人员认为工程施工不符合工程设计要求、施工技术标准和合同约定的，有权要求建筑施工企业改正。

2.施工阶段质量控制的方式

在长期建设工程施工实践中，施工质量控制的基本方式可以概括为自主控制与监督控制相结合的方式、事前预控与事中控制相结合的方式、动态跟踪与纠偏控制相结合的方式，以及这些方式的综合运用。

（二）施工质量计划的编制方法

1.施工质量计划的编制主体和范围

施工质量计划应由自控主体即施工承包企业进行编制。在平行承发包方式下，各承包单位应分别编制施工质量计划；在总分包模式下，施工总承包单位应编制总承包工程范围的施工质量计划，各分包单位编制相应分包范围的施工质量计划，将其作为施工总承包方质量计划的深化和组成部分。施工总承包方有责任对各分包施工质量计划的编制进行指导和审核，并承担相应施工质量的连带责任。

施工质量计划编制的范围，从工程项目质量控制的要求来说，应与建筑安装工程施工任务的实施范围相一致，以此保证整个项目建筑安装工程的施工质量总体受控；对具体施工任务承包单位而言，施工质量计划的编制范围，应能满足其履行工程承包合同质量责任的要求。建设工程项目的施工质量计划，应在施工程序、控制组织、控制措施、控制方式等方面，形成一个有机的质量计划系统，确保在项目质量总目标和各分解目标方面具备控制能力。

2.施工质量计划的审批程序与执行

施工单位的项目施工质量计划或施工组织设计文件编成后应按照工程施工管理程

序进行审批，施工质量计划的审批程序与执行包括施工企业内部的审批和项目监理机构的审查。

（1）企业内部的审批

施工单位的项目施工质量计划或施工组织设计的编制与审批，应根据企业质量管理程序性文件规定的权限和流程进行。通常由项目经理部主持编制，报企业组织管理层批准，并报送项目监理机构核准确认。

施工质量计划或施工组织设计文件的审批过程，是施工企业自主技术决策和管理决策的过程，也是发挥企业职能部门与施工项目管理团队智慧的过程。

（2）监理工程师的审查

实施工程监理的施工项目时，按照我国建设工程监理规范的规定，施工承包单位必须填写《施工组织设计（方案）报审表》并附施工组织设计（方案），报送项目监理机构审查。相关规范规定，项目监理机构在工程开工前，总监理工程师应组织专业监理工程师审查承包单位报送的施工组织设计（方案）报审表，提出意见，经总监理工程师审核、签认后报建设单位。

（3）审批关系的处理原则

正确执行施工质量计划的审批程序，是正确理解工程质量目标和要求，保证施工部署技术工艺方案和组织管理措施的合理性、先进性及经济性的重要环节，也是进行施工质量事前预控的重要方法。因此在执行审批程序时，必须正确处理施工企业内部审批和监理工程师审批的关系，其基本原则如下。

①充分发挥质量自控主体和监控主体的共同作用，在坚持项目质量标准和质量控制能力的前提下，正确处理承包人利益和项目利益之间的关系；施工企业内部的审批应从履行工程承包合同的角度出发，审查实现合同质量目标的合理性和可行性，以项目质量计划取得发包方的信任。

②施工质量计划在审批过程中，对监理工程师审查所提出的建议、希望、要求等意见是否采纳以及采纳的程度，应由负责质量计划编制的施工单位自主决定。在满足合同和相关法规要求前提下，对质量计划进行调整、修改和优化，并承担相应执行结果的责任。

③经过按规定程序审查批准的施工质量计划，在实施过程中如因条件变化需要对某些重要决定进行修改时，其修改内容仍应按照相应程序经过审批后方可执行。

3.施工质量控制点的设置与实施

（1）质量控制点的设置

施工质量控制点的设置，是根据工程项目施工管理的基本程序，结合项目特点，在制订项目总体质量计划后，列出各基本施工过程对局部和总体质量水平有影响的项目，作为具体实施的质量控制点。如高层建筑施工质量管理中，基坑支护与地基处理、工程测量与沉降观测、大体积钢筋混凝土施工、工程的防排水、钢结构的制作、焊接及检测、大型设备吊装及有关分部分项工程中必须进行重点控制的内容或部位，可列为质量控制点。

通过质量控制点的设定，质量控制的目标及工作重点就能更加明晰，事前质量预控的措施也就更加明确。施工质量控制点的事前质量预控工作包括：明确质量控制的目标与控制参数；制定技术规程和控制措施，如施工操作规程及质量检测评定标准；确定质量检查检验方式及抽样的数量与方法；明确检查结果的判断标准、质量记录与信息反馈要求等。

（2）质量控制点的实施

施工质量控制点的实施主要通过控制点的动态设置和动态跟踪管理来实现。所谓动态设置，是指一般情况下在工程开工前、设计交底和图纸会审时，可确定一批整个项目的质量控制点，随着工程的展开、施工条件的变化，随时或定期进行控制点范围的调整和更新。动态跟踪是应用动态控制原理，落实专人负责跟踪和记录控制点质量控制的状态及效果，并及时向项目管理组织的高层管理者反馈质量控制信息，以保持施工质量控制点的受控状态。

（三）施工生产要素的质量控制

施工生产要素是施工质量形成的物质基础，其质量的含义包括：作为劳动主体的施工人员，即直接参与施工的管理者、作业者的素质及其组织效果；作为劳动对象的建筑材料、半成品、工程用品、设备等的质量；作为劳动方法的施工工艺及技术措施的水平；作为劳动手段的施工机械、设备、工具、模具等的技术性能；施工环境，包括现场水文、地质、气象等自然环境，通风、照明、安全等作业环境以及协调配合的管理环境。

1.劳动主体的控制

施工生产要素的质量控制中的劳动主体的控制，包括工程各类参与人员的生产技能、文化素养、生理体能、心理行为等方面的个体素质及经过合理组织充分发挥其潜在能力的群体素质。因此，企业应通过择优录用、加强思想教育及技能方面的教育培训，合理组织、严格考核，并辅以必要的激励机制，使企业员工的潜在能力得到充分发挥，从而保证劳动主体能在质量控制系统中发挥主体自控作用。施工企业必须坚持对所选派的项目领导者、管理者进行质量意识教育和组织管理能力训练；坚持对分包商进行资质考核，对施工人员进行资格考核；坚持各工种按规定持证上岗制度。

2.劳动对象的控制

原材料、半成品及设备是构成工程实体的基础，其质量是工程项目实体质量的组成部分。因此加强原材料、半成品及设备的质量控制，不仅是保证工程质量的必要条件，也是实现工程项目投资目标和进度目标的前提。要优先采用节能降耗的新型建筑材料，禁止使用国家明令淘汰的建筑材料。

对原材料、半成品及设备进行质量控制的主要内容为：控制材料设备性能、标准与设计文件的相符性；控制材料设备各项技术性能指标、检验测试指标与标准要求的相符性；控制材料设备进场验收程序及质量文件资料的齐全程度。

施工企业应在施工过程中贯彻执行企业质量程序文件中材料设备在封样、采购、进场检验、抽样检测及质保资料提交等方面一系列明确规定的控制标准。

3.施工工艺的控制

施工工艺的衔接合理与否是直接影响工程质量、工程进度及工程造价的关键因素，施工工艺的合理可靠与否也直接影响到工程施工的安全。因此，在工程项目质量控制系统中，制订和采用先进、合理、可靠的施工技术工艺方案，是工程质量控制的重要环节。对施工方案的质量控制主要包括以下内容。

（1）全面正确地分析工程特征、技术关键及环境条件等资料，明确质量目标、验收标准、控制点的重点和难点。

（2）制订合理有效的有针对性的施工技术方案和组织方案，施工技术方案包括施工工艺、施工方法，施工组织方案包括施工区段划分、施工流向及劳动组织等。

（3）合理选用施工机械设备和施工临时设施，合理布置施工总平面图和各阶段施工平面图。

（4）选用和设计保证质量与安全的模具、脚手架等施工设备。

（5）编制工程所采用的新材料、新技术、新工艺的专项技术方案和质量管理方案。

4.施工设备的控制

（1）对施工所用的机械设备，包括起重设备、各项加工机械、专项技术设备、检查测量仪表设备及人货两用电梯等，应根据工程需要从设备选型、主要性能参数及使用操作要求等方面加以控制。

（2）对施工方案中选用的模板、脚手架等施工设备，除按适用的标准定型选用外，一般需按设计及施工要求进行专项设计，对其设计方案及制作质量的控制及验收应作为重点。

（3）按现行施工管理制度要求，工程所用的施工机械、模板、脚手架，特别是危险性较大的现场安装的起重机械设备，不仅要对其设计安装方案进行审批，而且安装完毕交付使用前必须经专业管理部门的验收，合格后方可使用。同时，在使用过程中尚需落实相应的管理制度，以确保其安全正常使用。

5.施工环境的控制

环境因素主要包括地质水文状况、气象变化及其他不可抗力因素，以及施工现场的通风、照明、安全卫生防护设施等劳动作业环境等内容。环境因素对工程施工的影响一般难以避免，要消除其对施工质量的不利影响，主要是采取预测预防的控制方法。

（1）对地质水文等方面的影响因素的控制，应根据设计要求，分析基地地质资料，预测不利因素，并会同设计等采取相应的措施，如采取降水排水加固等技术控制方案。

（2）对气象方面的不利条件，应制订专项施工方案，明确施工措施，落实人员、器材等方面的各项准备工作以紧急应对，从而减轻其对施工质量的不利影响。

（3）环境因素造成的施工中断，往往也会对工程质量造成不利影响，必须通过加强管理、调整计划等措施，加以控制。

（四）施工阶段质量控制的主要途径

对于建设工程项目的施工质量，分别通过事前预控、事中控制和事后控制的相关途径进行控制。因此，施工质量控制的途径包括事前预控途径、事中控制途径和事后控制途径三方面。

1.施工质量的事前预控途径

（1）施工条件的调查和分析

施工条件包括合同条件、法规条件和现场条件，应做好施工条件的调查和分析，以发挥其重要的质量预控作用。

（2）施工图纸会审和设计交底

理解设计意图和对施工的要求，明确质量控制的重点、要点和难点，消除施工图纸的差错等。因此，严格进行图纸会审和设计交底，具有重要的事前预控作用。

（3）施工组织设计文件的编制与审查

施工组织设计文件是直接指导现场施工作业技术活动和管理工作的纲领性文件。工程项目施工组织设计是以施工技术方案为核心，通盘考虑施工程序、施工质量、进度、成本和安全目标的要求。科学合理的施工组织设计对于有效配置合格的施工生产要素，规范施工作业技术活动行为和管理行为，将起到重要的导向作用。

（4）工程测量定位和标高基准点的控制

施工单位必须按照设计文件所确定的工程测量的任务来定位及标高的引测依据，建立工程测量基准点，自行做好技术复核，并报告项目监理机构进行监督检查。

（5）施工分包单位的选择和资质的审查

对分包商资格与能力的控制是保证工程施工质量的重要方面。确定分包内容、选择分包单位及分包方式既直接关系到施工总承包方的利益和风险，更关系到建设工程质量问题。因此，施工总承包企业必须有健全有效的分包选择程序，同时按照我国现行法规的规定，在订立分包合同前，施工单位必须将所联络的分包商情况，报送项目监理机构进行资格审查。

（6）材料设备和部品采购质量控制

建筑材料、构配件、部品和设备是直接构成工程实体的物质，应从施工备料开始进行控制，包括对供货厂商的评审、询价、采购计划与方式的控制等。因此，施工承包单位必须有健全有效的采购控制程序，同时按照我国现行法规规定，主要材料设备采购前必须将采购计划报送工程监理机构审查，以实施采购质量预控。

（7）施工机械设备及工器具的配置与性能控制

施工机械设备、设施、工器具等施工生产手段的配置及其性能，对施工质量、安全、进度和施工成本会产生重要影响，应在施工组织设计过程中根据施工方案的要求来确定，施工组织设计批准之后应对其落实的状态进行检查控制，以保证技术预案的质量能力。

2.施工质量的事中控制途径

建设项目施工过程质量控制是最基本的控制途径，因此必须抓好与作业工序质量形成相关的配套技术与管理工作，其主要途径如下。

（1）施工技术复核。施工技术复核是施工过程中保证各项技术基准正确性的重要措施，凡属轴线、标高、配方、样板、加工图等用作施工依据的技术工作，都要进行严格复核。

（2）施工计量管理。施工计量管理包括投料计量、检测计量等，其正确性与可靠性直接关系到工程质量的形成和客观效果的评价。因此，施工全过程必须对计量人员资格、计量程序和计量器具的准确性进行控制。

（3）见证取样送检。为了保证工程质量，我国规定对工程使用的主要材料、半

成品、构配件以及施工过程留置的试块、试件等实行现场见证取样送检。见证员由建设单位及工程监理机构中有相关专业知识的人员担任，送检的实验室应具备国家或地方工程检测主管部门批准的相关资质，见证取样送检必须严格按照规定的程序进行，包括取样见证并记录、样本编号、填单、封箱，送实验室核对、交接、试验检测、出具报告。

（4）技术核定和设计变更。在工程项目施工过程中，因施工方对图纸的某些要求不甚明白，或者是图纸内部的某些矛盾，或施工配料调整与代用、改变建筑节点构造、管线位置或走向等，需要通过设计单位明确或确认的，施工方必须以技术联系单的方式向业主或监理工程师提出，并报送设计单位核准确认。在施工期间无论是建设单位、设计单位或施工单位提出，需要进行局部设计变更的内容，都必须按规定程序用书面方式进行变更。

（5）隐蔽工程验收。所谓隐蔽工程，是指上一道工序的施工成果要被下一道工序所覆盖，如地基与基础工程、钢筋工程、预埋管线等。施工过程中，总监理工程师应安排监理人员对施工过程进行巡视和检查，对隐蔽工程、下道工序施工完成后难以检查的重点部位，专业监理工程师应安排监理员进行旁站，对施工过程中出现的质量缺陷，专业监理工程师应及时下达监理工程师通知，要求承包单位整改并检查整改结果。工程项目的重点部位、关键工序应由项目监理机构与承包单位协商后共同确认。监理工程师应从巡视、检查、旁站监督等方面对工序工程质量进行严格控制。加强隐蔽工程质量验收，是施工质量控制的重要环节。其要求施工方应先完成自检并合格，

然后填写专用的“隐蔽工程验收单”，验收的内容应与已完成的隐蔽工程实物相一致，事先通知监理机构及有关方面，按约定时间进行验收。验收合格的工程由各方共同签署验收记录。验收不合格的隐蔽工程，应按验收意见进行整改后重新验收。严格落实隐蔽工程验收的程序和记录，对于预防工程质量隐患，提供可追溯的质量记录具有重要作用。

（6）其他。在长期的施工管理实践过程中形成的质量控制途径和方法，如批量施工前应做样板示范、现场施工技术质量例会、质量控制资料管理等，也是施工过程质量控制的重要工作途径。

3.施工质量的事后控制途径

施工质量的事后控制，主要是进行已完工的成品保护、质量验收和对不合格处施工的处理，以保证最终验收的建设工程质量。

（1）已完工程成品保护，目的是避免已完工成品受到来自后续施工以及其他方面的污染或损坏。其成品保护问题和措施，在施工组织设计与计划阶段就应该从施工顺序上进行考虑，防止施工顺序不当或交叉作业造成相互干扰、污染和损坏问题，成品形成后可采取防护、覆盖、封闭、包裹等相应措施来进行保护。

（2）施工质量检查验收作为事后质量控制的途径，应严格按照施工质量验收统一标准规定的质量验收划分，从施工顺序作业开始，依次做好检验批、分项工程、分部工程及单位工程的施工质量验收。通过多层次的设防把关、严格验收，控制建设工程项目的质量。

四、建设工程项目质量验收

建设工程项目质量验收是对已完工程实体的内在及外观施工质量，按规定程序检查后，确认其是否符合设计及各项验收标准的要求，是否可交付使用的一个重要环节。正确地进行工程项目质量的检查评定和验收，是保证工程质量的重要手段。

（一）施工过程质量验收

1.施工过程质量验收的内容

对涉及人民生命财产安全、人身健康、环境保护和公共利益的内容以强制性条文作出规定，要求必须坚决、严格地遵照执行。

检验批和分项工程是质量验收的基本单元；分部工程是在所含全部分项工程验收的基础上进行验收，在施工过程中随完工随验收，并留下完整的质量验收记录和资料；单位工程作为具有独立使用功能的完整的建筑产品，须进行竣工质量验收。

（1）检验批

所谓检验批，是指按同一生产条件或按规定的方式汇总起来供检验用的，由一定数量样本组成的检验体。检验批是工程验收的最小单位，是分项工程乃至整个建筑工程质量验收的基础。其应由监理工程师（建设单位项目技术负责人）组织施工单位项目专业质量（技术）负责人等进行验收。

（2）分项工程质量验收

分项工程应由监理工程师（建设单位项目技术负责人）组织施工单位项目专业质量（技术）负责人进行验收。

（3）分部工程质量验收

分部工程应由总监理工程师（建设单位项目负责人）组织施工单位项目负责人和技术、质量负责人等进行验收；地基与基础、主体结构分部工程的勘察、设计单位工程项目负责人和施工单位技术、质量部门负责人也应参加相关分部工程验收。

2.对于施工过程中质量验收不合格项的处理

施工过程的质量验收以检验批的施工质量为基本验收单元。检验批质量不合格可能是因为使用的材料、施工作业质量不合格或质量控制资料不完整等，其处理方法如下。

（1）在检验批验收时，对存有严重缺陷项应推倒重来，一般的缺陷通过翻修或更换器具、设备予以克服后重新进行验收。

（2）个别检验批发现试块强度等不满足要求难以确定是否验收时，应请有资质的法定检测单位进行检测鉴定，当鉴定结果能够达到设计要求时，应予以验收。

（3）对于检测鉴定达不到设计要求，但经原设计单位核算仍能满足结构安全和使用功能的检验批，可予以验收。

（4）严重质量缺陷或超过检验批范围内的缺陷，经法定检测单位检测鉴定，认为不能满足最低限度的安全储备和使用功能时，必须进行加固处理，虽然会改变外形尺寸，但能满足安全使用要求的，可按技术处理方案和协商文件进行验收，责任方应承担经济责任。

（5）对于经过返修或加固处理后仍不能满足安全使用要求的分部工程、单位（子单位）工程，严禁验收。

（二）建设工程项目竣工质量验收

建设工程项目竣工验收有两层含义：一是指承发包单位之间进行的工程竣工验收，也称工程交工验收；二是指建设工程项目的竣工验收。两者在验收范围、依据、时间、方式、程序、组织和权限等方面存在不同。

1.竣工工程质量验收的依据

（1）工程施工承包合同。

（2）工程施工图纸。

（3）工程施工质量验收统一标准。

（4）专业工程施工质量验收规范。

（5）建设法律、法规、管理标准和技术标准。

2.竣工工程质量验收的要求

（1）建筑工程施工质量应符合相关专业验收规范的规定。

（2）建筑工程施工应符合工程勘察、设计文件的要求。

（3）参加工程施工质量验收的各方人员应具备规定的资格。

（4）工程质量的验收均应在施工单位自行检查评定的基础上进行。

（5）隐蔽工程在隐蔽前应由施工单位通知有关单位进行验收，并应形成验收文件。

（6）涉及结构安全的试块、试件以及有关材料，应按规定进行见证取样检测。

（7）检验批的质量应按主控项目和一般项目验收。

（8）对涉及结构安全和使用功能的重要分部工程应进行抽样检测。

（9）承担见证取样检测及有关结构安全检测的单位应具有相应资质。

（10）工程的观感质量应由验收人员通过现场检查，并应共同确认。

3.竣工质量验收的标准

（1）单位（子单位）工程所含分部（子分部）工程质量验收均应合格。

（2）质量控制资料应完整。

（3）单位（子单位）工程所含分部工程有关安全和功能的检验资料应完整。

（4）主要功能项目的抽查结果应符合相关专业质量验收规范的规定。

（5）观感质量验收应符合规定。

4.竣工质量验收的程序

建设工程项目竣工验收，可分为竣工验收准备、初步验收和正式竣工验收三个环节。整个验收过程必须按照工程项目质量控制系统的职能分工，以监理工程师为核心进行竣工验收的组织协调。

（1）竣工验收准备

施工单位按照合同规定的施工范围和质量标准完成施工任务，经质量自检并合格后，向现场监理机构（或建设单位）提交工程竣工申请报告，要求组织工程竣工验收。

（2）初步验收

监理机构收到施工单位的工程竣工申请报告后，应就验收的准备情况和验收条件进行检查，应就工程实体质量及档案资料存在的缺陷及时提出整改意见，并与施工单位协商整改清单，确定整改要求和完成时间。由施工单位向建设单位提交工程竣工验收报告，申请建设工程竣工验收应具备下列条件：①完成建设工程设计和合同约定的各项内容。②有完整的技术档案和施工管理资料。③有工程使用的主要建筑材料、构配件和设备的进场试验报告。④有工程勘察、设计、施工、工程监理等单位分别签署的质量合格文件。⑤有施工单位签署的工程保修书。

（3）正式竣工验收

建设单位、质量监督机构与竣工验收小组成员单位不是一个层次的。

建设单位应在工程竣工验收前7个工作日将验收时间、地点、验收组名单告知该工程的工程质量监督机构。建设单位组织竣工验收会议。正式验收过程的主要工作如下：①建设、勘察、设计、施工、监理单位分别汇报工程合同履约情况及工程施工各环节满足设计要求，质量符合法律、法规和强制性标准的情况。②检查审核设计、勘察、施工、监理单位的工程档案资料及质量验收资料。③实地检查工程外观质量，对工程的使用功能进行抽查。④对工程施工质量管理各环节工作、工程实体质量及质保资料情况进行全面评价，形成经验收组人员共同确认签署的工程竣工验收意见。⑤竣工验收合格，建设单位应及时提出工程竣工验收报告。验收报告还应附有工程施工许可证、设计文件审查意见、质量检测功能性试验资料、工程质量保修书等法规所规定的文件。⑥工程质量监督机构应对工程竣工验收工作进行监督。

（三）工程竣工验收备案

我国实行建设工程竣工验收备案制度。新建、扩建和改建的各类水利工程的竣工验收，均应按《建设工程质量管理条例》规定进行备案。

（1）建设单位应当自建设工程竣工验收合格之日起15日内，将建设工程竣工验收报告和规划、公安消防及环保等部门出具的认可文件或准许使用文件，报建设行政主管部门或其他相关部门备案。

（2）备案部门在收到备案文件资料后的15日内，对文件资料进行审查，符合要求的工程，在验收备案表上加盖“竣工验收备案专用章”，并将其中一份退建设单位存档。如在审查中发现建设单位在竣工验收过程中，有违反国家有关建设工程质量管理规定行为的，责令停止使用，并重新组织竣工验收。

（3）建设单位有下列行为之一的，责令改正，并处以工程合同价款2%～4%的罚款；造成损失的依法承担赔偿责任：①未组织竣工验收，擅自交付使用的。②验收不合格，擅自交付使用的。③对不合格的建设工程按照合格工程验收的。

五、建设工程项目质量的政府监督

为加强对建设工程质量的管理，我国《建筑法》及《建设工程质量管理条例》明确政府行政主管部门须设立专门机构对建设工程质量行使监督职能，其目的是保证建设工程质量、建设工程的使用安全及环境质量。国务院建设行政主管部门对全国建设工程质量实行统一监督管理，国务院铁路、交通、水利等有关部门按照规定的职责分工，负责对全国有关专业建设工程质量的监督管理。

（一）建设工程项目质量政府监督的职能

1.监督职能的内容

（1）监督检查施工现场工程建设参与各方主体的质量行为。

（2）监督检查工程实体的施工质量。

（3）监督工程质量验收。

2.政府监督职能的权限

政府质量监督的权限包括以下几项。

（1）要求被检查的单位提供有关工程质量的文件和其他资料。

（2）进入被检查单位的施工现场进行检查。

（3）发现存在影响工程质量的问题时，责令改正。

建设工程质量监督管理，由建设行政主管部门或者委托的建设工程质量监督机构具体实施。

（二）建设工程项目质量政府监督的内容

1.受理质量监督申报

在工程项目开工前，政府质量监督机构在受理建设工程质量监督的申报手续时，对建设单位提供的文件资料进行审查，审查合格后签发有关质量监督文件。

2.开工前的质量监督

开工前召开项目参与各方共同参加的首次监督会议，公布监督方案，提出监督要求，并进行第一次监督检查。监督检查的主要内容为工程项目质量控制系统及各施工方的质量保证体系是否已经建立，以及完善的程度。

3.施工期间的质量监督

（1）在建设工程施工期间，质量监督机构按照监督方案对工程项目施工情况进行不定期的检查。其中在基础和结构阶段每月安排监督检查，检查内容为工程参与各方的质量行为及质量责任制的履行情况、工程实体质量和质保资料的状况。

（2）对建设工程项目结构主要部位（如桩基、基础、主体结构），除了常规检查外，还要在分部工程验收时，要求建设单位将施工、设计、监理、建设方分别签字的质量验收证明在验收后3天内报监督机构备案。

（3）对施工过程中发生的质量问题、质量事故进行查处；根据质量检查情况对查实的问题签发质量问题整改通知单或局部暂停施工指令单，对问题严重的单位也可根据问题情况发出临时收缴资质证书通知书等处理意见。

4.竣工阶段的质量监督

政府建设工程质量监督机构按规定对工程竣工验收备案工作实施监督。

（1）做好竣工验收前的质量复查。对质量监督检查中提出质量问题的整改情况进行复查，了解其整改情况。

（2）参与竣工验收会议。对竣工工程的质量验收程序、验收组织与方法、验收过程等进行监督。

（3）编制单位工程质量监督报告。将工程质量监督报告作为竣工验收资料的组成部分提交竣工验收备案部门。

（4）建立建设工程质量监督档案。建设工程质量监督档案按单位工程建立，要求归档及时，资料记录等各类文件齐全，经监督机构负责人签字后归档，按规定年限保存。

第二节　水利工程施工成本控制

一、施工成本管理的任务与措施

（一）施工成本管理的任务

施工成本是指在建设工程项目的施工过程中所发生的全部生产费用的总和，包括消耗的原材料、辅助材料、构配件等费用，周转材料的摊销费或租赁费，施工机械的使用费或租赁费，支付给生产工人的工资、资金、工资性质的津贴等，以及进行施工组织与管理所发生的全部费用支出。建设工程项目施工成本由直接成本和间接成本组成。

直接成本是指施工过程中耗费的构成工程实体或有助于工程实体形成的各项费用支出，是可以直接计入工程对象的费用，包括人工费、材料费、施工机械使用费和施工措施费等。

间接成本是指为施工准备、组织和管理施工生产的全部费用的支出，是非直接使用也无法直接计入工程对象，但为进行工程施工所必须发生的费用，包括管理人员工资、办公费、差旅费等。

施工成本管理就是要在保证工期和质量满足要求的情况下，采取相应管理措施（包括组织措施、经济措施、技术措施和合同措施），把成本控制在计划范围内，并进一步寻求最大程度地成本节约。

施工成本管理的每一个环节都是相互联系和相互作用的。成本预测是成本决策的前提，成本计划是成本决策所确定目标的具体化。成本计划控制则是对成本计划的实施进行控制和监督，保证决策的成本目标的实现，而成本核算又是对成本计划是否实现的最后检验，它所提供的成本信息又为下一个施工项目的成本预测和决策提供基础资料。成本考核是实现成本目标责任制和决策目标的重要手段。

（二）施工成本管理的措施

为了取得施工成本管理的理想成效，应当从多方面采取措施实施管理，通常可以将这些措施归纳为组织措施、技术措施、经济措施和合同措施。

1.组织措施

组织措施是从施工成本管理的组织方面采取的措施。施工成本控制是全员的活动，如实行项目经理责任制，落实施工成本管理的组织机构和人员，明确各级施工成本管理人员的任务和职能分工、权利和责任。施工成本管理不仅是专业成本管理人员的工作，各级项目管理人员也都负有成本控制责任。

组织措施也是编制施工成本控制工作计划、确定合理详细的工作流程。要做好施工采购规划，通过生产要素的优化配置，有效控制实际成本；加强施工定额管理和任务单管理，控制活劳动和物化劳动的消耗；加强施工调度，避免因施工计划不周和盲目调度造成窝工损失、机械利用率降低、物料积压等，从而使施工成本增加；成本控制工作只有建立在科学管理的基础之上，具备合理的管理体制，完善的规章制度，稳定的作业秩序，完整准确的信息传递，才能取得成效。组织措施是其他各类措施的前提和保证，而且一般不需要增加相关费用，运用得当即可以取得良好的效果。

2.技术措施

技术措施不仅对解决施工成本管理过程中的技术问题是不可缺少的，而且对纠正施工成本管理目标偏差也有相当重要的作用。运用技术纠偏措施的关键有两方面，一是要能提出多个不同的技术方案，二是要对不同的技术方案进行技术经济分析。

施工过程中降低成本的技术措施，包括进行技术经济分析，确定最佳的施工方案。结合施工方法，进行材料使用的比选，在满足功能要求的前提下，通过迭代、改变配合比、使用添加剂等方法降低材料消耗的费用。确定最合适的施工机械、设备的使用方案。结合项目的施工组织设计及自然地理条件，降低材料的库存成本和运输成本。运用先进的施工技术、新材料、新开发机械设备。在实践中，也要避免仅从技术角度选定方案而忽略对其经济效果的分析论证。

3.经济措施

经济措施是最易为人们所接受和采取的措施。管理人员应编制资金使用计划，确定、分解施工成本管理目标。对施工成本管理目标进行风险分析，并制定防范性对策。对各项支出，应认真做好资金的使用计划，并在施工中严格控制各项开支。及时准确地记录、收集、整理、核算实际发生的成本。对于各种变更，要及时做好增减账，及时落实业主签证，及时结算工资款。通过偏差分析和未完工工程预测，可发现一些将引起未完工程施工成本增加的潜在问题，对于这些问题，应以主动控制为出发点，及时采取预防措施。由此可见，经济措施的运用绝不仅仅是财务人员的事情。

4.合同措施

采取合同措施控制施工成本，应贯穿整个合同周期，包括从合同谈判开始到合同终止的全过程。首先，选用合适的合同结构，对各种合同结构模式进行分析、比较，在合同谈判时，要争取选用适合于工程规模、性质和特点的合同结构模式。其次，在合同条款中应仔细考虑影响成本和效益的一切因素，特别是潜在的风险因素。识别和分析会引起成本变动的风险因素的，并采取必要的风险对策，如通过合理的方式，增加承担风险的个体数量，降低损失发生的比例，并最终使这些策略反映在合同的具体条款中。在合同执行期间，合同管理的措施既要密切关注对方合同的执行情况，以寻求合同索赔的机会，同时也要密切关注己方合同履行的情况，以避免被对方索赔。

二、施工成本计划

（一）施工成本计划的类型

对于一个施工项目而言，其成本计划的编制是一个不断深化的过程。在这一过程的不同阶段形成的深度和作用不同的成本计划，按其作用可分为以下三类。

1. 竞争性成本计划

竞争性成本计划即工程项目投标及签订合同阶段的估算成本计划。这类成本计划是以招标文件中的合同条件、投标者须知、技术规程、设计图纸或工程量清单等为依据，以有关价格条件说明为基础，结合调研和现场考察获得的情况，根据本企业的工料消耗标准、水平、价格资料和费用指标，对本企业完成招标工程所需要支出的全部费用的估算。在投标报价的过程中，虽也着力考虑降低成本的途径和措施，但总体上较为粗略。

2. 指导性成本计划

指导性成本计划即选派项目经理阶段的预算成本计划，是项目经理的责任成本目标。它是以合同标书为依据，按照企业的预算定额标准制订的设计预算成本计划，一般情况下只是确定责任总成本指标。

3. 实施性成本计划

实施性成本计划即项目施工准备阶段的施工预算成本计划，它以项目实施方案为依据，落实项目经理责任目标为出发点，采用企业的施工定额通过施工预算编制而形成的实施性施工成本计划。

施工预算和施工图预算虽仅一字之差，但区别较大，它们的区别主要有以下几方面。

（1）编制的依据不同

施工预算的编制以施工定额为主要依据，施工图预算的编制以预算定额为主要依据，而施工定额比预算定额划分得更详细、具体，并对其中所包括的内容，如质量要求、施工方法以及所需劳动工时、材料品种、规格型号等均有较详细的规定或要求。

（2）适用的范围不同

施工预算是施工企业内部管理用的一种文件，与建设单位无直接关系；施工图预算既适用于建设单位，又适用于施工单位。

（3）发挥的作用不同

施工预算是施工企业组织生产、编制施工计划、准备现场材料、签发任务书、考核功效、进行经济核算的依据，它也是施工企业改善经营管理、降低生产成本和推行内部经营承包责任制的重要手段，而施工图预算则是投标报价的主要依据。

（二）施工成本计划的编制依据

施工成本计划是施工项目成本控制的一个重要环节，是完成降低施工成本任务的指导性文件。如果针对施工项目所编制的成本计划达不到目标成本的要求，就必须组织施工项目管理班子的有关人员重新研究，以寻找降低成本的途径，并重新进行编制。同时，编制成本计划的过程也是动员全体施工项目管理人员的过程，是挖掘降低成本潜力的过程，是检验施工技术质量管理、工期管理、物资消耗和劳动力消耗管理等是否落实的过程。

编制施工成本计划，首先，需要广泛收集相关的资料并进行整理，以作为施工成本计划编制的依据。在此基础上，根据有关设计文件、工程承包合同、施工组织设计、施工成本预测资料等，按照施工项目应投入的生产要素，结合各种因素的变化和拟采取的各种措施，估算施工项目生产费用支出的总水平，进而提出施工项目的成本计划控制指标，确定目标总成本。其次，目标成本确定后，应将总目标分解落实到各个机构、班组以及便于进行控制的子项目或工序中。最后，通过综合平衡，编制完成施工成本计划。

施工成本计划的编制依据包括：

（1）投标报价文件。

（2）企业定额、施工预算。

（3）施工组织设计或施工方案。

（4）人工、材料、机械台班的市场价。

（5）企业颁布的材料指导价、企业内部机械台班价格、劳动力内部挂牌价格。

（6）周转设备内部租赁价格、摊销损耗标准。

（7）已签订的工程合同、分包合同（或估价书）。

（8）结构件外加工计划和合同。

（9）有关财务成本核算制度和财务历史资料。

（10）施工成本预测资料。

（11）拟采取的降低施工成本的措施。

（12）其他相关资料。

（三）施工成本计划的编制方法

施工成本计划的编制方法有以下三种。

1.按施工成本组成编制

建筑安装工程费用项目由分部分项工程费、措施项目费、其他项目费、规费和税金组成。

施工成本可以按成本构成分解为人工费、材料费、施工机械使用费、措施项目费和企业管理费等。

2.按施工项目组成编制

大中型工程项目通常是由若干单项工程构成的，每个单项工程又包含若干单位工程，每个单位工程又包含了若干分部分项工程。因此，应首先把项目总施工成本分解到单项工程和单位工程中，再进一步分解到分部工程和分项工程中。其次就要具体地分配成本，编制分项工程的成本支出计划，从而得到详细的成本计划表。

在编制成本支出计划时，要在项目总的方面考虑总的预备费，也要在主要的分项工程中安排适当的不可预见费，避免在具体编制成本计划时，由于某项内容工程量计算有较大出入，而使原来的成本预算失实。

3.按施工进度编制

按工程进度编制施工成本计划，通常可利用控制项目进度的网络图进一步扩充而得。在建立网络图时，一方面确定完成各项工作所需花费的时间，另一方面确定完成这一工作的合适的施工成本支出计划。在实践中，将工程项目分解为既能方便地表示时间，又能方便地表示施工成本支出计划的工作是不容易的，通常来说，如果项目分解程度对时间控制合适的话，则可能对施工成本支出计划分解过细，以至于不可能对每项工作都确定其施工成本支出计划，反之亦然。因此在编制网络计划时，应充分考虑进度控制对项目划分的要求。同时，还要考虑确定施工成本支出计划对项目划分的要求，做到二者兼顾。通过对施工成本目标按时间进行分解，在网络计划基础上，可获得项目进度计划的横道图，并在此基础上编制成本计划。其表示方式有两种：一种是在时标网络图上按月编制成本计划，另一种是利用时间一成本累积曲线（S形曲线）表示的成本计划。

以上三种编制施工成本计划的方式并不是相互独立的。在实践中，往往是将这三种方式结合起来使用，从而取得扬长避短的效果。例如，将按项目分解总施工成本与按施工成本构成分解总施工成本两种方式相结合，横向按施工成本构成分解，纵向按项目分解，或相反。这种分解方式有助于检查各分部分项工程施工成本构成是否完整，有无重复计算或漏算，同时还有助于检查各项具体施工成本支出的对象是否明确，并且可以从数字上校核分解的结果有无错误。或者还可将按子项目分解的总施工成本计划与按时间分解的总施工成本计划结合起来，一般纵向按项目分解，横向按时间分解。

三、工程变更程序和价款的确定

由于建设工程项目建设的周期长、涉及的关系复杂、受自然条件和客观因素的影响大，所以项目的实际施工情况与招标投标时的情况往往有所偏差，从而出现工程变更。工程变更包括工程量变更、工程项目的变更（如发包人提出增加或者删减原项目内容）、进度计划的变更、施工条件的变更等。如果按照变更的起因划分，变更的种类有很多，如：发包人的变更指令（包括发包人对工程有了新的要求、发包人修改项目计划、发包人消减预算、发包人对项目进度有了新的要求等）；由于设计错误，必须对设计图纸做修改；工程环境变化；由于出现了新的技术和知识，有必要改变原设计、实施方案或实施计划；法律法规或者政府对建设工程项目有了新的要求等。

（一）工程变更的控制原则

工程变更的控制原则包括以下几方面。

（1）工程变更不论是由业主单位、施工单位还是监理工程师提出，无论是何内容，工程变更指令均需由监理工程师发出，并确定工程变更的价格和条件。

（2）工程变更，要建立严格的审批制度，切实把投资控制在合理的范围内。

（3）对设计进行修改与变更（包括施工单位、业主单位和监理单位对设计的修改意见），应由现场设计单位代表邀请设计单位进行研究。设计变更必须进行工程量及造价增减分析，经设计单位同意，如突破总概算，必须经有关部门审批。严格控制施工中的设计变更，健全设计变更的审批程序，防止任意提高设计标准，改变工程规模，增加工程投资费用。设计变更经监理工程师会签后交施工单位施工。

（4）在一般的建设工程施工承包合同中均包括工程变更的条款，允许监理工程师向承包单位发布指令，要求对工程的项目、数量或质量工艺进行变更，对原标书的有关部分进行修改。

工程变更也包括监理工程师提出的“新增工程”，即原招标文件和工程量清单中没有包括的工程项目。对于这些新增工程，承包单位也必须按监理工程师的指令组织施工，工期与单价由监理工程师与承包方协商确定。

（5）由工程变更所引起的工程量的变化，都有可能使项目投资超出原来的预算，因此必须予以严格控制，密切注意其对未完工程投资支出的影响以及对工期的影响。

（6）对于施工条件的变更，往往是指未能预见的现场条件或不利的自然条件，即在施工中实际遇到的现场条件同招标文件中描述的现场条件有本质的差异，使施工单位向业主单位提出施工价款和工期的变化要求，由此引起索赔。

工程变更均会对工程质量、进度、投资产生影响，因此应做好工程变更的审批工作，合理确定变更工程的单价、价款和工期延长的期限，并由监理工程师下达变更指令。

（二）工程变更程序

工程变更程序主要包括提出工程变更、审查工程变更、编制工程变更文件及下达变更指令。工程变更文件要求包括以下内容。

（1）工程变更令。应按固定的格式填写，说明变更的理由、变更概况、变更估价及对合同价款的影响。

（2）工程量清单。填写工程变更前、后的工程量、单价和金额，并对未在合同中进行规定的方法予以说明。

（3）新的设计图纸及有关的技术标准。

（4）涉及变更的其他有关文件或资料。

（三）工程变更价款的确定

对于工程变更的项目，一种是不需确定新的单价，仍按原投标单价计付；另一种是需变更为新的单价，这主要表现为两种情况：变更项目及数量超过合同规定的范围；虽属原工程量清单的项目，但其数量超过规定范围。变更的单价及价款应由合同双方协商决定。

合同价款的变更价格是在双方协商的时间内，由承包单位提出变更价格，报监理工程师批准后调整合同价款和竣工日期。审核承包单位提出的变更价款是否合理，可参考以下原则。

（1）合同中有适用于变更工程的价格，按合同已有的价格计算变更合同价款。

（2）合同中只有类似变更情况的价格，可以此为基础，确定变更价格，变更合同价款。

（3）合同中没有适用和类似的价格，由承包单位提出适当的变更价格，监理工程师批准执行。批准变更价格，应与承包单位达成一致，否则应通过工程造价管理部门裁定。

经双方协商同意的工程变更，应有书面材料，并由双方正式委托的代表签字；涉及设计变更的，还必须有设计部门的代表签字，以此作为以后进行工程价款结算的依据。

四、建筑安装工程费用的结算

（一）建筑安装工程费用的主要结算方式

建筑安装工程费用的结算可以根据不同情况采取多种方式。

1.按月结算

先预付部分工程款，在施工过程中按月结算工程进度款，竣工后进行竣工结算。

2.竣工后一次结算

建设项目或单项工程全部建筑安装工程建设期在12个月以内，或者工程承包合同价值在100万元以下的，可以采取工程价款每月月中预支，竣工后一次结算的方式。

3.分段结算

当年开工，当年不能竣工的单项工程或单位工程按照工程进度，划分不同阶段进行结算。分段结算可以按月预支工程款。

4.结算双方约定的其他结算方式

实行竣工后一次结算和分段结算的工程，当年结算的工程款应与分年度的工作量一致，年终不另行清算。

（二）工程预付款

工程预付款是建设工程施工合同订立后由发包人按照合同约定，在正式开工前预先支付给承包人的工程款。它是施工准备和所需要材料、结构件等流动资金的主要来源，国内又习惯称之为预付备料款。工程预付款的具体事宜由发包、承包双方根据建设行政主管部门的规定，结合工程款、建设工期和包工包料情况在合同中进行约定。在《建设工程施工合同（示范文本）》中，对有关工程预付款做如此约定：实行工程预付款的，双方应当在专用条款内约定发包人向承包人预付工程款的时间和数额，开工后按约定的时间和比例逐次扣回。预付时间应不迟于约定的开工日期前7天。如果发包人不按约定预付，则承包人可在约定预付时间7天后向发包人发出要求预付的通知，发包人收到通知后仍不能按要求预付，承包人可在发出通知后7天停止施工，发包人应从约定应付之日起向承包人支付应付款的贷款利息，并承担违约责任。

工程预付款额度，各地区、各部门的规定不完全相同，主要是保证施工所需材料和构件的正常储备。一般根据施工工期、建安工作量、主要材料和构件费用占建安工作量的比例以及材料储备周期等因素经测算来确定。发包人应根据工程的特点、工期长短、市场行情、供求规律等因素，于招标时在合同条件中约定工程预付款的百分比。

工程预付款的扣回，扣款的方法有两种：从未施工工程尚需的主要材料及构件的价值相当于工程预付款数额时起扣；从每次结算工程价款中，按材料比重扣抵工程价款，竣工前全部扣清。

住建部招标文件范本中规定，在承包完成金额累计达到合同总价的10%后，由承包人开始向发包人还款；发包人从每次应付给承包人的金额中扣回工程预付款，发包人至少在合同规定的完工期前三个月将工程预付款的总计金额按逐次分摊的方式扣回。

（三）工程进度款

1.工程进度款的计算

工程进度款的计算，主要涉及两个方面：一是工程量的计量；二是单价的计算方法。单价的计算方法，主要由发包人和承包人事先约定的工程价格的计价方法决定。我国工程价格的计价方法可以分为工料单价和综合单价两种方法。二者在选择时，既可采取可调价格的方式，即工程价格在实施期间可随价格变化而调整，也可采取固定价格的方式，即工程价格在实施期间不因价格变化而调整，在工程价格中已考虑价格风险因素并在合同中明确了固定价格所包括的内容和范围。

2.工程进度款的支付

在确认计量结果后14天内，发包人应向承包人支付工程款（进度款）。发包人超过约定的支付时间不支付工程款，则承包人可向发包人发出要求付款的通知，若发包人接到承包人通知后仍不能按要求付款，可与承包人协商签订延期付款协议，经承包人同意后可延期支付。协议应明确延期支付的时间和从计量结果确认后第15天起计算应付款的贷款利息。发包人不按合同约定支付工程款，双方又未达成延期付款协议，导致施工无法进行的，承包人可停止施工，并由发包人承担违约责任。

（四）竣工结算

工程竣工验收报告经发包人认可后28天内，承包人向发包人递交竣工结算报告及完整的结算资料，双方按照协议书约定的合同价款及专用条款约定的合同价款调整内容，进行工程竣工结算。专业监理工程师审核承包人报送的竣工结算报表；总监理工程师审定竣工结算报表；与发包人、承包人协商一致后，签发竣工结算文件和最终的工程款支付证书。

发包人于收到承包人递交的竣工结算报告及结算资料后28天内进行核实，并给予确认或者提出修改意见。发包人确认竣工结算报告后通知经办银行向承包人支付竣工结算价款。承包人于收到竣工结算价款后14天内将竣工工程交付发包人。

发包人收到竣工结算报告及结算资料后28天内无正当理由不支付工程竣工结算价款，则从第29天起按承包人同期向银行贷款利率支付拖欠工程价款的利息，并承担违约责任。

发包人收到竣工结算报告及结算资料后28天内无正当理由不支付工程竣工结算价款，承包人可以催告发包人支付结算价款。发包人在收到竣工结算报告及结算资料后56天内仍不支付的，承包人可以与发包人协议将该工程折价，也可以由承包人申请人民法院将该工程依法拍卖，承包人就该工程折价或者拍卖的价款优先受偿。

工程竣工验收报告经发包人认可后28天内，承包人未能向发包人递交竣工结算报告及完整的结算资料，造成工程竣工结算不能正常进行或工程竣工结算价款不能及时支付，发包人要求交付工程的，承包人应当交付；发包人不要求交付工程的，承包人应承担保管责任。

五、施工成本控制

（一）施工成本控制的依据

施工成本控制的依据包括以下内容。

1.工程承包合同

施工成本控制要以工程承包合同为依据，围绕降低工程成本这个目标，从预算收入和实际成本两方面，努力挖掘增收节支潜力，以求获得最大的经济效益。

2.施工成本计划

施工成本计划是根据施工项目的具体情况制订的施工成本控制方案，既包括预定的具体成本控制目标，又包括实现控制目标的措施和规划，是施工成本控制的指导性文件。

3.进度报告

进度报告提供了每一时刻的工程实际完成量、工程施工成本实际支付情况等重要信息。施工成本控制工作正是通过实际情况与施工成本计划相比较，找出二者之间的差别，分析偏差产生的原因，从而采取措施改进以后的工作。此外，进度报告还有助于管理者及时发现工程实施中存在的隐患，并在事态还未造成重大损失之前采取有效措施，尽量避免损失。

4. 工程变更

在项目的实施过程中，由于各方面的原因，工程变更是很难避免的。工程变更一般包括设计变更、进度计划变更、施工条件变更、技术规范与标准变更、施工次序变更、工程数量变更等。一旦出现变更，工程量、工期、成本都必将发生变化，从而使得施工成本控制工作变得更加复杂和困难。因此，施工成本管理人员应当通过对变更要求当中各类数据的计算、分析，随时掌握变更情况，包括已发生工程量、将要发生工程量、工期是否拖延、支付情况等重要信息，判断变更以及变更可能带来的索赔额度等。

除上述几种施工成本控制工作的主要依据外，有关施工组织设计、分包合同等也都是施工成本控制的依据。

（二）施工成本控制的步骤

在确定了施工成本计划之后，必须定期进行施工成本计划值与实际值的比较，当实际值偏离计划值时，分析产生偏差的原因，采取适当的纠偏措施，以确保施工成本控制目标得以实现。其步骤如下。

1. 比较

按照某种确定的方式将施工成本的计划值和实际值逐项进行比较，以确定施工成本是否超支。

2. 分析

在比较的基础上，对比较的结果进行分析，以确定偏差的严重性及偏差产生的原因。这一步是施工成本控制工作的核心，其主要目的在于找出产生偏差的原因，从而采取有针对性的措施，避免或减少相同问题再次发生或减少由此造成的损失。

3. 预测

根据项目实施情况估算整个项目完成时的施工成本。预测的目的在于为决策提供支持。

4. 纠偏

当工程项目的实际施工成本出现了偏差，应当根据工程的具体情况、偏差分析和预测的结果，采用适当的措施，以期达到使施工成本偏差尽可能小的目的。纠偏是施工成本控制中最具实质性的一步。只有通过纠偏，才能最终达到有效控制施工成本的目的。

5. 检查

检查是指对工程的进展进行跟踪和检查，及时了解工程进展状况以及纠偏措施的执行情况和效果，为今后的工作积累经验。

（三）施工成本控制的方法

施工阶段是控制建设工程项目成本发生的主要阶段，它通过确定成本目标并按计划成本进行施工、资源配置，对施工现场发生的各种成本费用进行有效控制，其具体的控制方法如下。

1.人工费的控制

人工费的控制实行“量价分离”的方法，将作业用工及零星用工按定额工日的一定比例综合确定用工的数量与单价，通过劳务合同进行控制。

2.材料费的控制

材料费控制同样按照“量价分离”的原则，主要控制材料用量和材料价格。

（1）材料用量的控制

在保证符合设计要求和质量标准的前提下，合理使用材料，通过定额管理、计量管理等手段有效控制材料物资的消耗，具体方法如下。

①定额控制

对于有消耗定额的材料，以消耗定额为依据，实行限额发料制度。在规定限额内分期分批领用，超过限额领用的材料，必须先查明原因，经过一定审批手续方可领料。

②指标控制

对于没有消耗定额的材料，则实行计划管理和按指标控制的办法。根据以往项目的实际耗用情况，结合具体施工项目的内容和要求，制定领用材料的指标，据以控制发料。超过指标的材料，必须经过一定的审批手续方可领用。

③计量控制

准确做好材料物资的收发计量检查和投料计量检查。

④包干控制

在材料使用过程中，对部分小型及零星材料（如钢钉、钢丝等）根据工程量计算出所需材料量，将其折算成费用，由作业者包干控制。

（2）材料价格的控制

材料价格主要由材料采购部门控制。由于材料价格由买价、运杂费、运输中的合理损耗等所组成，因此控制材料价格，主要是通过掌握市场信息，应用招标和询价等方式控制材料、设备的采购价格。

施工项目的材料物资，包括构成工程实体的主要材料和结构件，以及有助于工程实体形成的周转使用材料和低值易耗品。从价值角度来看，材料物资的价值，占建筑安装工程造价的60%～70%，其重要程度自然不言而喻。由于材料物资的供应渠道和管理方式各不相同，所以控制的内容和所采取的控制方法也有所不同。

3.施工机械使用费的控制

合理选择施工机械设备并合理使用施工机械设备对成本控制具有十分重要的意

义，尤其是高层建筑施工。据某些工程实例统计，高层建筑地面以上部分的总费用中，垂直运输机械费用占6%～10%。由于不同的起重机械有不同的用途和特点，因此在选择起重运输机械时，应根据工程特点和施工条件确定采取何种起重运输机械的组合方式。在确定采用何种组合方式时，既应满足施工的需要，又要考虑到费用的高低和综合经济效益。

施工机械使用费主要由台班数量和台班单价两方面决定，为有效控制施工机械使用费的支出，可从以下几个方面进行：①合理安排施工生产，加强设备租赁计划管理，减少由安排不当引起的设备闲置。②加强机械设备的调度工作，尽量避免窝工，提高现场设备的利用率。③加强现场设备的维修保养，避免因不正确使用而造成机械设备停置。④做好机上人员与辅助生产人员的协调与配合，提高施工机械台班的产量。

4.施工分包费用的控制

分包工程价格的高低，必然会对项目经理部的施工项目成本产生一定影响。因此，施工项目成本控制的重要工作之一是对分包价格的控制。项目经理部应在确定施工方案的初期就确定需要分包的工程范围。确定分包范围的因素主要是施工项目的专业性和项目规模。对分包费用的控制，主要是要做好分包工程的询价、订立平等互利的分包合同、建立稳定的分包关系网络、加强施工验收和分包结算等工作。

六、施工成本分析

（一）施工成本分析的依据

施工成本分析，就是根据会计核算、业务核算和统计核算提供的资料，对施工成本的形成过程和影响成本升降的因素进行分析，以寻求进一步降低成本的途径。另外，通过成本分析，可从账簿、报表反映的成本现象看清成本的实质，从而增强项目成本的透明度和可控性，为加强成本控制，实现项目成本目标创造条件。

1.会计核算

会计核算主要是价值核算。会计是对一定单位的经济业务进行计量、记录、分析和检查，作出预测，参与决策，实行监督，旨在实现最优经济效益的一种管理活动。它通过设置账户、进行复式记账、填制和审核凭证、登记账簿、计算成本、清查财产和编制会计报表等一系列有组织、有系统的方法，来记录企业的一切生产经营活动，然后据以提出一些用货币来反映的各种综合性经济指标的数据。资产、负债、所有者权益、营业收入、成本、利润等会计六要素指标，主要是通过会计来核算。由于会计记录具有连续性、系统性、综合性等特点，所以它是施工成本分析的重要依据。

2.业务核算

业务核算是各业务部门根据业务工作的需要而建立的核算制度，它包括原始记录和计算登记表，如单位工程及分部分项工程进度登记，质量登记，工效、定额计算登记，物资消耗定额记录，测试记录等。业务核算的范围比会计、统计核算要广，会计和统计核算一般是对已经发生的经济活动进行核算，而业务核算不但可以对已经发生的，而且可以对尚未发生或正在发生的经济活动进行核算，看是否可以做，是否有经济效益。它的特点是对个别的经济业务进行单项核算。例如各种技术措施、新工艺等项目，可以核算已经完成的项目是否达到原定的目的、取得预期的效果，也可以对准备采取措施的项目进行核算和审查，看是否有效果，值不值得采纳。业务核算的目的在于，迅速取得资料，在经济活动中及时采取措施进行调整。

3.统计核算

统计核算是利用会计核算资料和业务核算资料，把企业生产经营活动客观现状的大量数据，按统计方法加以系统整理，表明其规律性。它的计量尺度比会计宽，可以用货币计算，也可以用实物或劳动量计量3它主要采取全面调查和抽样调查等特有方法，不仅能提供绝对数指标，还能提供相对数和平均数指标，可以计算当前的实际水平，确定变动速度，还可以预测发展的趋势。

（二）施工成本分析的方法

1.基本方法

（1）比较法

比较法，又称指标对比分析法，就是通过技术经济指标的对比，检查目标的实现情况，分析产生差异的原因，进而挖掘内部潜力的方法。这种方法具有通俗易懂、简单易行、便于掌握的特点，因而得到了广泛应用，但在应用时必须注意各技术经济指标的可比性。比较法的应用，通常有下列形式。

①将实际指标与目标指标进行对比

以此检查目标实现情况，分析影响目标实现的积极因素和消极因素，以便及时采取措施，保证成本目标的实现。在进行实际指标与目标指标对比时，还应注意目标本身有无问题。如果目标本身出现问题，则应调整目标，重新正确评价实际工作的成绩。

②将本期实际指标与上期实际指标进行对比

通过这种对比，可以看出各项技术经济指标的变动情况，反映施工管理水平的提高程度。

③与本行业平均水平、先进水平进行对比

通过这种对比，可以反映本项目的技术管理和经济管理与行业的平均水平和先进水平的差距，进而采取措施赶超先进水平。

（2）因素分析法

因素分析法又称连环置换法，这种方法可用来分析各种因素对成本的影响程度。在进行分析时，先要假定众多因素中的一个因素发生了变化，而其他因素则不变，然后逐个替换，分别比较其计算结果，以确定各个因素的变化对成本的影响程度。

(3)差额计算法

差额计算法是因素分析法的一种简化形式，它利用各个因素的目标值与实际值的差额来计算其对成本的影响程度。

(4)比率法

比率法是指用两个以上的指标的比例进行分析的方法。它的基本特点是，先把对比分析的数值变成相对数，再观察其相互之间的关系。常用的比率法有以下几种。

①相关比率法

由于项目经济活动的各个方面是相互联系、相互依存，又相互影响的，因而可以将两个性质不同而又相关的指标加以对比，求出比率，并以此来考察经营成果的好坏。例如，产值和工资是两个不同的概念，但它们的关系又是投入与产出的关系。在一般情况下，都希望以最少的工资支出完成最大的产值。因此，用产值工资率指标来考核人工费的支出水平，就很能说明问题。

②构成比率法

又称比重分析法或结构对比分析法。通过构成比率，可以考察成本总量的构成情况及各成本项目占成本总量的比重，同时可以看出量、本、利的比例关系（即预算成本、实际成本和降低成本的比例关系），从而为寻求降低成本的途径指明方向。

③动态比率法

动态比率法，就是将同类指标不同时期的数值进行对比，求出比率，以分析该项指标的发展方向和发展速度。动态比率的计算，通常采用基期指数和环比指数两种方法。

2.综合成本的分析方法

所谓综合成本，是指涉及多种生产要素，并受多种因素影响的成本费用，如分部分项工程成本、月（季）度成本、年度成本、竣工成本等。由于这些成本都是随着项目施工的进展而逐步形成的，与生产经营有着密切的关系，因此做好上述成本的分析工作，无疑将促进项目的生产经营管理，提高项目的经济效益。

(1)分部分项工程成本分析

分部分项工程成本分析是施工项目成本分析的基础。分部分项工程成本分析的对象为已完成分部分项工程。分析的方法是，进行预算成本、目标成本和实际成本的“三算”对比，分别计算实际偏差和目标偏差，分析偏差产生的原因，为今后的分部分项工程成本寻求节约途径。

分部分项工程成本分析的资料来源是，预算成本来自投标报价成本，目标成本来自施工预算，实际成本来自施工任务单的实际工程量、实耗人工和限额领料单的实耗材料。

由于施工项目包括很多分部分项工程，所以不可能也没有必要对每一个分部分项工程都进行成本分析。特别是一些工程量小、成本费用少的零星工程。但是，对于主要分部分项工程则必须进行成本分析，而且要做到从开工到竣工进行系统的成本分析。这是一项很有意义的工作，因为通过主要分部分项工程成本的系统分析，可以基本了解项目成本形成的全过程，为竣工成本分析和今后的项目成本管理提供一份宝贵的参考资料。

（2）月（季）度成本分析

月（季）度成本分析，是施工项目定期的、经常性的中间成本分析。对于具有一次性特点的施工项目来说，有着特别重要的意义。因为通过月（季）度成本分析，可以及时发现问题，以便按照成本目标指定的方向进行监督和控制，保证项目成本目标的实现。月（季）度成本分析的依据是当月（季）的成本报表。分析的方法，通常有以下几个方面：①通过实际成本与预算成本的对比，分析当月（季）的成本降低水平；通过累计实际成本与累计预算成本的对比，分析累计的成本降低水平，预测实现项目成本目标的前景。②通过实际成本与目标成本的对比，分析目标成本的落实情况，以及目标管理中的问题和不足，进而采取措施，加强成本管理，保证成本目标的实现。③通过对各成本项目的成本分析，可以了解成本总量的构成比例和成本管理的薄弱环节。例如，在成本分析中，发现人工费、机械费和间接费等项目大幅度超支，就应该对这些费用的收支配比关系进行认真研究，并采取对应的增收节支措施，防止再超支。如果是属于规定的“政策性”亏损，则应从控制支出着手，把超支额压缩到最低限度。④通过主要技术经济指标的实际与目标对比，分析产量、工期、质量、“三材”节约率、机械利用率等对成本的影响。⑤通过对技术组织措施执行效果的分析，寻求更加有效地节约途径。⑥分析其他有利条件和不利条件对成本的影响。

（3）年度成本分析

企业成本要求一年结算一次，不得将本年成本转入下一年度。而项目成本则以项目的寿命周期为结算期，要求从开工到竣工到保修期结束连续计算，最后结算出成本总量及其盈亏。由于项目的施工周期一般较长，除进行月（季）度成本核算和分析外，还要进行年度成本的核算和分析。这不仅是为了满足企业汇编年度成本报表的需要，也是项目成本管理的需要。因为通过年度成本的综合分析，可以总结一年来成本管理的成绩和不足，为今后的成本管理提供经验和教训，从而可对项目成本进行更有效的管理。

年度成本分析的依据是年度成本报表。年度成本分析的内容，除了月（季）度成本分析的六个方面以外，还包含针对下一年度的施工进展情况制定的切实可行的成本管理措施，以保证施工项目成本目标得以实现。

（4）竣工成本的综合分析

凡是有几个单位工程而且是单独进行成本核算（即成本核算对象）的施工项目，其竣工成本分析都应以各单位工程竣工成本分析资料为基础，再加上项目经理部的经营效益（如资金调度、对外分包等所产生的效益）进行综合分析。如果施工项目只有一个成本核算对象（单位工程），就以该成本核算对象的竣工成本资料作为成本分析的依据。

单位工程竣工成本分析，应包括以下三方面内容：①竣工成本分析。②主要资源节超对比分析。③主要技术节约措施及经济效果分析。

七、施工成本控制的特点、重要性及措施

（一）水利工程成本控制的特点

我国的水利工程建设管理体制自实行改革以来，在建立以项目法人制、招标投标制和建设监理制为中心的建设管理体制上，成本控制是水利工程项目管理的核心。水利工程施工承包合同中的成本可分为两部分：施工成本（具体包括直接费、其他直接费和现场经费）和经营管理费用（具体包括企业管理费、财务费和其他费用），其中施工成本一般占合同总价的70%以上。但是水利工程大多施工周期长，投资规模大，技术条件复杂，产品单件性鲜明，因此不可能建立和其他制造业一样的标准成本控制系统，而且水利工程项目管理机构是临时组成的，施工人员中民工较多，施工区域地理条件和气候条件一般又不利，这使得对施工成本进行有效控制变得更加困难。

（二）加强水利工程成本控制的重要性

企业为了实现利润最大化，必须使产品成本合理化、最小化、最佳化，因此加强成本管理和成本控制是企业提高盈利水平的重要途径，也是企业管理的关键工作之一。加强水利工程施工管理也必须在成本管理、资金管理、质量管理等薄弱环节上狠下功夫，加大整改力度，加快改革的步伐，促进改革的成功，从而提高企业的管理水平和经济效益。水利工程施工项目成本控制作为水利工程施工企业管理的基点、效益的主体、信誉的窗口，只有强化对其的管理，加强企业管理的各项基础工作，才能加快水利工程施工企业由生产经营型管理向技术密集型管理、国际化管理转变的进程。而强化项目管理，形成以成本管理为中心的运营机制，提高企业的经济效益和社会效益，加强成本管理是关键。

（三）加强水利工程成本控制的措施

1.增强市场竞争意识

水利工程项目具有投资大、工期长、施工环境复杂、质量要求高等特点，工程在施工中同时受地质、地形、施工环境、施工方法、施工组织管理、材料与设备、人员与素质等不确定因素的影响。我国正式实行企业改革后，主客观条件都要求水利工程施工企业推广应用实物量分析法编制投标文件。

实物量分析法有别于定额法。定额法根据施工工艺套用定额，体现的是以行业水平为代表的社会平均水平，而实物量分析法则从项目整体角度出发，全面反映工程的规模、进度、资源配置对成本的影响，比较接近于实际成本，这里的“成本”是指个

别企业成本，即在特定时期，特定企业为完成特定工程所消耗的物化劳动和活化劳动价值的货币反映。

2.加强过程控制

承建一个水利工程项目，就必须从人、财、物的有效组合和使用全过程上狠下功夫。例如，对施工组织机构的设立和人员、机械设备的配备，在满足施工需要的前提下，机构要精简直接，人员要精干高效，设备要完善先进。同时对材料消耗、配件更换及施工工序的控制都要按规范化、制度化、科学化的方法进行，这样既可以避免或减少不可预见因素对施工的干扰，也可以降低自身生产经营状况对工程成本的影响，从而有效控制成本，提高效益。过程控制要全员参与、全过程控制。

3.建立明确的责权利相结合的机制

责权利相结合的成本管理机制，应遵循民主集中制的原则和标准化、规范化的原则加以建立。施工项目经理部包括了项目经理、项目部全体管理人员及施工作业人员，应在这些人员之间建立一个以项目经理为中心的管理体制，使每个人的职责分工明确，赋予相应的权利，并在此基础上建立健全一套物质奖励、精神奖励和经济惩罚相结合的激励与约束机制，使项目部每个人都各司其职，爱岗敬业。

4.控制质量成本

质量成本是反映项目组织为保证和提高产品质量而支出的一切费用，以及因未达到质量标准而产生的一切损失费用之和。在质量成本控制方面，要求项目内的施工、质量人员把好质量关，做到“少返工、不重做”。比如在混凝土的浇捣过程中经常会发生跑模、漏浆，以及由于振捣不到位而产生的蜂窝、麻面等现象，而一旦出现这种现象，就不得不在日后的施工过程中进行修补，这样不仅会浪费材料，而且会浪费人力，更重要的是影响外观，会对企业产生不良的社会影响。但是要注意产品质量并非越高越好，超过合理水平时则属于质量过盛。

5.控制技术成本

首先是要制订技术先进、经济合理的施工方案，以达到缩短工期、提高质量、保证安全、降低成本的目的。施工方案的主要内容是施工方法的确定、施工机具的选择、施工顺序的安排和流水施工作业的组织。科学合理的施工方案是项目成功的根本保证，更是降低成本的关键所在。其次是在施工组织中努力寻求各种降低消耗、提高工效的新工艺、新技术、新设备和新材料，并在工程项目的施工过程中加以应用，也可以由技术人员与操作员工一起对一些传统的工艺流程和施工方法进行改革与创新，这将对降耗增效起到十分有效的积极作用。

6.注重开源增收

上述所讲的是控制成本的常见措施，而为了增收、降低成本，一个很重要的措施就是开源增收措施。水利工程开源增收的一个方面就是要合理利用承包合同中的有利条款。承包合同是项目实施的最重要依据，是规范业主和施工企业行为的准则，但在通常情况下更多体现了业主的利益。合同的基本原则是平等和公正，汉语语义有多重性和复杂性的特点，这就造成了部分合同条款可有多重理解，个别条款甚至有利于施工企业，这就为成本控制人员有效利用合同条款创造了条件。在合同条款基础上进行的变更索赔，依据充分，索赔成功的可能性也比较大。建筑招标投标制度的实行，使施工企业中标项目的利润已经很小，个别情况下甚至没有利润，因而项目实施过程中能否依据合同条款进行有效的变更和索赔，也就成为项目能否盈利的关键。

加强成本管理将是水利施工企业进入成本竞争时代的竞争武器，也是成本发展战略的基础。同时，施工项目成本控制是一个系统工程，它不仅需要突出重点，对工程项目的人工费、材料费、施工设备、周转材料租赁费等实行重点控制，而且需要对项目的质量、工期和安全等在施工全过程中进行全面控制，只有这样才能取得良好的经济效果。

第六章　水利工程与生态环境系统

第一节　环境保护方面的法律法规

一、生态环境保护的法律界定

在立法领域，生态环境保护的正当性来源于生态安全，这是20世纪80年代全球化生态危机出现之后诞生的一个概念，由早期的环境主义者提出，后来被各国理论法学者、法理学者扩充并发展为一个法律概念。

根据国际上的法理学研究成果，法律领域的生态安全的概念极为宽泛，指的是人在生活、健康、安乐、基本权利、生活保障、必要资源、社会秩序、人类适应等各个方面的能力不受到生态环境威胁，具体包含了自然生态安全、社会生态安全和经济生态安全三个主要领域。生态安全是生态环境保护立法的正当性来源，那么我们从生态安全的界定中不难推断出生态环境保护在法理学领域的界定，即为了实现生态安全、构建适合人类生存的社会环境、建设社会主义生态文明的法律法规体系。

二、我国现有生态环境保护法律法规体系

我国环境保护法律法规体系由三个层次组成，其中环境保护法律层次最高，为生态环境保护规定的最高位阶，其次是环境保护法规，为生态环境部保护规定的次高位阶，最后就是我国生态环境保护法律法规中特有的环境保护标准，为环境保护法律法规的最低位阶。

根据我国法律相关规定，国家环境保护法在生态环境保护相关法律法规体系中处于最高位阶，法律位阶高于行政法规，行政法规高于行政规章。同时，在实际的生态环境保护实务中，我国批准的和参加的国际环境公约和协定的效力高于国内生态环境保护相关法律法规。其次，国内生态环境保护法律法规的一般适用原则为：特别法优

于一般法，新法优于旧法。

其次，由于生态环境法律法规的制定目的并非为了解决平等民事主体之间或公民和政府机关之间的矛盾，而是为了最广大群众的利益、服务于全人类的生存空间，因此在生态环境保护法律法规体系中存在与法律位阶原则相悖的特殊规定。如地方可以规定比国家更加严格的污染物排放标准，且应当适用；但在与生态环境相关的诉讼中，法律效力仍属于最高位阶，其次是行政法规，然后是部门规章，最后是环境保护规范性文件。执行时则需要根据地方标准和国家标准的严格程度差异进行选择，一般来说选取合理且更严格的标准为执行标准。

（一）宪法

宪法由国家最高权力机关制定，其规定了国家的根本制度，是我国法律法规体系中位阶最高的法律规范，其他一切法律均应以宪法为依据，不得与宪法相抵触，若存在抵触则该法律规定自始无效。

我国宪法中对生态环境保护进行了明确规定，国家保障自然资源的合理利用，保护珍贵的动物和植物。禁止任何组织或个人用任何手段侵占或者破坏自然资源。国家保护和改善生活环境和生态环境，防止污染和其他公害。

宪法关于生态环境的相关规定奠定了我国生态环境保护工作的基调，明确我国生态环境保护的任务，在我国生态环境保护法律法规体系的建立和健全中发挥着指引作用，是我国生态环境保护法律法规制定的重要依据。

（二）《中华人民共和国环境保护法》

我国第一部环境保护法开始施行，是我国最早的生态环境保护法律文件。《中华人民共和国环境保护法》标志着我国生态环境保护法律法规体系建设迈出了第一步。本法规定了我国生态环境保护的管理体制，形成了国务院领导、县级以上政府主管、其他行政机构配合的生态环境监督管理体制；同时本法明确了我国生态环境保护的范围和具体内容，明确了生态环境保护工作应当贯穿于土地、矿产、林业、农业、水利等各个领域，公安、交通、铁道、民航、农业等相关部门均应承担生态环境保护的责任，坚定落实生态环境保护工作。

同时《生态环境保护法》建立起了生态环境保护的监督管理制度，是我国当下依法保护环境的重要依据，如环评制度、三同时制度、收费排污制度、主要污染物排放申报登记制度等，这些制度自20世纪80年代一直沿用至今，在当前生态环境保护工作中发挥着重要作用。

（三）污染防治法

污染防治法是我国生态环境保护法律法规体系的重要组成内容，我国先后出台了《水污染防治法》《放射性污染防治法》《固体废物污染环境防治法》《大气污染防治法》《环境噪声污染防治法》等污染防治法。

污染防治法是我国生态环境保护法律法规体系的重要组成内容，也是我国最常见的、最普遍的生态环境保护法律单行法命名形式，其是对污染物类型进行分类后，以宪法、环境保护基本法为主要依据制定的单行法，是宪法和基本法的具体化。我国污染物防治法详细规定了具体污染物的类型以及不同类型污染物的处理工艺和防治标准等关键内容，在我国生态环境保护工作中发挥着重要作用。

（四）自然及资源保护法

自然及资源保护法和污染防治法均属于我国特色的生态环境保护单行法，我国先后出台了《水土保持法》《野生动物保护法》《森林法》《渔业法》《矿产资源法》《草原法》《土地管理法》等自然及资源保护单行法。与污染防治法不同，自然及资源保护法是从自然资源的角度制定的法律，其出发点是通过保护、减少损耗的方式来维持自然生态的平衡，从而实现生态环境保护的目的，与污染防治法是两种类型的生态环境保护单行法律。

（五）环境保护行政法规

行政法规是除法律以外的最常见的具备法律性质的规范性文件，也是我国特色社会主义法律体系的重要组成内容，与生态环境保护相关的行政法规主要有国务院发布的环境保护行政法规，如《城市绿化条例》《自然保护区条例》《基本农田保护条例》等；还有国务院各部委施行的部门规章、地方人大及地方政府制定的生态环境保护相关规范、文件等。

（六）关联法律文件

除了生态环境保护专项法律法规外，还有许多法律法规与生态环境保护相关，如《中华人民共和国刑法》《民法典》《消防法》《防疫法》等这些单行法中也涉及了与生态环境保护相关的内容。

（七）环境标准

环境标准是我国生态环境保护法律体系的特色之处，是我国独创的生态环境保护法律模式，指的是特定污染物的排放标准、特定类型企业的生产标准、环境基本标准等。环境标准不以法律法规的形式存在，但其具备与法律法规同等的约束力和强制力，违反环境标准将承担相应的法律责任。

（八）国际环境保护公约、协定

国际公约是调整国与国及调整由主权国家参加的国际组织与国家之间的关系。中国政府为保护全球环境而签订的国际公约，是我国承担全球环境保护义务的承诺。国际公约的效力高于我国国内法律（我国保留的国际法条款除外）。

三、生态环境保护法律法规全面实施的思考

（一）事实判断的困难

从内容上来说，生态环境保护是一个很庞大的范畴，立法与司法的目的则在于保护生态环境不受到破坏。但是生态环境破坏的概念很难从法理层面予以界定，而无法准确界定生态环境破坏的概念就无法有效明确生态环境保护法律法规的适用问题。

从逻辑角度来说，任何不利于生态环境改善的行为均属于对生态环境保护理念的违背，那么凡是可能对生态环境造成不利影响的行为都认定为违反生态环境保护法律法规，这种价值判断思路又过于严苛。

而关于是否构成生态环境破坏的判断又兼具主观性和客观性的双重特征，这也增加了对于行为价值判断的难度。举个例子来说，张三将垃圾进行分类并丢进了垃圾桶里，这种行为应当是合理、合法且符合生态环保理念和大部分城市管理规范；张三未将垃圾分类且把垃圾随机堆放在公寓楼下，此时张三的行为不合理、不合乎环保理念、不符合城市管理规范，虽然会给生态环境造成不利影响，但并不能将其行为评价为生态环境破坏，垃圾不分类且随意堆放的行为不能上升到法律层面进行评价。

因此从某种程度上来说，违反生态环境保护法律行为的事实判断和价值判断主要采用“结果论”的观点，大多根据当事人的行为是否在事实上造成了生态环境的破坏为判断依据。但法律应当有教育性、指引性和预见性，当生态环境破坏的结果发生后才能有效评价其行为，这种判断模式本身就违背了生态环境保护立法的初衷。但是在实际的司法活动中，我们又不能仅以当事人可能造成生态环境破坏的结果就予以制裁，这种情况违背了社会的公平正义。如何准确评价当事人行为是否违反生态环境保护法律法规是生态环境保护法律法规全面有效实施的首要问题。

（二）程度上的把控

生态环境问题并非突然发生，而是在不断恶化中逐渐严重，直至环境平衡的完全打破，从而演变成生态问题，包含了量变和质变两种变化过程，我国生态环境保护立法的目的在于惩戒生态环境破坏中的“质变”以及防控生态环境破坏中的“量变”。但是量变和质变在某种情况下可以发生转化，那么在什么情况下采取惩戒的措施，在什么情况下采取防控措施就需要有一个“量”的标准，即生态环境破坏程度的把控。

就像黑格尔（Hegel）所说，拔一根头发不会变成秃子，第二天再拔一根头发也不会变成秃子，但是每天拔一根头发总有一天会变成秃子，生态环境问题也是如此。如果每天向河里排放一杯污水在河流自净能力的范围之内，那么就不会引起生态环境问题，当污水排放的累积量超过河流自净能力的承载限度时就会引起相应的生态环境问题。生态环境保护法律法规实施中程度的把控指的就是对于生态环境破坏过程中“量变”的把控，我国暂时不具备因为“排污一杯水”就予以惩戒的司法资源，而放任“量变”则可能引起严重生态环境问题，找到“量变”和“质变”之间的平衡点，

是明确生态环境保护法律实施的重要依据，这也是我国环境标准制定的原因和依据。

（三）救济的必要性思考

救济属于一种事后行为，其发生在生态环境问题产生之后，是对损失的补救，但生态环境问题造成的社会影响已经发生且大部分生态环境损害无法经过事后补救恢复到原来状态，因此国内曾有学者质疑过生态环境问题救济的必要性。生态环境问题救济较为必要，相较于保护工作而言救济的作用更倾向于“止损”，制止生态环境问题不会进一步恶化是救济的主要功能。但从法律实务来看，现阶段生态环境问题的救济机制并不完善，至少在实效性、合理性、科学性等方面存在局限，我们需要找到一条符合我国法律环境和社会环境的特色救济途径，使生态环境保护相关法律法规落到实处。

四、生态环境保护法律法规全面实施的建议

（一）加强生态环境保护立法

从现实情况来看，生态环境保护立法存在较大的必要性。现阶段我国群众生态环保理念并不显著，绝大多数群众尚未形成生态环境保护的自觉，因此我们需要通过法律法规来规范群众行为，利用法律法规及其他规范性文件来约束群众行为，从而实现生态环境问题的防治。

从我国生态环境保护法律体系来看，法律、行政法规等位阶较高的规范性文件规定了生态环境保护工作的整体内容，群众无法通过解读法律、法规来明确生态环境保护的具体细则，在现实生活中效果更加显著的是环境标准，也是群众广泛了解的、普遍遵守的规范性文件。因此我们要在法律、法规的基础上加强环境标准的制定，严格规范各类可能对生态环境造成不利影响的行为，以降低生产发展产生的生态成本和环境代价。同时加强资源保护与开发领域立法，尤其是对于不可再生资源的保护与开发立法，用规范性文件指导资源保护与开发，以提高资源开发的合理性和科学性，预防资源滥采带来的生态环境问题。

通过加强立法将生态环境保护的方方面面均纳入法律范畴之内，利用法律法规的教育性、预见性来强化生态环境保护力度，指导生态环境问题防治工作。

（二）加强普法宣传

群众的广泛参与是生态环境保护法律法规全面实施的关键所在，当群众能够关注生态环境问题、形成生态环保理念、参与到生态文明建设中来时，生态环境保护法律法规才能够全面实施，为此我们需要做好相应的普法宣传工作。

首先，加强群众的生态环境保护法律教育工作，以小中高各阶段教育为载体，将生态环境保护融入教育教学活动中来，实现生态环境保护与基础教育的深度融合，通过教育教学活动培养学生的生态环保意识、生态环保技能，使学生能够参与到社会主

义生态文明的建设中来。

其次，加强社会层面的生态环境保护法律知识宣传，利用社区服务、广告海报、知识宣讲等形式，将生态环境保护相关知识传授给社区居民，让群众熟悉生态环境保护法律法规，鼓励群众参与到生态环境保护法律实务中来，为生态环境保护工作的落实和相关法律法规的全面实施作出贡献。

最后，加强国家层面的生态环境保护法律法规普及，用政策指导企业建设与发展，用文艺引领群众参与生态环境保护，形成上下一心的生态环保价值观念，形成政府带头落实生态环境保护法律法规、企业自主践行生态环境保护法律规范、群众广泛参与和广泛监督的生态环境保护法律法规实施体系，真正将生态环境保护法律法规应用于社会主义生态文明建设。

（三）加强执法队伍建设

生态环境保护法律法规的实施需要相应的执法队伍进行配合和环境资源管理相关部门的协助，我们需要不断加强生态环境保护法律法规执法队伍建设，构建以政府统筹协调、法律实务人员执行落实、群众广泛参与监督的生态环境保护法律法规实施体系。

同时，完善和优化内部责任分配，明确各部门、各岗位职能和职责，根据地区生态环境特征及相关法律法规实施需求设定专门化的岗位，以强化生态环境保护工作效率，提高岗位工作职能，落实依法监督、依法管理等工作，发挥好各机构在生态环境保护中的服务职能，通过加强环境管理机构建设，将有利于环境监督管理的强化、环保法律法规的贯彻和遵守以及环境法治观念的增强。

生态环境相关案件的执法和常规案件不同，其更具专业性、针对性，因此我们需要建设一支专门化的执法队伍，执法人员不仅要具备相当的法律知识，还需要具备生态环保知识、经济学知识、资源学知识等，所有人员上岗前统一培训，考核合格后持证上岗。只有经过严格培训和考核，持有环境行政执法证件的环境行政管理人员才能进行环境执法。同时，要提高执法人员的业务素质和职业道德水准，对环境执法者实行严格的考核制度，建立执法人员日常培训制度，构建培训常态化机制以保证队伍的先进性，只有这样才能建立一支素质高效率高的执法队伍。

（四）贯彻落实环评制度

环评制度是我国生态环境保护法律法规实施的重要环节，通过环评制度能够有效在工程项目实施前就其环境污染情况进行评价，审核工程项目是否符合生态环保理念，从而实现“先治理，后污染”的污染防治效果。

环境影响评价制度是我国生态环境法律法规实施的重要内容，也是我国生态环境问题的重要防控措施，我们要贯彻落实环境影响评价制度，严格执行相应法律规范，将环境影响评价落在实处，发挥好环评制度在环境污染、生态破坏防治中的积极性，严厉打击不遵守环评规则的行为，真正意义上将生态环境保护理念转化为生态环境保护实践。

（五）完善环境公益诉讼制度

通过司法途径，赋予公众环境公益诉讼诉权，请求人民法院行使裁判权，辅以司法强制执行手段，责令侵害人停止环境侵害行为，赔偿环境损失，直至恢复原状，这样就可以很大程度上弥补环保部门执法手段的不足之处，从而也有利于强化环境法治。可见促进基层环境公益诉讼制度的建设之重要性，因此为推动基层环境公益诉讼制度，基层司法机关应当积极支持环境公益诉讼，各级环保部门也应提供相关证据和监测数据为公众和环保组织进行公益诉讼给予有力支持。

（六）其他措施

工业发展为我国的经济建设作出了重要的贡献，但是却付出了相当沉重的环境代价，国家应出台优惠的税收、环保技术政策等，鼓励对环保技术、资金的投入，减免必要的税费以用于地区环保项目建设，从而促进环保政策、法律的推行。

虽然许多地方已经出台优惠政策，但并未从法律上明确优惠的原则、权限、程序、范围和时限，而如今我们应尽可能用法定优惠替代政策优惠。即凡需要给予与现行法律规定不同的特殊待遇或特殊许可的，在原则上必须经过立法明确规定之后，再予推行。优惠政策在条件成熟时，应尽量将其上升为法律。这样才能从外部环境上去除基层环保法律制度有效推行的一大障碍。

第二节　水利工程施工对生态环境的影响

一、水利工程施工对生态环境的影响概述

水利工程是大型建筑工程。水利工程施工与工业厂房、交通道路、桥梁隧道、民用建筑等建设工程相比，有一定的共性，也有不同的特点。

（一）规模宏大，工程量大

大型水利水文水利工程规模宏大，除挡水建筑物（大坝等）、引水建设物（引水隧道洞或管道）、泄水建筑物（溢洪道、水闸）和发电建筑物（水电站）等主体建筑物外，还包括了附属厂房、道路、桥梁、民用建筑等许多建筑物。其土石开挖量、混凝土浇筑量一般以亿立方米计算，甚至数百亿立方米。

（二）占用土地多

仅就水利枢纽工程而言，永久性占用和施工期临时占用的土地少则十几平方千米，多则几十平方千米。

（三）施工与河道水流关系复杂

水利工程修建在河床上，从施工开始到工程运用，处理好工程施工与河道水流的关系是施工组织设计的一条主线，如围堰构筑、基坑排水、导流截留、防洪保安、围堰拆除、工程蓄水等。天然径流具有季节性与随机性，洪水季节的长短往往成为制约施工进度、质量的关键因素。

（四）施工期长，施工人数众多

水利工程一般位建在偏僻的山区，从修建道路，平整施工场地、建筑物施工到设备安装和工程运行一般需要若干年，甚至十多年。施工人数众多，机械种类和数量多。

鉴于水利水文水利工程施工的这些特点，其对环境的影响既有一般工程建设施工的共性，也有其特殊性。其共同之处可以归纳如下。

第一，施工场地平整、弃渣堆放可能引起水土流失。混凝土砂石骨料冲洗，混凝土拌和、浇筑和养护，基坑排水，水泥砂浆或化学通浆，施工附属企业排放的工业废水，施工机械与车辆用油的跑、冒、滴、漏，施工人员日常生活排放的废水等，对附近的地表水或地下水都有一定影响，污染水体。

第二，施工中开挖爆破、骨料加工筛分、水泥和粉煤灰装卸、施工机械和车辆运行产生一定的粉尘、$C0_2$，附属工厂及生活烧煤（油）也会排出一定的CO、$C0_2$、$S0_2$等污染物，污染大气环境。

第三，开挖爆破、重型车辆行驶、大型机械运行、混凝土拌与捣实产生一定的噪声。有些噪声强度较大，甚至引起地表震动（如爆破等）。

第四，施工过程中还有大量固体废弃物，如废料、残渣等，需要安置与处理。

第五，大量施工人员进入施工场地，人群分布密度大，施工场地生活、卫生设施简单，容易诱发传染性疾病、地方病以及自然疫源性疾病流行。

这些影响与工程规模、施工期长短密切相关。一般而言，水利水文水利工程（尤其是水库）一般建造在较为偏僻的山区丘陵地带，远离城市，环境容量较大，环境质量要求相对低一些。

除了上述与建筑工程施工的共性问题外，水利工程还有两个特性。

其一土地利用问题：水利工程规模宏大，除永久性建筑物需要占用土地以外，施工过程中各种附属企业，材料堆放地、生活服务设施、基坑开挖、弃渣的堆放、施工道路等也要占用大量土地。这些土地有些是永久性占用，有的是临时性占用，有的可以两者结合起来。占用过多的土地不仅直接破坏了地面的生态系统，处理不好还可能产生严重的水土流失，污染河流。

其二截流与蓄水期间下游用水问题：施工过程截流以后，前期工程建设的发电机组就可以发电；工程建成后，水库将逐步蓄满。在这两个阶段如果下泄量太小，对下游经济发展、群众生活以及生态环境用水等产生不利影响。

二、减少施工对生态环境不利影响的措施

为了减少水利工程施工对环境产生不利影响，要从单纯的施工管理转变为施工、生态环境保护和安全生产的全面管理；从仅考虑工程效益转变为寻求工程效益与生态环境效益的最优组合。水利工程开始施工就对生态环境产生干扰，波及面大、影响因素多、时间长。因此，要以施工为中心，把工程施工和生态环境保护联系起来统筹规划、全面规划，科学编制施工组织设计方案。在保证工程质量、施工进度和生产安全的基础上，尽可能减少对生态环境的影响和破坏。

（一）时间、空间两方面统筹规划，尽可能节省土地资源

除了水利工程建筑本身和水库淹没要占用大量土地外，施工道路、临时建筑、材料及弃渣堆放等也要占用不少土地。土地的占用的使得生长在其上的生态系统遭到彻底的破坏，同时还会造成水土流失、环境污染。因此，在施工过程中尽可能节省土地资源是保护生态环境有效手段之一。为了实现这一目标，必须根据系统工程原理，从空间和时间两方面全面规划，科学编制施工组织设计方案。例如，工程基础开挖产生大量弃渣，需要土地堆放；在工程施工期和建成后运行期，需要生产、生活场所，也要占用土地。

如果把两者结合起来统筹安排，利用系统论的共生互补原理，在基础开挖时，根据施工期或运行期生产、生活用地需要，合理选择堆放弃渔场所，基础开挖完毕后，就形成了可用之地。这样，不仅节省了土地资源，而且可以节省平整场地的费用。这就要求从长远着眼、近期着手、统筹安排、科学规划，有效利用土地资源。又如，工程施工期需要许多临时建筑物，运行期需要许多永久建筑物。过去在“先生产、后生活”思想的指导下，临时建筑物和永久建筑物无法有效衔接。如果在施工组织设计中把两者结合起来考虑，一物多用，既可以节省土地，又可以减少建筑物投资，还节省了生态恢复费用。

（二）协调好工程施工、河道泄水和下游用水的关系

关键是在施工组织设计中，要选择适当时机截流，使下泄水量能够满足或基本满足下游生产生活用水以及河道内用水（包括生态环境用水）。

（三）采用新技术、新设备和新的生产工艺

采用新技术、新设备和新的生产工艺，精心组织施工，减少运输灰尘、爆破震动和机械噪声等。

第三节　施工废水的处理方法与措施

一、水利工程建设的重要意义

水为生命之源，是人类社会赖以生存发展的基础，没有水就没有人类社会的一切。但自然状态存在的水不能满足人类的各项需求，这让水显得更加珍贵，需要加倍呵护。

水利水电工程在防洪、发电、航运以及跨区域调水等方面给经济社会发展和群众生产生活带去了极大便利，另一方面水利水电工程需要在一定的水域建设，施工地所在区域的自然条件会在不同程度上制约着工程建设。在这种状况下的废水排放也必然会对当地环境和经济社会长远发展产生着临时性甚至是永久性的巨大影响，必须引起我们的高度重视。因此，研讨出合理合适的废水处理工艺是促进水利水电事业绿色发展的重要一环。

二、水利水电工程施工废水处理工艺

为避免水利水电工程在施工期间产生的废水对环境造成污染，实现废水的无害化排放而得出的废水处理工艺方法称之为水利水电工程施工废水处理工艺。

（一）废水带来的不良影响

由于水利水电工程施工周期相对长，整个施工过程中会有比较多的废水未经较为彻底的处理就直接排入相关水域，在很大程度上对工程区和废水流经区产生较为不利的影响。废水中含有的固体沉降物落到水底会对鱼虾等生物的排卵场所产生覆盖，破坏生态平衡，长此以往会抬高相应河流的河床，改变流域的水文状态，对水生生物的生存环境造成较大程度的破坏。

除此之外，废水排放会提高水体悬浮物的浓度，使水体透明度下降，影响水生生物的正常生长，降低流域的景观价值，破坏人类的饮用水源。这些改变最后都会反应于食物链的最后一环—人类，影响着人类经济社会的可持续发展。

（二）施工废水的处理工艺

1. 自然沉淀法

水利水电工程施工废水处理中常用到的方法就是自然沉淀法。具体到该方法的应用，首先就是将沙石含量较大的废水注入进沉淀池，经过一定时间，由于密度不同，沙石会逐渐沉淀到池底，水体会变得清澈。如果自然沉淀没有达到预期效果，就要将絮凝剂加入沉淀池中，进一步去除水中悬浮物和杂质，取得较为理想的废水处理预期目标。

2. 物理澄清方法

物理澄清法在水利水电工程施工过程产生废水的处理中也较为常见。这种方法效果较好，也需要投入较大的人力、物力、财力，并且要在施工前和施工过程中与设计方、监理方做良好的沟通，计算好相应的投入成本以及能够带来的经济社会效益。做好这些准备，就可以把施工过程中产生的大量废水全部排放到废水集水池，借助废水悬浮固体本身的重力作用，使水通过具有孔隙的粒状滤层，从而截留废水的悬浮物，这样处理好的水就可以进行回收利用了。

3.自然干化法

自然干化法利用了水资源本身的自然脱水干化这一特点。这种方法简单可行，投入成本较小，但也有着局限性。首先，自然干化要占据较大的土地面积，在废水的处理过程中，空气里的扬尘会对干化后的水产生一定程度上的污染，影响了处理后的水质。为了避免这种不利影响，研究人员将自然干化法进行改造，升级成了机械脱水法。这种处理方法主要是使用中螺旋砂水分离器对沉砂进行脱水，再将处理好的水进行外送。机械脱水法极大地减少了自然干化法所需要的的大面积场所，也进一步压缩了成本费用，还提高了水利水电工程施工废水的处理质量，取得较为满意的效果。

（三）废水处理方案

1.不加凝剂沉淀法

具体到应用就是发挥砂子的特性把水利水电施工废水里的漂浮物带走，直接在沉淀池中进行自然沉淀，不添加任何化学制剂，能较好地避免水在处理过程中遭到污染。

2.添加剂沉淀法

这种方法在将施工废水里的粗砂去除后，在沉淀池中放入一定量的絮凝剂对废水做沉淀处理，这能够较大程度上提高处理后的水质，废水处理的成本也会在一定程度上增加。

3.机械加速澄清法

这种方法是对前两种处理方法的进一步提升，通过机械设置使得悬浮状态的活性泥沙与添加的絮凝剂在机械搅拌作用下相互加速碰撞，提高了施工废水的处理效率。在处理过程中，清水向上升，泥沙往下沉，清水经集水槽流出。

三、水利水电工程施工废水处理实践

在具体实践中，我们从实践科学型等级处理、巩固型节约用水等几个方面进行阐述。

（一）等级处理法

由于在施工过程中排放的污水有等级划分，对应着也应该有与之相匹配的解决方法。对施工中产生的废水首先要利用粗格栅做初步过滤，过滤完成后，用细格栅做进一步过滤，过滤后的水再在初次沉淀池做进一步的净化，最后使废水漂浮物减少，把水的PH值调整到理想位置，这是一级处理。虽然经过这一系列的处理，水质没有达到排放的标准，却可以为后续的进一步处理打下良好的基础，减少了后续工作的负担，为最终取得良好的治理效果创造了条件。

在接下来的二级处理工程中，需要运用一些生物化学方法去除一级处理后水中的可降解物，进一步提高水质。经过二级处理的水在一定程度上已经能够安全地排放到水域中，二级处理也因此在水利水电工程施工废水的处理上得到广泛应用。三级处理法则是在此基础上更全面更彻底地处理深层次顽固的污染物，这一级的处理方法是进一步地采用物理化学方法，让水质得到进一步的提升，取得理想的预期效果。这也意味着，三级处理法的步骤更加繁琐复杂，需要投入更多的精力、设备、材料，也就消耗了更多的资金。

（二）基坑废水处理

基坑排水的观察和检测数据显示，一般当基坑污水的悬浮物浓度达到2 000mg/L，施工废水经过2h以上的自然静止、沉淀处理后，悬浮物浓度的数值会大大降低，一般会低于200mg/L。正常情况下，基坑内废水处理方法和工艺较为简单，通过投放酸性物质把废水的PH值调整到合理范围内，使水呈中性。随后再有2h左右的自然静止，废水就会净化达标，以较高的水质进行排放了。经过这样的处理后，废水SS、PH值或污染浓度仍不合格，就需要适当延长处理的事件，以实现较为理想的处理效果。

（三）含油废水的处理

随着科技进步发展，水利水电工程施工的机械化水平也在不断提高，机械设备特别是大型机械设备的使用过程中，机械上会有油与水混合，产生含油废水。这种水会在很大程度上，对水、土壤、生物等生态环境要素产生较为恶劣的影响。油本身的密度就小于水，且难溶于水，会漂浮在水上面，使得水面缺氧，不利于水生生物的生长，也影响到了动植物对水的利用，需要更加重视对含油废水的处理。在水质净化过程中，要利用好油的化学性质和物理性质，在施工废水中添加化学物质，让油和水产生化学反应，生成安全无污染的物质，进而达到溶解含油污水，分离污染物的目的，以较好地降低含油废水的污染性，使净化处理的水达到国家排放标准，不会对人民群众的生产生活造成不良影响。

（四）生活废水的处理

在水利水电工程的施工中，生活区产生的废水占据了施工废水的很大比例。一般来说，机械设备或建设污水处理池是生活区污水处理的常用方式。随着科技的进步，越来越多的污水处理方式在实践中得到应用，也取得了喜人的成果。主要采用生物氧化方法的生活污水处理系统是具体实践中经常用到的，利用废水沉淀、消毒、生物降解这三种方法可以有效地处理掉室内杂质，让净化后的水有更高的质量。这种方法简便易学，花费较少，效果相对让人满意。

（五）节约用水

一般情况下，在用水的过程中会不可避免地产生废水，如果节约用水，更合理地用水，会在很大程度上减少水的使用量，也就减少了废水的产生，降低了废水的处理量，极大地缓解了现实中废水处理需求与相关工艺设施不能满足的矛盾。要加大技术投入力度，加强节约用水的科学合理规划，实现更加集约程度上水的使用。生态文明建设的迫切需要推动着更多更有效废水处理技术的诞生。为了实现良好的污水处理效果，满足无害化排放的需要，在水利水电工程施工过程中，要更加注重选择使用单位能源消耗低、成本费用小、处理成效高地新型实用去除技术以更好提升废水的处理能力，不要因为施工的阶段性和资金紧张而采用落后的低效的废水处理系统，结果往往弄巧成拙，反而极大地提高了经济成本和时间成本。要加强团队建设，建立健全规章制度，严禁施工人员向河流水源倾倒生活废水、施工废渣。要强化施工团队人员的宣传教育，采用传统与互联网相结合的方法，加大宣传教育力度，提高施工人员的环保意识。对于发现的违规违法行为，要及时按照法规作出处理，实现处理极少数，惩戒大多数的目的，也要及时采取措施处理不当排放造成的不良影响。

第四节　水库的水温与水质结构

一、水库的水温结构

（一）水温结构的类型

水库水温结构受到水库规模、水库的地理位置与气候条件、水库运用方式、进出库水量交换频率、入库悬浮质含量、库区主导风向与水流方向是否相同等因素的影响。最重要的影响变量是太阳辐射能量与气温、水库水深与水库调节性能、风浪对流情况。水库水温结构一般分为混合型与分层型两类。

1.混合型

混合型水温结构出现在水库宽浅、出入库水量交换频繁、水流流速较大、掺混性强的中小型水库。水温结构与湖泊类似，上、下层水温变化不大，主要受气温及入库水流温度的制约。

2.分层型

对于规模大、库水深、水流缓慢、调节性能较好的大中型水库，水文在垂直分布上呈现分层形状。其过程大致为：

春末夏初：随着气温的升高，太阳辐射增强，水库表层温度较高，水体上层密度小于下层，水温分布开始分层。

夏季：水温垂直方向分层明显，上层温度高，称为暖水层；下层温度低，称为冷水层；中间为过渡层，温度梯度变化不大，称为温跃层。

秋冬季节：随着气温下降，库水表面冷却，密度增大，水库下层温度高一些，密度小。在水库进、出库水流的影响下，库水温度渐趋均匀。如果水库处于温带，水库水温冬季上下层大体相同。如果水库处于严寒地区，表面水温略高于气温，下层水温一般为4℃。

在水库横向断面和水流方向，即水平面上，水库水温分布大致相同。

（二）影响水库水温结构的主要因素

分层型水温结构受到许多因素影响，不同水库、在不同场合具有自身的结构特征。

1. 水库调节性能不同，水温具体结构不同

水库调节性能直接决定进、出库水流交换的频率，是决定水温结构的最主要因素。

2. 水库调洪破坏分层结构

较大洪水入库，水库进行调洪运行，可能完全破坏分层结构。

3. 风向与水流方向相反，引起上下层水温混合

如果风向与库水流向相反，风力较大时使水库水面产生风浪，在辽阔的库面尤其明显，风浪将使水温分层结构破坏。

4. 异重流强化分层结构

由于水的密度在4℃时最大，高于4℃与低于4℃时的密度减小率不相同。这样，在分层结构的温跃层中形成一道“密度屏障”：入库水流进入常年蓄水区内，仅顺着适合自身密度的层面流动，形成“异重流”。这一现象减少了入库水流的掺和作用，有利于分层结构的巩固。

5. 水流中悬移质含量大使分层结构弱化

入库水流中悬移质含量大，水体密度就增大。一般而言，进入水库常年蓄水区后，在重力作用下，逐渐向水库深层流动，使水温分层结构弱化。如果入库径流的水温高于水库中层及底层水温，当含泥沙的水流密度与某一水温层密度相当时，入库水流顺着这一层次流动，也会形成异重流。其效果使水温分层结构弱化，甚至可能出现双峰型温跃层。

（三）水库水温变化规律

在天然河流中，除夏季外，水温一般都高于气温。水库蓄水后，这一差异变大，随着季节变化，水温也改变。并且从表层水温变化开始，不断向深层发展，一定条件下形成水温分层结构，但全断面平均或垂线平均水温始终低于表层水温。在同一时间，相同水深的水库常年蓄水区内，不同地点（不管是横向，还是纵向）水温基本接近。水库调节洪水，大的风浪及水体中悬浮质含量大小，均可能影响水温分层结构。

（四）大坝下游河道的水温变化

大坝下游河道水温主要受水库下泄水流的水温影响，最高水温降低、最低水温升高，年内变化幅度减小。这一趋势距大坝越近越显著。在水流运动过程中，分子活动剧烈、吸收太阳辐射以及支流的汇入，水库下泄水流的温度影响逐渐减弱，经过一定距离恢复到天然河道的水温分布。这种影响的大小，首先取决于水库引水设施的高程（下泄的水流是出自水库表层，还是中层或下层）；其次是取决于下泄流量的大小；再次取决于下游河道支流汇入水量的多少。

二、水库水质结构

由于水库的水流状态和水温结构与天然河流不同，水库水质结构相应发生改变。主要特点是，入库径流中的污染物质首先在水库中得到混合、稀释、凝集、沉淀，并发生生物化学反应，形成新的分布状态。溶解氧和污染物质沿水深方向分层，重金属元素富集到水库底层被淤泥吸附，水库泄流中的污染物质发生变化，并引起下游河道水质改变。下游水质变化程度又受到支流及下游污染物汇入的影响。

（一）水库水质

水库将河道径流存蓄以后，流速缓慢，水深增加，水体的自净能力减弱，加上水库水温结构改变，使水库水体中污染物浓度与分布发生变化。

1. 色度与透明度

由于入库径流中的泥沙沉淀淤积在库底，使水库水体清澈透明，浑浊度减小。水库表层透明度增加，光合作用增强，有利于浮游生物生长。如果上游来水中氮、磷等营养物质浓度高，水库水体交换次数少，可能就会使水体有机色度增加，甚至营养化。

2. 总硬度和主要离子含量

天然河道的来水，一部分是地表径流，另一部分为地下径流补给。洪水期以地表径流为主，水体的矿化度低；枯水季节，地下水比重大，矿化度比洪水期高。我国大多数河流阳离子以钙为主，阴离子以重钙酸根为主。水库中离子总量和总硬度比入库径流略有增加。由于水库对水流的调节作用，使离子浓度、水的硬度年内变幅减小。

3. PH值、溶解氧和有机污染物

由于水库表层水体透明度大，光合作用强，有利于浮游生物生长；浮游生物利用太阳能将游离$C0_2$和水合成有机物；加上库面水域增大，风浪作用增强，水体中掺氧作用增强，水中溶解氧丰富，有的水库甚至出现过饱和状态，游离$C0_2$减少，PH值较高。随着水深增加，这一趋势不断减弱。在水库底层，水体很少掺混，很难接收到太阳能，死亡的浮游生物及其他有机污染物的分解大量消耗溶解氧，使得溶解氧大大减少。有些水库蓄水初期，如果库底植物未彻底清理，植物残体腐烂、分解，可以把库底水体中溶解氧全部消耗掉。由于底层溶解氧缺乏，有机质分解产生硫化氢、甲烷或

CO_2，使PH值降低，水的导电性增加。

4.重金属

天然河道底泥较少。由于水流在水库中流速变小，泥沙沉积，底泥增加，汞、铬、铅、镉、砷等元素积累在水库底层水体或被底泥吸附。逐年积累，可能成为永久性污染。如果被水生生物吸收后，通过食物链逐渐富集到高等动物体内。另外，在一定条件下，有些污染物质通过生物化学作用，变成新的化合物，性质发生变化。如无机汞和碳化钙化合生成剧毒的甲基汞。水库底层缺氧，锰、铁等元素从化合物中析出，致使水体呈浑浊、有色。

上述水质要素在水库中都呈现出分层结构，并与水库水温结构类同。当水库水温表现为混合型时，除库底重金属外，其他污染物质及溶解氧、PH值的分层结构并不明显。

5.富营养化

水库水质还可能存在富营养化问题。水库中的水流由流动状态改变为相对静止状态，如果入库径流中氮、磷元素比较多，容易发生富营养化。贫营养化的水体的营养成分少，生产力低，水质清洁，生化反应有限或较少；富营养化的水体中营养成分多，植物生长茂盛，藻类繁衍过度，生产力高，并有大量的生化反应，水质差。中营养程度介于两者之间。水库富营养水平主要是指水库水体中氮、磷元素的浓度大小。同等营养物质浓度，水体浅、不流动、水温高的水库容易富营养化。

（二）水库水污染防治

水库的形成，或多或少减小了水体对某些污染物质的自净能力。水库水质保护的关键是综合治理集水区域的各类污染源。其次，要把改善水库水质作为水库调度的任务之一。如，利用调节中小洪水之机，通过底孔泄流，排泄水库底层蓄水，改变水温水质分层结构等。官厅水库集水区域内共有大小城市23个，许多工矿企业向河道大量排放污水，面源污染严重。库底淤积，库容缩小，水量减小，水质变差，氨氮、高锰酸盐指数、挥发酚和生化需氧量等水质要素超标。

（三）下游河道水质

水库下游河道的水质首先取决于大坝下泄水流的水质状况。下泄水流的污染物种类和浓度与水库水质结构、引泄水建筑物在水库枢纽中的高程、结构形式及水库运行目标、泄流方式有关。与下游河道水温类似，由于坝下河道水流运动剧烈，下泄过程与大气接触较充分，溶解氧在坝下一定距离内恢复较快。下游河道水质除了受下泄水流的水质影响外，区间支流和汇入下游河道的污染物种类和浓度、土地利用情况等对其的影响也十分显著。

第五节 水库对生态系统的作用与影响

一、陆生生物

修建水库对陆生动植物最直接的影响是水库蓄水后的淹没与浸没，使陆生生态系统的环境彻底改变，受淹范围的植物全部消亡，动物迁移；浸没范围内不耐湿的植物也难以生存。影响范围、种群及个体数量可以在建库前通过调查所掌握。此外，水库施工期较长，施工设施多，占用较多的施工场地和弃渣堆放地，在一定程度上破坏与影响到了水库周边的森林、植被及栖息其中的动物。

水库运行过程中，库水位在年内周期性地涨落，形成季节性回水区。在回水区内，水陆生态环境不断交替，多年生的木本、草本植物逐步地被耐湿、速生的草本植物所替代。

水库淹没迫使许多动物迁移到其他地方，挤占了其他地方的陆生动物的生存空间；某些濒于灭绝动物的生存条件更为恶劣。另一方面，而随着湖泊、岛屿的形成，人类活动的干扰较小，为水禽、水鸟提供了良好的生存场所，招引许多水禽、鸟类到库区栖息、停留、越冬和繁衍，种群与个体的数量大幅度增加。

总之，修建水库减少了陆生生物的环境容量，改变了某些动植物的生存环境，原有的生态系统逐渐被新的生态系统取代。但对陆生生态系统而言，这种生态演替过程，一般是由许多相对封闭、简单、脆弱的系统取代了原来的开放、复杂、稳健的系统，减少了生物多样性。

二、水生生物

水库的形成增加了水生生态系统的空间，同时也改变了某些水生生物的生存环境与条件，影响到浮游生物、底栖生物及各种鱼类。

（一）浮游生物

水库水体流速慢、泥沙含量少、透光性能好，营养物质相对富集，有利于浮游植物（特别是藻类）繁殖，也为浮游动物创造了良好的生存环境。一般而言，水库修建后比修建前天然河道中的浮游生物的种类、数量都有所增加，增加的数量取决于水库的自然与地理条件、库水停滞时间、泄水方式及入库径流中营养物质组成等条件因素。

由于水库中浮游生物大量繁殖，随着水流下泄，大坝下游河道中的浮游生物也有所增加。此外，由于清水下泄、流量较稳定、水温度变化幅度减小，使下游河道中浮游生物形成新的优势种群。这些现象，距大坝越近，影响越显著。

（二）底栖生物

库区水体水深增加，水温与外来物质分层，深层水体中溶解氧缺乏。除水库岸边处，库水很深的库底几乎没有底栖动物生长。对于大坝下游河道，通过泥沙冲淤，河道形态逐步稳定，一些缓流区河床底质为细沙或淤泥，有利于水生维管植物和底栖动物生长，并会出现某些适应环境的优势种群。

（三）鱼类

水库的形成为鱼类生长创造了广阔的空间，水库中水流流速减慢、营养物质富集，有利于适合在静水或缓流中生长的鱼类繁衍，为渔业生产提供了良好的条件。

大坝修建隔断了洄游鱼类的洄游通道，对某些珍稀鱼类可能产生毁灭性打击。如果大坝上、下游河道较长，适应洄游的要求，这些鱼类也可以自动调整洄游行为，继续生存和繁衍。

库水下泄到大坝下游河道后，在一定距离内对鱼类产生一定的不利影响。随着下游河道水文条件与水质发生变化，引起了浮游生物与底栖动植物优势种群改变，鱼类的优势种群也随之改变。由于枯水季节下泄水量增加，为鱼类过冬提供了难得的环境，可以吸引其他地方水域（如支流、湖泊）的鱼类到大坝下游河道越冬。这些都是有利影响。但是，因下泄水流的水温比天然河道低，会推迟某些鱼类的产卵期，使生长繁育期缩短，从而影响个体生长。此外，涨水是促使某些鱼类产卵的重要外部因素，产卵规模与涨水幅度正相关。天然河道在降雨后流量激增，水位陡涨，从而刺激鱼类产卵。水库控制下泄流量后，使下游河道涨水过程发生显著变化，且涨幅减小，会影响到产卵规模。这些都是不利影响。

水库对生物的影响因素比较复杂，而且和特定的自然条件、生物种类以及水库特性密切相关。

三、水库建设对水生态的影响防范对策

（一）加强水库建设期间的水生态保护

水库建设过程中要高度重视对水生态环境的保护，生活污水、含油污水、生产废水等须经降沉、降解、隔油处理合格后排放。加强对施工人员和附近居民水生态保护的宣传教育工作，严禁偷伐盗猎，严禁捕杀鸟类、蛇类、蛙类、两栖类等动物，严禁捕猎水生动物。项目建设期间必须严格按照生产建设项目水土保持“三同时”制度，结合水土保持方案中所提出的生态恢复工程，在库周、水库上游地区及各支流加强水土保持工作，加大植树种草、退耕还林、封山育林、坡改梯等水土流失防治措施，库周耕地尽量梯田化，以提高土壤抗蚀力，减少水土流失和营养元素流失。水库淹没线以下树林及零星树木应尽可能地砍伐并清理外运，迹地及林木（含竹木）砍伐的残余枝叶、枯木、灌木林等易漂浮的物质，在水库蓄水之前，应就地烧毁或采取防漂措

施；农作物及泥炭等其它各种易漂浮物，在水库蓄水之前应就地烧毁或采取防漂措施。避免淹没线以下的植被、植物腐烂释放出有机物质，减少水库营养物质的增加，降低水质富营养化。

（二）切实做好水库运行期间水生态保护

每个水库（尤其是小型水库）设置专门的负责人，细化分解管理职责与任务，进一步落实水库管理“三个责任人”制度。同时加大对水库水生态工作落实的监督力度，进一步健全地方性河湖管理保护法规、规章，完善部门联合执法机制和日常监督巡查制度，实行湖库动态监管，切实做好水库在运行中的水生态保护工作。水库建成蓄水后，在一定程度上影响了下游河道水的流量，甚至可能出现断流，影响下游河道的景观，影响河流中的水生生物的生存，对下游河道的生态环境产生一定的影响。因此在水库运行过程中，严格按照相关规定下放生态流量，并实时在线监控，保护下游河道水生态环境。

（三）广泛开展宣传教育

水库大多建设在山区，水库周边群众直接关系到水库水生态保护工作的开展与落实，需要群众的积极参与，才能充分发挥其力量支撑作用。开展水生态文明宣传教育，提升公众对于水生态文明建设认识和认可，增强其法律法规意识，倡导先进的水生态伦理价值观和适应水生态文明要求的生产生活方式。指导公众科学、合理地使用化肥和农药，以减少农业面源的污染总量；水库内严禁从事放养禽、畜等可能污染水体的生产活动，禁止进行网箱养鱼和肥水养鱼；生活垃圾应集中堆放，及时清运，避免进入水库；库区严禁使用燃油机动船；水库内不得有运输危险品物质，不得运送油类等。从而控制水库流域内氢、磷的排入量，达到防治水库富营养化目的。

第七章　水利工程与生态环境的融合发展

第一节　水利工程生态环境管理

一、水利工程建设中加强生态环境管理的意义

（一）加强生态环境管理的意义

近年来，我国的环境污染问题变得愈加严重，生态管理的实施变得愈加重要。生态环境管理是在水利工程新建设的活动中进行的，并根据相关的生态环境保护条例使水利工程的建设满足使用的要求并可以持续的、循环地使用水利工程体系。随着环境污染问题与日俱增，不得不考虑人类的健康、安全问题，而为了实现人类与自然界的和谐共存就必须在建设水利工程项目的同时，利用好生态环境的相关需求，适时适当地进行工程开发，合理地设计出项目开发计划以实现生态环境的可持续发展。

随着城市化的快速发展，水利工程也在大力地修建，而很多大型的水利工程的建设都是跨地域进行施工，在资金方面投入的是非常的巨大，与此同时，对当地的生态环境也有很严重的破坏，有的还会对当地的环境造成毁灭性的破坏。所以在进行水利工程的建设活动中，要加强对环境的管理是非常重要的，也是非常迫切的。

水利工程建设在原生态环境地区会给当地的生态环境造成严重的影响，导致其当地的生态环境直接破坏，致使生态失衡，还会引起生物的灭绝，这是最为严重的事情。

所以，在大量的兴修水利工程项目时，一方面可以做到人工调节水量，并为干旱和半干旱的地区的植被，还有居民等提供稳定的用水；另一方面在通过兴修水利工程中能够有效地防洪治涝，将洪涝灾害降至最低，造成的人员伤亡和经济上的损失也降至最低，而水利工程还可以发电并创造出经济价值。

1.改善、保护人类的生态环境

在进行兴修水利工程项目的过程中，每一次的兴修都会对当地的原生态环境造成极大的破坏，不仅导致两岸的植被被淹没，还会降低生物的多样性。所以在进行水利工程项目的建设中，一定要加强对生态环境的管理，减少人类的活动对自然环境的破坏，这将直接的关乎经济的可持续发展。

2.促进生态城市建设发展

随着人们对绿色环境的认知和对环保观念的提升，对城市的环境质量问题也提出了极为苛刻的要求。城市的生态文明是发展城市建设的重要环节，而水利工程建设在打造更加美好的城市生态环境的方面也发挥着极其重要的作用。推动水利建设发展是非常地符合城市居民对更高生活的追求。

3.提高水利工程建设的管理水平

现阶段，水利工程的建设管理活动大致分为五个方面，而这五个方面主要包括饮水安全、生态环境、防洪保障、粮食供给和经济发展。根据这五个方面进行分析并从中可以发现这些管理中大部分是以人为本的精神理念。所以，为了更好地显示出这种以人为本的精神理念就要在水利工程建设中摒弃传统的管理思路，构建出一个现代化的生态水利工程建设管理。

（二）加强生态环境管理的措施

1.科学规划

在进行水利工程建设初期需要对施工区域的河流水域等地区进行相关条件的考察和筛选，合理地进行评估当地的自然生态属性，一定要在保证不破坏生态环境的前提下制作出一套完整的水利工程建设的方案。

2.生态岸坡防护

水利工程项目在兴建之后会对工程沿途的水陆交错地带造成一定的影响，所以在设计水利工程项目时一定要做好工程中的岸坡防护设计，确保在原植物不受破坏的基础上结合施工的需要，加强岸坡的防护，避免使用不透水的材料为动植物营造一个适宜的生存环境。

3.加强施工环境监测

环境管理是在施工过程中需要格外注意的事情，环境不仅可以有效地保护好生物的健康发展，还能使生态环境不被破坏。在施工的水利工程建设中，一定要遵循环保的标准，创建出适宜的环境监测的指标并对其监管。将创建出的项目指标体系彻底地融入所有水利工程项目的施工中，还要提高监管人员的责任意识，采用奖惩制度来督促工作人员的责任性，并加强施工时的环境和施工区域的监测管理。

在水利工程建设的过程中，污水弃渣处理是重中之重。而水利工程的自身属性使人们在处理污水弃渣的时候都是采用沉淀的方法进行处理的，通过自然沉淀的方法将污水弃渣进行快速的过滤。为了更好地将污水弃渣进行处理还可以修建大量的粪池，这样会避免生活上的污水去影响河流水质。而在工程建设的过程中，使生态环境管理能进一步地加强还要重点考虑到弃渣的堆放问题，并能保障在水利工程项目施工后，原生态环境可以快速地恢复。

水利工程的兴修不仅可以有效地防涝防洪，还能灌溉农田和水力发电，并增加其自身的价值。而从另一个角度上看水利工程的建设也会使生态失衡，引起环境的污染和生物的灭绝等负面影响。为了更好地实现人与自然的和谐共处和经济的可持续发展就必须在水利工程建设的过程中进行生态环境的管理，减少水利工程施工时破坏环境，并快速地推动起经济健康、稳定的发展。

二、水利工程生态环境精益管理

重大水利工程的建设对地区生态环境具有深远的影响，加强其生态环境管理是实现工程环境效益的重要保障。业主方对工程建设中的生态环境管理承担着重要责任，其管理水平直接影响工程的生态环境状况。精益建造是一种先进的建造管理理念，在TFV理论的基础上分析了精益建造在生态环境工程中的积极作用，构建了业主方视角下的重大水利工程生态环境精益管理模式，科学设计、强化监管、注重科研、协调规划、反馈优化，旨在打造出多层次、全方位的工程建设生态环保理念，提高业主的生态环境管理水平。

自中华人民共和国成立以来，进行了大规模的水利工程建设，在抗旱防洪、改善生态环境等方面发挥了重要作用，有力地促进了我国经济发展。然而，水利工程建设不可避免地改变了自然的原有面貌，往往对地方生态环境造成深远的影响。在水利工程的设计、建造、运营和报废回收的全生命周期中，加强其生态环境管理是实现水利工程与自然环境和谐可持续发展的重要保障。业主是项目建设的发起者，同时也是水利工程最终的所有者，参与水利工程的建设、运营等整个生命周期，在水利工程生态环境管理中占有重要地位。

精益建设是建设领域一种先进的管理模式，其源于制造业的精益生产理念，旨在创造出高质量、高品质、高效益的精品工程。精益建造思想在国际上日益受到重视，但我国建设行业仍以传统建设思想为主。精益建造提出了一种以“求精求益”为核心的建设理念，追求低成本、高价值，旨在打造精品工程，符合业主的利益追求，为业主进行重大水利工程的生态环境管理提供新的思路。

（一）重大水利工程与生态环境关系的思考

重大水利工程往往是区域性的发电、防洪、航运、灌溉、供水等多目标的水资源综合开发项目，涉及范围广，社会公益性强。因而，重大水利工程的建设将会对生态环境造成较大且深远的影响，一方面，水利工程的建设能有效地改善地区生态环境，如水利工程的水库能为该区域提供丰富的水资源，防洪防旱功能最大化水资源的效用，减少周围环境受自然灾害的影响等；另一方面，重大水利工程使得自然面貌发生巨大变化，使原有的生态系统发生改变，如陆地、湿地的消失，改变了水环境，等等。水利工程在改变自然环境的同时，也受自然环境的影响，良好的自然、地质条件是建设重大水利工程的必要条件。因而，水利工程与生态环境之间是相互依赖、制约的，缺一不可。

（二）精益管理理论与生态环境工程

精益建造理论就是强调从转化、流程和价值三个方面全面分析工程建设整个过程，以顾客需求为中心，识别、测量、优化建设中的非增值活动，实现顾客需求的最大化，追求低成本与高效益的统一。生产转化理论强调生产有效、增加价值，流程理论要求降低成本、消除浪费，价值理论则是从用户需求出发指导生产，创造最大化价值。针对水利工程生态环境诸多问题，精益建造理论中的“精益”思想为水利工程生态环境工程管理提供了新思路。在TFV理论中，生产转化观点强调有效生产、增加价值。这就要求在水利工程生态环境管理中识别出工程的核心生态环境的价值所在，保证工程的生态环境需求转化为具体的产品设计，彻底贯彻生态环境保护要求，保证生态环境目标得以实现；流程的观点要求通过识别不增加价值的活动来消除浪费，降低成本。这就要求在水利工程生态环境管理中识别出不增加生态价值的活动，并进行持续的优化改进；价值观点从产品顾客的角度出发指导生产建设，旨在实现顾客价值最大化。价值观点将生态环境视为“顾客”，以实现生态环境效益最大化为目标。

（三）重大水利工程生态环境精益管理模式

业主是水利工程的发起者，是建设过程中人力、物力等资源及参与方的总组织者，同时也是水利工程产品最终的所有者，业主方生态环境的管理水平直接影响着水利工程的生态环境结果。在水利工程的生态环保工程的建设过程中，业主应将精益建造“求精求益”的核心思想运用到生态环境管理中，坚持“精于管理，益于生态环境”的理念，变“被动环境保护”为“主动保护环境”，积极履行社会责任。

基于TFV理论，水利工程中生态环境管理应贯穿于工程产品的生产转换、生产流程和价值生产整个过程中，通过生态环保工程建设过程中的不断摸索与总结，识别出生态环保工程中的核心价值，更好地满足环保要求；积极采用创新管理模式、差错预防、标准化作业等精益建造技术，实现过程中有效功能的充分发挥，减少工程资源与人力的浪费；实施以精细管理为手段、以建设的全生命周期为范围，以建设绿色生态水电站为目标，打破传统的“重设计、轻建设”的被动环保理念，打造多层次、全方位的工程建设环保理念。整个水利工程生态环境精益管理可具体概括为科学设计、强化监管、注重科研、协调规划、反馈优化等方面。

1.科学设计

科学的设计是实现工程生态环境保护的基础和前提，设计决定了工程产品的功能，同时也决定了其对生态环境的影响。在设计阶段，做到经济与环保并重，实施环保专项工程。环保专项工程是践行生态环保最为重要的环节，具有长期性与结果性的特点，对于建设河流的生态与环保效果具有长远的影响。

2.强化监管

强化施工期间生态环保的建设管理，是践行生态环保工程的重要环节。虽然建设过程中的污染具有短期性、暂时性，但其影响依旧不容忽视。针对施工期各类污染物的产生及排放情况，结合区域的环境功能要求，实施具体的严禁排放和达标排放等污染控制和预防措施；开展施工期的环境监理，保障环保设施质量，确保环境保护“三同时”制度实施和各项环保工程设施质量。同时，制定环保管理办法与奖罚实施细则，加强文件管理体系建设，将生态环保要求与具体措施写入合同条款，从制度上保证绿色施工的实现。

3.注重科研

在工程建设过程中，由于项目的独特性与一次性的特点，使得水利工程在建设过程中对于生态环保的破坏机理尚不完全清晰，这种模糊的状态会直接影响系统设计的效果。通过科学实验可以更好地了解其影响的内在机理，便于进一步优化专项工程的设计与建造。

4.协调规划

由于地方政府、建设单位和国家环保部门的利益关注点存在较大的差异，则会导致在水利工程的建设过程中，生态环保专项规划与当地区域发展规划产生诸多不一致，直接影响土地征用。统筹生态环保规划与区域发展规划，协调各部门利益，创新实施业主与地方政府双实施主体。

5.反馈优化

随着工程的不断进展，水利工程在建设过程中对于生态环保的破坏机理会不断地清晰。充分地利用施工过程与科学研究过程中取得的研究成果，进一步完善与细化环评报告中的专项设计工程是完善设计的必要途径。在建设过程中，开展优化与细化工作，使得生态环保工程更加科学合理，更具操作性。同时，通过运行期长期监测，进一步反馈已实施环保措施的环保效果，对环保措施进行优化调整。

重大水利工程的建设对地区生态环境具有深远的影响，加强其生态环境管理是实现环境效益的重要保障。业主作为建设过程中人力、物力等资源及参与方的总组织者，应承担起工程建设生态环境管理的任务。基于TFV理论分析了精益建造理念在生态环境管理中的作用，提出“精于管理，益于生态环境”的理念，构建了科学设计、强化监管、注重科研、协调规划、反馈优化的精益管理模式，有利于提高重大水利工程中业主的生态环境管理水平。

三、生态水利与橡胶坝工程管理

随着社会主义经济的不断发展，人们在经济实现大飞跃的情况下，对环境也提出了一些更高的要求。水利建设自然而然地成为人们所关注的重点项目。生态水利是在遵循生态系统的前提下进行的水利建设，也就是说在进行水利建设的同时，必须达到环境的可持续发展，使水资源的各种开发与利用都不会影响到环境因素。橡胶坝工程作为高科技下的新型建筑物具有许多传统建筑物所无法企及的优点，但是要使这些优点充分地发挥出来需要进行合理的管理。

随着经济的不断发展，人们对环境的要求越来越高，尤其是作为生命之源的水资源，其开发利用一定要顺应自然规律，以可持续发展战略为指导，不断进行优化。

生态水利是将人的活动与水统筹起来进行考虑，既要考虑到人也要照顾到对水的影响，是一项人与水和谐发展的工程。人类在对水资源进行开发和利用的时候，一定要顾及其对水是否造成了严重的污染，是否将导致不可持续的发展等问题。对于任何一项涉及水的工程，要从规划开始就要想到是否造成水体的污染，将整个施工过程都向着有利于生态环境的方面发展。要实现生态水利的良好发展，需要人类不断的努力，不仅要充分地尊重生态法则，而且要把水资源的开发与利用中加入对生态水利的考虑，湿地生态系统等问题要逐步地重视起来。

（一）避免水坝规模超标

近年来，为了追求经济利益，水坝工程建设发展繁荣，但是由于不够科学的规划导致规模超标现象发生。由于水坝规模超标，会形成水坝蓄水量大于河川流经量的现象，导致水坝下游水量减少，严重的还可能导致下游河床萎缩，严重违背构建水利生态的要求。另外，由于水坝规模的超标，还可能导致上游出现淹没危机。因此，对于水坝的建设一定做好相应的规划，确保因地制宜，在需要的地方建坝，对水坝规模进行合理化控制。

（二）水坝建设规模超标

由于水坝建设的不断发展，使得许多水坝建在了本不需要出现的地方，不仅如此，水坝的规模也远远超出了本应该具有的规模，使得水坝储蓄水量比河川流经量要大许多，然而，水坝下游的水量就会出现少之又少的现象，甚至出现下游河床萎缩的情况，对水利生态系统造成严重的影响。由于矛盾的不断激化，致使上游也会出现储蓄的水量过多使上游出现淹没的危机。因此，应该因地适宜地进行水利的建设，在需要的地方建造水坝。

（三）根据环境改变坝体

在洪水泛滥的时期，应该将橡胶坝的坝袋及时泄空，防止洪水到来时无法储蓄足够多的水量。有时会观测到在储水量较多的时候会造成坝体微微的振动，这时要对橡胶坝的坝高进行适当的调节，使之满足不断增长的水量的要求。有些地区的天气较为寒冷，冬季的温度相对较低，这就要求在冬季到来之前，应将橡胶坝坝袋内的水以及所连接的管道内的水都排出去，防止冬季寒冷造成管道的冻裂。在冬季运行橡胶坝的时候一定要交坝体和冰层进行隔离，使之在运行的过程当中不受冰层的影响。

（四）橡胶坝的观测

首先，是对坝袋的观测。观测其是否具有老化、变形的现象，以及坝址上下游泄洪时卵石和漂浮物的情况。其次，观测坝袋内测压管的情况，观测的方法是在排水泵站主管道设置相应的传感器以及压力表等装置。还有，针对过坝水流情况进行观测，采取的方式是在橡胶坝上下游安装摄像机。再次，对位移沉降进行观测。为了便于观测，可以在橡胶坝调节闸墩以及隔墩上设置位移沉降标点。最后，观测水位流量，对其进行测量的方法是在上下游调节闸设置相应的水尺及超声波水位计，通过水位观测推测相应流量。

（五）对于人员的要求

绿色植保理念指的是运用全方位的防治虫害与病害举措来保障植被的健康成长，确保将绿色与环保的思路融入全过程的作物培育中。现阶段，有关部门针对绿色植保理念给予了更多的认同与关注，同时也在尝试适用于当地的绿色植保相关举措。

（六）橡胶坝的检查

检查的具体项目包括：水流形态、河床变形、流量以及河流上下游水位、坝袋内压、沉降观测等。检测的原则是以橡胶坝技术规范为基础，进行特定、定期以及经常性的检查，要保障每月至少检测一次，另外，在每次洪水过后要进行一次全面性的检查。

（七）保障湿地范围，做好地下水的灌溉

随着水利科学的发展，堤坝强度逐渐提高这毋庸置疑，但同时也带来了一定问题，堤坝建设导致洪水泛滥，地区水循环遭到破坏，地下水得不到有效供给，湿地范围逐渐减少，平原生态受到威胁。因此，要想达到生态水利的相关要求，需要进行定期的地下水灌溉，以保障湿地与平原的生态平衡。

作为对橡胶坝的管理人员，最基本的就是要熟知整个橡胶坝的结构和整个工程的技术指标，在了解这些的基础上才有可能对橡胶坝工程进行正确的管理。如果都不能对这些有一个比较深入，具体地了解谈何管理。在管理的同时，要将学到的经验及时地进行总结，不断地提高自己的管理能力。与此同时，还要对橡胶坝在使用的过程当中的运行情况做好详细的记录，通过进行检验观察，将橡胶坝工程所发生的变化不断地记录下来以备使用。工作人员之间要建立良好的运行管理机制，不能出现岗位空缺的现象。

第二节　水利工程与生态环境的融合

一、水利工程生态环境效应

（一）水利工程生态环境效应概述

根据现有研究，我们对水利工程生态环境效益提出了相应的解释。随着人们对于水利工程研究的不断深入，发现虽然水利工程能够在一定程度上起到水资源分布的正面作用，但是同样也会给环境带来一些负面影响。无论是正面作用还是负面影响，都需要进行深入的研究。

水利工程建设项目起到的环境效应会涉及环境破坏以及环境修复等问题，并且还需要技术人员对维护环境、降低环境负面影响的措施进行讨论。所以，在水利工程建设项目筹备期间，往往需要对项目本身存在的环境效应进行分析，经济效益和社会效益往往单独进行分析，从而提升水利工程正面效应，减少负面效应。

（二）水利工程对自然生态环境的影响

1. 对河流系统的影响

以水库建设为例，水库建设完毕后往往需要利用拦河坝进行蓄水，在蓄水的过程中，河流下游流量明显降低，拦河坝上游水面标高提升，水域面积增大。当地水资源分布情况得到了调整，在一定程度上起到调节河流流量，确保当地用水需求的积极作用。

在水库实施泄洪、蓄水操作时，都会对当地河流的流量产生人为影响。如果不能合理计算水库的相应技术参数，那么必然会导致下游生态流量得不到有效保证等问题，甚至会导致河流改道、闭塞等问题的出现。

2. 对当地植物的影响

一般来说，水利工程的建设地点都处于距离居民聚集区较远的地区，所以这些地区往往覆盖着较多的深林植被，其生态环境也体现出较强的原始性。由于在项目建设过程中，很难避免林木的砍伐，所以会导致项目所在地植被覆盖面积的降低，进而加剧水土流失问题的恶化。如果水土流失问题恶化到一定程度，将导致河床出现不断抬高的趋势，进而降低河道流量的稳定性。另外，由于部分水利工程涉及蓄水的操作，当水面抬高后，也必然导致低海拔区域的植被被淹没，这样就导致低海拔区域植被的死亡。如果在这个区域内有珍稀植物，那么将在一定程度上影响当地植物种类的多样性。但是由于蓄水等活动，对于当地水资源所起到的调节作用，能够让当地植物获得更为充足的水分，能够在一定程度上促进区域范围内植物的生长，避免部分区域干旱、部分区域洪涝问题的出现，将水资源分布现状进行调整优化。

3. 对当地动物的影响

在三峡大坝建设过程中，就涉及鱼类洄游的问题，专门为洄游鱼类建设了洄游水道，虽然这种措施在一定程度上保证了鱼类正常的繁殖行为，但是仍然对当地生物的习性产生了一定的影响。另外，当地部分穴居动物会在河岸、湖岸打洞栖息，工程建设过程中以及蓄水过程中则会导致动物栖息地受到破坏，这就影响了动物的止常栖息。部分主要居住在低海拔区域的动物会受到不利影响，其他预期为食物或者被捕食动物的生存状态也将受到不同程度的影响。

4.对水环境的影响

水环境分为地表水环境以及地下水环境，由于工程建设活动，往往会导致油污、废水等污染物进入当地水体，从而对水体产生不良的影响。另外，在水电站、水库蓄水过程中，水面海拔高度的变化也会导致当地水体温度的变化。虽然低温水生动物能够得到相对良好的生存环境，水生动植物种群变化，在一定程度上也丰富了当地物种，一些深水环境下能够生长的微生物、鱼类、水生植物，都能够获得良好的生存环境。但是由于动物种群的变化，水质也会由于水生动植物的生长活动发生不同程度的变化。

5.噪声污染问题

在实际建设过程中，往往涉及施工设备的运转，所以难以完全避免施工噪声的出现。虽然我国对于施工项目噪声控制上已经颁布了相应的控制标准，但是施工噪声仍然能够驱散当地的部分动物，导致动物迁徙到人类活动更少的区域，从而破坏当地的生态多样性。在水利工程投入运营过程中，也会由于设备运转发生一定程度的噪声，这些噪声主要的影响对象就是当地的动物。所以，水利工程设施的设备噪声，是需要技术人员进行重点控制的影响。

随着人们环境保护意识的不断提升，我们发现人们更愿意采用环境友好型的水利工程设施，也将水电作为重要的能源供给方式。但是在研究水利工程建设过程中以及水利工程投入使用后的生态影响我们发现，我们需要对技术方案进行优化，彻底解决项目对河流系统的影响、对当地植物的影响、对当地动物的影响、对水环境的影响、噪声污染问题，从而保证项目的环境效应。

二、水利工程与生态环境保护

随着城镇化进程的加快，城市问题日益凸显，人口拥挤、交通堵塞、空气污染、饮用水质量下降、垃圾处理不及时等问题日益引起了人们的注意。这些都严重影响着城市居民的生活质量，对生态环境也产生严重的破坏。所以，从社会层面上要积极普及环境保护的理念，强化环境保护的意识，积极发展绿色经济和循环经济。从多个角度、发挥社会力量来强化对生态环境的保护，努力构建环境友好型社会，实现经济社会的可持续发展。

要实现城市的可持续发展，就要积极提升城市的生态环境保护意识和能力，积极普及环境保护法律，积极构建环境保护工作机制，加大对环境污染和破坏的治理力度，积极发展城市绿色经济和循环经济，使得城市发展与生态环境实现协调发展，促进城市和人类社会的可持续发展。

（一）社会发展与生态环境之间的关系

1.城市的生态系统

生态系统是生物学名词，指的是在自然界的空间内，生物和环境是一个统一化的整体，生活和环境之间相互发生影响、相互构成制约，在某个时期内实现相对稳定的动态化的平衡状态。城市生态系统作为人类对自然环境的适应，在一定的区域内实现人口、资源和环境的相互影响所建立起来的经济社会、自然环境的复合体。

2.城市环境

城市环境指的是人类适应环境、利用环境和改造环境而创造出来的，一般可以分为自然环境和社会环境。社会环境一般指的是人口、经济、社会、文化等，而自然环境包括气候、土壤、地势地貌、植被生物等。在城市形成和发展过程中城市环境发挥着重要的作用。

3.社会资源利用、再循环利用的原则

循环经济的应用，指的是对资源实现循环利用，不断利用和减量化使得城市污染物和废弃物等有害物质的排放量得以最小化，将那些可以循环、可以重复使用的资源充分再次利用起来。这也是被看作生态系统中在循环过程中的动态化平衡，究其本质就是生态利用模式，这也是当前缓解生态环境恶化、实现可持续发展的重要举措。

（二）水利工程建设的贡献

自古以来就有大禹治水的传说，通过清理河底的泥沙，将河流改道、拓宽等措施来预防水患。古时候的水利工程大多是用来防洪灌溉，修建沟渠，引水浇苗，为农业生产服务，如都江堰，通过在河流上修建堤坝来蓄水，抬高水位，从而为农业灌溉提供用水。

（三）水利建设与生态环境保护的协调发展

在经济发展的同时也应该做好环境保护工作。近年来，长江的污染问题越来越严重，保护长江更是刻不容缓。经济过快增长带来的是水资源的不合理利用，水体污染，水利建设与管理的不规范性，这些问题共同导致了如今自然环境的破坏。要在水利建设的同时，做好环境保护就必须做到以下几点。

1.把好水利建设关

加强水利部门对水质、流量的水文因素的把控。严格审批流程，组织专家队伍，对各地水利设施进行考察，科学管理与审批，在进行大规模水利建设时，必须经过全方面严格的考察，全方位，多层次权衡利弊，既要有利于社会经济的发展，也要有利于环境的保护。

2.合理利用水资源，节约用水

强化节水意识，保护植被，合理放牧，保护区严禁开垦。

3.大力发展绿色行业

调整产业结构，使用清洁能源，大力推广太阳能发电和风能发电，减少水力、火力发电。污染物集中处理，强化公民意识，减少垃圾入水。

4.采取修复治理措施

对于已经发生土地沙漠化的地区予以育草植树，涵养水源，减少水土流失；对于已经发生环境破坏的地区采取积极的修复治理措施。

水利工程建设要与环境保护相结合，综合考虑，权衡利弊，合理地利用水资源。饮水思源，发展经济不能建立在破坏环境的基础上，不能走先污染后治理的路。要科学调配，保护人类赖以生存的自然环境，使我们的水更绿，天更蓝。

三、水利工程生态与环境调度初步

经济发展离不开水利工程，但在我们享受水利工程带来的效益时，河流等生态环境却承受着巨大的影响。在工程施工过程中，废水、废电、噪音等对周围水域造成了不利影响，完工的水利工程又改变了水量平衡、水势结构等方面。因此，必要的生态和环境调度是重中之重，考虑经济开发和生态环境双重因素，运用正确的调度方法进行生态环境保护，减少水污染，为人类可持续发展奠定基础。

（一）生态调度简述

生态调度是指从管理层面的角度出发，以满足经济社会发展需求为前提，通过对水利工程的合理调度，达到河流生态健康和可持续性需求的技术手段。水利工程建设的规模不同，对生态环境造成的影响也不尽相同，因此相应的生态调度技术也不尽相同。如在水库调度方案设计和调整中，要明确下游需要保护的目标及其需求，确定维持下游生态功能不受到损害的下泄水流量。生态调度的任务还有很多，尽可能恢复河流的连续性，尽可能保证水库下游的生态用水，尽可能改善生物栖息地质量等等。生态调度的重要性不言而喻，降低水利工程建设对生态环境的影响，维护水库生态系统的稳定性，制定合理的、科学的水库调度的计划，从而降低其对河流的不利影响。

（二）水利工程生态与环境调度的研究

随着经济社会的快速发展，可持续发展的理念不断深入人心，国内对生态调度的研究越来越多。我国水利工作者在发挥水利工程的生态功能，减轻水利工程对生态与环境的不利影响方面进行了探索与研究。

（三）水利工程生态与环境相关技术

1.河流生态健康指标

河流健康是指河流的生机与活力，河流所具有的正常功能和作用。人类需要健康，河流也不例外，健康的河流是人类可持续发展的重要保障，我们没有必要因经济发展而离开“纯自然”的健康河流，创造一个自然和谐的社会是必需的。河流健康指标是河流管理的重要评估工具，也是生态与环境调度的基本保障。人类如何合理地开发河流，离不开一套参考标准，将现实河流的生态情况与标准进行比较，作出评价，科学地进行开发工作。河流生态健康标准主要有五个方面：水流、水质、河岸带、水生生物和物理结构，这些指标组成一个完整的系统。

2.水库调度运行技术

水库是调节径流、实施水资源调度的重要工具和技术设施，在水资源系统运行调度中占重要作用。水库调度是合理利用其工程和技术设施，在对入库径流进行经济合理调度，尽可能大的减免水害、增加发电和综合利用效益，以实现水资源的充分利用。水库调度可分为：跨流域的水库群联合调度、流域内水库群联合调度和单一水库调度等等。水库调度技术十分复杂，例如水库泄流技术，以河流的需水研究为基础，进行选取增大上下泄洪量，以达到保证水库用水需求的目的。水库调度运行技术将数学模型与物理技术相结合，实现生态环境与水库基本功能协调发展。

3.社会经济分析

水利工程的生态与环境调度分析主要以生态经济系统为分析对象，应实现经济利益最大化，所以进行社会经济分析是必不可少的。经济效益有很多种，水利工程造成的水污染、生态破坏，实施生态与环境调度给水利工程建设带来的影响等等。

水利工程是水资源有效利用的重要保障设施，它一定程度上防止了洪水给人们带来的灾难，大量的水力发电给人类的生产生活提供了足够的供电需求。但在大力发展水利工程的同时，河流湖泊的生态环境正在遭受着威胁，工程的实施改变了原有的地貌、河流流量等等，对气候、水生物以及人类造成了不利影响。开展生态调度是必需的，通过合理的、科学的调度措施，使人类与自然和谐进步，创造可持续发展社会。

四、评价水利工程生态环境影响

在人们对生态环境日益关注的今天，系统分析水利工程的主体生态系统，在分析真实数据的基础上，建立水利工程生态环境影响评价指标体系，对于水利工程生态环境作用非常大。

生态环境是人类生存、发展的基本条件，由于水利工程建设的加快，它成为经济社会发展的基础，对于保护和建设好生态环境，生态环境的稳定性发展是可持续发展基础，水利工程的建设，是人类赖以生存的自然环境条件，是经济发展的前提和保障。为了更好地利用水资源，水利工程的建设以科学发展观指导经济建设，实现可持续发展成为环境科学研究的重要内容，以科学发展观指导经济建设，具有重要意义。

（一）生态环境评价

生态是指有机体与环境之间的关系。要研究水利工程，要保持我们的良好的生存条件，就要研究生态环境。它是由各种自然要素构成的自然系统，随着人类文明的进步，自然生态环境是在人类的影响下，协调日益突出的发展与生态环境保护，生态环境影响评价的基本对象是生态系统。水利工程是国民经济的基础，是实施可持续发展战略以及人民生产、生活赖以顺利进行的基础，加强对水利建设项目作用认识，实现水利工程建设项目投资决策科学化、民主化，反映水利工程项目对社会产出的影响。与此同时，对水利工程项目进行科学的评价与分析，强调环境因素的作用，保证水利行业在经济社会环境协调，就必须建立指标体系和评价方法。

行业专家特别重视生态系统格局指标的研究，生态环境影响评价还是污染控制的思路，具有综合性、复杂性和动态性。它涉及生态学，要分析生物与环境相互关系，从经济学角度来研究由经济系统和生态系统，关系到可持续发展战略，要求彻底改变传统的高投入、高消耗，包括资源、人口、经济、环境等各方面，强调要从粗放型转到密集型、强调资源配合，制定适合经济发展的环境保护政策和规划，必须与自然的承载能力相适应，及至系统控制论。

生态环境影响评价的指导思想综合整体的思想，根据水利工程所具有各自的特殊性，生态环境影响评价是水利工程规划重点。生态环境影响评价涉及水利工程方方面面，要正确认识环境的范围、内容和功能，必须以整体观念认识和解决环境影响问题，正确选择评价参数和质量标准，在制定优化方案和污染防治方面，选取的环境评价要素及其评价参数，应该是技术上可行、经济上合理、效果好。要从战略层次评价水利工程开发活动，从可持续发展的角度考虑内部功能布局的合理性，还要采取极端保护原则。

（二）生态环境影响评价的特点及任务

我们要保护自己的家园，爱护自己的生命之源——水。因此，水利工程建设和实施后产生的影响深远，涉及自然和人类社会的各个领域，如地域上、空间上、时间上的范围，包括对社会生活、生态与自然环境的影响。水利工程开发建设一般都是逐步梯级，影响区域的环境影响评价内容多，在生态环境影响方面，涉及规模、性质、布局的合理性，而环境影响评价具有一定的不确定性。评价时序的超前性是建设活动决策不可缺少的参考依据，系到区域内人们生活质量的提高，合理布局和建设补偿保护工程，因此生态环境影响评价越来越重视。

生态环境影响评价的任务很多，包括保护生物多样性，如避免影响濒危物种；保护生态系统的整体性，如生物组成的协调性；保护特殊性目标，如保护脆弱的生态系统和生态脆弱带；注意解决区域性生态环境问题，如沙漠化问题；强调保护脆弱环境和濒危物种，保护生态系统的再生能力等。决社会、环境问题，有利于工程合理布局，最大限度地减少对区域自然生态环境的破坏，有利于可持续发展。

常用的评价方法有对比方法和综合评价。

（三）指标体系原则

针对某个具体水利建设项目，指标体系是生态环境综合评价的根本条件建立一个具有科学性、完备性及实用性的，具有合理的评价的基本尺度和衡量标准，模糊层次综合评价指标体系，并且明确不同的区域人类生态的构成是不一样的，是一件复杂而又困难的工作。应从整体最优原则出发，建立评价指标体系，综合多种因素，确定项目的总目标，这包括初步拟定、专家评议筛选及确定阶段。

根据已确定的主体生态系统，通过系统分析，确定制约生态环境质量的限制因子，初步拟出评价指标体系后，可采用信息统计法、专家打分法，进一步征询有关专家意见，确定主导因子，以最终确定指标体系，它涉及以后评价的环节的准确性。

评价指标体系确定的原则要全面衡量所考虑的诸多环境因素，评价指标的确定要具有一定的代表性，明确地反映系统与指标之间的相互关系，要能在我们努力的范围之内，必须全面真实反映各个侧面。确定指标力求简洁，含义清晰明确，各指标之间相互独立，又相互联系。指标体系的设计必须建立在科学的基础上，指标体系具有层次性，反映地区可持续发展目标的构成，要求评价结果在时间上现状与过去可比，展示内在发展规律，具有很强的现实操作性。

水利工程生态环境质量评价有其特殊性，根据它影响评价涉及的内容，保障自然生态环境系统的服务功能，满足区域可持续发展对生态环境的要求，使人类不因环境质量的变化而受到危害，能而应根据地域特点科学地选取。必须对参评因子进行量化处理，定性指标的分析与估价可采用专家咨询、打分的方法来解决。

（四）指标体系评价因子生态环境影响标准及模型

从影响生态环境质量的因素出发，首先要分析生态环境系统状态，在顶极态的生态环境系统中，在最佳态具有最大产出贡献的生态环境系统，呈现的现状状态，现状态的生态环境系统是我们应该确定的具体指标体系。

评价标准名称众多，内容也互不相同，有利于促进区域社会经济与农业生产，反映生态系统结构和运行特征，保障人群的身体健康，能满足区域可持续发展对生态环境的要求。评价工作不宜采取统一的标准和指标值，应考虑未来的环境功能需求，如山区的植被盖度应高于平原地区。生态环境影响评价标准可以根据行业标准指行业发布的环境评价规范、选取与我国现阶段发展程度相近的国家标准，以工作区域生态环境的背景值和本底值，以类似条件的生态因子和功能作为类比标准，科学研究已判定的生态效应。

必须要对参评因子进行量化处理，在数据收集过程中，量化处理的方法多种多样，应注意指标体系中给出的定量指标，由相关部门进行调查收集。可以根据具体情况适当增减评价指标，要注意指标数据资料的时间性问题，要注意减少指标的数量要适当，根据分析评价的内容、要求，主要指标不能减，注意所收集资料的数据的时间的同一性。反映环境状况从劣到优的变化，首先，把环境质量标准分为五级，算出各个因子对应的质量值，经标准化处理得出各评价因子指标值。在实际工作中寻求可行的定量计算方法，指标的定性分析基本上是采用文字描述，使得指标大多限于定性的描述和总结。结合评价标准给出指标的环境质量值，用统计分析方法确定各项指标评价标准。还可以采用专家打分法，另外，集值统计是经典统计和模糊统计的拓广。要充分地利用评价过程中的信息，用以反映评价者对指标的把握程度。

利用环境质量指标给出粗略的标定，评价水利工程生态环境影响评价模型，应试图使人的思维条理、层次化。这比如运用层次分析法进行评价，要建立多级递阶的结构模型，根据评价尺度构造判断矩阵，以上一层次的要素作为评价准则，通过两两比较元素相对重要性，然后需要对其进行一致性检验。接下来按照改进标度构造的判断矩阵，进行层次单排序和层次总排序，在客观条件下作出比较实际的评价。要注意各指标在决策中的地位是不同的，在具体进行方案综合评判时确定次准则层数据，确定对象集、因素集、评语集，根据工程影响的性质和大小，求出准则层数据。编制计算程序解决评价模型中的计算，实现能源资源的优化配置，使水利工程生态环境影响评价有实用价值。

五、水利工程生态环境监测指标体系

生态环境监测主要指的是应用生态学的理论知识、技术方法，从多种角度度量各种类型生态系统结构以及功能时空格局，对生态系统具体条件变化进行全面监测。在过去水利工程建设中，其周边生态环境可能会受到不利影响，这不利于我国环保事业、生态社会建设事业的发展。

（一）水利工程生态环境监测指标体系构建原则

1.科学原则

在水利工程生态环境监测指标体系构建中，需要明确此工作具有较高的复杂性，需要考虑多个方面，所以应严格遵循科学原则。具体应做好以下三方面主要工作：①要求明确。需要保证评价指标所针对的属性具有明确性、具体性，指标定义和制定意义具有明确性，在确立指标时，应做好科学、全面佐证工作，让生态环境客观现状得到有效反映，以直接指导水利工程周边生态环境的保护工作和改良工作；②要求标准化。需要确保指标评价可以得到社会各界广泛认可和接受，为该生态环境监测指标体系的落实奠定基础；③要求可量化。应确保指标要求具有可量化性、客观性，可以利用数理统计方法来让指标变得更为明确，让该标准合适性得到进一步提升，让分析工作得到有效开展。

2.实用原则

考量世界各国的水利工程生态环境监测评价体系以及我国过往水利工程生态环境监测评价体系，如果此类体系并未取得良好的应用效果，其主要原因往往是体系缺乏实用性，因此，需要遵循实用原则，具体应做好以下三方面基本工作：①增强指标普适性。在构建指标体系过程中，需要保证参考样本的多样性，确保该体系具有较广的应用范围；②保证指标可监控性。在构建评价指标体系过程中，应确保指标可控性，如对于生物复杂度这种指标，就可以适当对其予以有效规避；③提升指标精简性。水利工程环境生态因素包含多种类型，在制定具体监测指标时，应提升指标精简性，保证不会因繁多指标而为水利工程施工造成过大限制。

3.充分原则

在水利工程生态环境监测指标体系中，应确保其具有充分原则，可以涵盖对水利工程周边生态环境具有代表性的多种因素，具体做好以下三点主要工作：①提升指标客观性。需要确保评价指标和实际情况相符，在采集数据信息过程中，需要确保其具有公正性、客观性；②提升指标相关性。应确保评估工作和主体目标具有密切关联，同时应明确水利工程生态环境中各个因素之间的密切联系，提升指标之间的相关性，并对其进行有效约束，对于联系密切性相对较差的指标来说，可以对其进行适当舍弃；③提升指标预见性。应在构建指标监测体系中考量水利工程未来修建以及修建完成后生态环境受到的影响，让体系对未来工程周围环境保护事业发展起到指引作用。

（二）水利工程生态环境监测指标体系构建意见

1.适应我国国情

现阶段，我国正处于“稳中求进”的发展阶段，水利工程建设是社会经济发展的重要支撑。对此，水利工程生态环境监测指标体系对于水利工程的发展会在一定程度上起到约束作用，但与此同时，其对于社会整体的可持续发展又具有较为长远的意义。因此，需要对当下社会发展、建设需要以及未来可持续发展、环境保护进行全面考量，避免因过分追求生态环境保护而让发展契机丧失，避免因过分地追求社会经济发展而让生态环境牺牲。

2.明确构建方法

生态环境监测指标确立方法包含多种类型，其中层次分析法得到了较为广泛的应用，在应用层次分析法时，其主要步骤可以分为以下几点。

（1）主层次结构建立

不同区域生态环境、不同时期生态环境具有不同的构成部分，在水利工程中，区域生态环境往往会受到一定时间段建设项目的影响。对此，在建立指标体系主层次结构时，可以以建设时期为核心，之后依照建设时期影响建立层次结构，在时间层面上反映其生态环境具体情况。

（2）层次类别构造

依照主层次结构的建立，可以对生态环境质量受到制约的影响源进行分析，对生态环境监测主要类别进行确认。在水利工程生态环境监测中，其主要可分为生态环境、大气环境、水环境、社会环境以及声环境这几个主要方面。

（3）层次指标确立

依照层次类别，分析水利工程建设中出现的对生态环境质量造成制约的因子，可以对监测指标进行有效确认。制约因子因工程时期的不同而出现变化，监测指标也会随之变化，依照监测工作为实现的目的以及需要条件，可以将层次指标划分为常规型、优先型以及选择型。

（4）层次总排列

利用层次分析方法，可以依照最高、中间到最低的顺序对监测指标体系完成排列工作，值得注意的是，在初步排列完成后，应积极吸取生态环境保护、水利工程建设专家的意见，筛选指标体系，让其排列、构建变得更为完善。

3. 选择监测技术

在水利工程生态环境监测指标体系的落实过程中，监测技术选择的合理与否会直接影响其落实效果。因此，需要积极使用先进、成熟的监测技术，吸取国内外优秀案例中的监测经验，并和自身水利工程生态环境特点进行结合，让监测技术以及监测具体方法得到有效实施，确保监测方案确立得到最佳效果。现阶段，生态环境监测方法及技术主要包含地面观测方法、专项试验法、RS技术、GPS技术、GIS技术等。在具体应用过程中，可以针对自身所需联合使用多种技术方法，保证生态环境监测人员可以对监测对象属性进行全面分析，可以对整体环境情况做到宏观了解，对某一因子影响情况做到详细描述，并对未来发展变化进行有效预测。

综上所述，遵循科学原则、实用原则以及充分原则，在保证水利工程生态环境监测指标体系构建适应我国国情的前提条件下，通过明确构建方法、选择监测技术，可以保证该体系构建的合理性，为水利工程生态环境起保护作用。

六、水利工程生态环境影响评价的指标体系

生态环境影响评价体系是现代工程施工中的重要组成部分，对于水利工程这样一种工程体量较大的建筑工程而言，在利用水能资源的同时不可避免的会对自然形貌进行改变，从而打破工程所在地的原有的生态平衡，生态环境影响评价体系的引入旨在对工程造成的环境影响进行监督，并根据破坏程度采取相应的修缮，以尽可能地减少人为因素对环境的破坏。目前欧美等发达国家已经建立起了完善的生态环境评价体系，在水利工程的施工过程中，能够很好地平衡人与自然的关系，做到人与自然和谐相处。

（一）水利工程生态影响评价指标体系的构建原则

水利工程通常较为复杂，涉及的方面众多，不同部分对生态环境的影响也不尽相同，为了能够确立构建水利工程生态影响评价指标体系的目标，需要首先确立构建评价指标体系的原则，通过参考国外发达国家的评价体系中心思想，结合我国工程与生态、人文情况的实际现状，将体系的构建原则总结为以下几个部分。

1. 实用性原则

从一些国外的失败案例可以看出，水利工程的生态环境影响评价体系无法最终实施下去的最主要原因是体系偏离实际，具体情况有以下几点：①指标过于繁多。考虑到环境生态因素的多样性，在指标的制定过程中，有时会通过增加指标的方式以求评价体系的完整性，但是在实际应用中发现，过多的评价指标给工程施工造成了巨大的限制，在重重压力下，评价体系以失败告终。②指标难以监控。在评价体系的建设过程中，有时会为了追求评价工作的有效性，设立一些难以进行监控的指标，如某地区的生物复杂度，这些难以监控的指标都有着相似的特点，即监控成本过高或无法控制误差，造成指标失实。③指标不具有普适性，在指标的建立过程中，参考样本过少会导致指标不具有普遍适用性，造成评价指标的使用范围过窄，无法推广使用。参考失败案例发现，理想的评价体系应当首先具备实用性原则，即在合适的成本、可操作的情况下达到能够普遍适用的效果，且得到社会各界的认可。

2.科学性原则

水利工程生态环境影响评价体系的构建是一个复杂的工程，要考虑的方面众多，评价规则修订的过程中需要具备科学性原则，科学性原则需要满足以下几点要求：①明确性要求。明确性要求指的是评价指标必须针对具体的属性，指标定义和制定的意义必须明确，且指标的确立能够得到科学的佐证，可以明确反映出生态环境的客观现状，并对保护、改良水利工程周边生态环境有直接的指导性作用。②可量化要求。可量化要求是指评判的指标应为客观的、可以通过数理统计方法进行明确统计的指标，通过量化统计，便于找到合适的标准，开展分析工作。③标准化要求。标准化要求是指指标的评价过程应当遵循某一被各界广泛认可的标准，使评价指标最终能够被社会各界所接纳，提高认可程度。科学性原则的确立旨在提升水利工程生态环境影响评价体系的客观程度，以提升评价效果。

3.独立性原则

考虑到水利工程生态环境影响评价体系涉及生态环境的多个方面，需要衡量的因素众多，为了能够降低评价工作的强度，提升评价工作的可实现性，这就需要对评价指标与过程重复、相近的指标进行合并或删减，保证指标具有一定的独立性，比如，考量水利工程周边森林环境中某物种分布情况时，物种个体数量与群落数量属于相似指标，在评价时应当予以合并，以减少评价工作的负担。独立性原则的设立在于提升评价体系的可操作性。

4.充分性原则

为了能够达到良好的评估效果，评价的标准应当涵盖足以代表生态环境的多个因素，这就需要满足充分性原则，做到充分性原则还需要满足以下几点需求：①客观化要求。评价指标需要翔实，但不应脱离客观，在标准的制定与分析数据的采集过程中，应当尽可能地避免人为因素对结果的干扰，做到客观与公正。②相关性要求。充分的评估不应当脱离主体目标，考虑到生态环境系统的环环相接，水利工程建设对生态环境的影响可以扩展至相当大的范围内，因此，在满足充分性原则的同时，需要对评价体系中各个指标的相关性进行约束，对于缺乏直接联系或密切联系的指标，应当及时舍去，以确保指标的精炼。③预见性要求。满足充分性原则应当不仅仅着眼于现在，还应当对水利工程修建完成后，在未来一段时间内可能产生的影响进行有效预估，确保评价体系除了对生态环境的现状进行有效评判外，还可以对未来的发展提供一些指引。

（二）构建水利工程生态影响评价指标体系的意见

1.适应我国国情现状

我国目前处于快速发展时期，社会发展对水利工程的依赖程度较高，急需建设大量的水利工程以满足农业、工业、人民日常生活等方面的需要，水利工程生态影响评价指标体系的构建会在一定程度上限制水利工程的发展，但考虑到其对可持续发展的生态环境建设的长远意义，应当充分折中环境保护与社会发展的需要，不可因过分地追求社会发展速度而牺牲环境，同时不可因过分地追求环境保护而丧失社会发展的良好契机，在评价指标体系的构建过程中，应当时刻明确指标制定的核心目标，即更好地服务于人民生活水平的提升，因此，水利工程生态影响评价指标体系应当作为工程建设的一个补充，起到维护环境稳定的效果，不应当成为限制工程发展的枷锁。

2.长远化的指标制定理念

纵观世界各国的水利工程生态影响评价指标体系发展情况，一般从提出到成熟要经过近20年的发展，且随着时代的变迁，评价体系还在不断发生变化，在我国追求发展高速度的大背景下，水利工程生态影响评价指标体系的构建期望能在短期内实现，但从有效性和实际性的角度考虑，一蹴而就的评价体系建设将不利于我国水利工程生态影响评价指标体系的健康发展，体系的建立过程需要通过充分的调研与验证，在摸索中逐渐形成一套具有我国特色，满足我国自然环境实际需求的评价体系。在借鉴国外评价体系的过程中，也应当用批判和发展的眼光对待，拒绝一成不变的理念，在一个充裕的时间内，构建出能够行之有效的水利工程生态影响评价指标体系。

我国水资源丰富，水利工程众多，且随着社会的发展与人民生产生活的需要，水利工程的建设还在不断推进中，但是考虑到水利工程对环境造成的巨大影响，为了追求可持续发展的目标，需要构建水利工程生态影响评价指标体系，以对水利工程建设造成的环境影响进行监督与改善。

七、水利工程建设与保护生态环境可持续发展

（一）水利工程建设与保护生态环境可持续发展之间的联系

通常情况下，加大水利工程建设，一方面，它能有效地解决水资源短缺问题，优化水资源的管理效果，集中解决水资源分布不均匀的问题，规避自然灾害。在满足自然条件的基础上进行环境综合因素的分析，确保参建方案符合实际情况。大多数的水

利工程建设项目主要是对地下水、地表水进行全方位的调控，能够满足区域可持续发展的客观需求。在某种程度上，水利工程建设是在生态区位结合生存和发展的基础，不仅能够完全地抵御自然灾害产生的威胁，而且能够对资源项目进行合理化使用；另一方面，在水利工程建设项目实施过程中，也能有效地解决水资源分配不均匀的问题，在运维管理和模型之间建立行之有效的控制措施，根据区域的自然条件、人文要素，制定科学的管理框架，减少人为破坏。

（二）在水利工程建设中实现生态环境保护和可持续发展的具体路径

1.健全法律法规

水利水电工程和人们的生活密切相关，在水电工程项目实施时，应该加大全方位的控制工作，建立完善的法律法规，对整个施工建设过程进行严格的监管，使其有章可循，不能肆意地破坏生态环境。相关的负责人应该强化责任意识，主动承担起保护生态环境的职责，积极地消除负面影响。与此同时，区域部门还需要严格地参照中国的基本国情，探索行之有效的方式，避免水利水电工程建设时产生的成本损失。在必要的时候，还可以制定有效的补偿措施，建立新型的移民补偿机制。

2.转变传统的思想理念

现阶段，为了优化水利工程生态系统，确保在流域范围内促进经济社会健康发展，在项目实施建设阶段，应该强化生态环境建设力度，突出生态环境保护的优势，改变传统的思想理念，在工程建设时，要和生态环境可持续发展进行融合，树立科学发展观，实现人和自然协调发展，这样才能在最大范围内进行工程建设和生态环境进行协调。

3.强化水土保护工作

在工程建设预约保护生态环境可持续发展过程中，不仅要改变人员的思想理念，健全法律法规，还应该强化水土保护工作，加大项目管控，提升水土保持工作的重视程度。针对生态环境较为薄弱的区域，应该积极地建设实践活动，结合区域的现有资源，实现生态环境和水利工程项目的协调发展，在提高水资源管理水平的同时，落实宏观管理机制，树立全面的环保意识。

4.建立完的维护体系

在生态环境可持续发展项目落实过程中，不同的技术人员对生态环境保护的理解是不同的，为了强化统筹管理的作用，提高有关人员的环保意识，要以强化制度的实效性为主，进行综合的考评工作，以工程建设生态环境保护为主，充分挖掘水利工程建设中的积极意义，构建具有实际价值的运行方案，建立完善的维护体系。在具体的操作中，不仅要结合实际需求，强化项目管理，还需要降低项目开展对生态环境产生的影响，实现项目建设和生产环境的可持续发展，充分挖掘潜在的经济价值。

综上所述，为了充分地发挥水利工程建设对周围生态环境产生的积极作用，应该强化区域水土保持工作，做好水土流失治理，一方面，需要强化资金管理，实现国民环境的保护，建立完善的奖惩措施；另一方面，还需要加大宣传工作，植树造林，以更好地推进区域的经济发展。

第三节　水利工程与生态环境的创新研究

一、水利工程生态环境影响因素

随着我国经济的发展，我国很多地方的水利工程建设越来越多，但是，水利工程在施工过程中很有可能会对周边的生态环境造成一定的影响，破坏当地区域原有的生态环境，造成对当地环境不可估量的损失。与此同时，现代水利工程也对施工技术提出了更高的要求，因此，研究水利工程生态环境影响因素具有非常重大的意义。

（一）进行水利工程生态环境影响因素分析的重要意义

在水利工程施工的过程中，水利工程作为一项业务复杂和规模庞大的系统化工程，水利工程所涉及的专业学科知识很多，在这样的背景下，就需要在水利工程施工的过程中，充分地了解这些背景知识对于水利工程周边的环境保持有着积极的作用。与此同时，水利工程在施工的过程中，对于周边环境的各种生态因素会造成一定的影响，由于水利工程施工周期一般比较长，并且人们对现代水利提出了更为严格的要求，导致水利工程对周边的生态环境所产生的影响因素很多，因而需要采取相关的治理措施，以保证水利工程周边的生态环境不遭到破坏。在这样的背景下，为了进一步消除水利工程对生态环境造成破坏的隐患，有必要采取有效措施认识水利工程生态环境影响因素，并对水利工程的施工过程进行规范化处理，保护水利工程的周边生态环境。

（二）水利工程生态环境影响因素分析

1. 施工用料对水利工程生态环境的影响

水利工程中的施工用料很多，一般主要包括砂石、水泥、混凝土、砌体砖和石灰等，水利工程施工用料的选择对水利工程的周边生态环境有很大的影响。具体来说，在水利工程施工的实际施工过程中，水利工程施工用料的选择包括施工材料的规格、粉尘含有量和强度等。因此，水利工程施工用料不仅会影响到水利工程的质量，还会影响到水利工程的周边生态环境。很多水利工程在使用施工用料的时候，并没有对施工用料进行严格的检查，也没有考虑到施工用料中所含有的成分对于水利工程周边的生态环境所带来的破坏，这样就会导致很多质量不合格、不符合生态环境要求的水利施工用料被使用，从而严重影响到水利工程周边的生态环境质量。

2. 人为因素对水利工程生态环境的影响

水利工程现场施工人员一般包括项目管理人员、监理工程师和现场施工人员等，他们都有不同的工作任务，然而，这些水利工程的施工人员和管理人员也会直接地影响水利工程周边的生态环境。尤其是水利工程的施工管理工作人员，应该及时地与现场施工人员进行技术交流和工序验收等，规范水利工程操作人员的操作行为，防止在进行水利工程施工的过程中，出现水利工程废弃物的随意堆积、水利工程废水的随意排放，以消除水利工程施工过程对周边生态环境的破坏。

3.施工方法对水利工程生态环境的影响

水利工程的施工方法也会影响水利工程周边的生态环境质量。具体来说，水利工程的施工方法一般包括具体的施工工序、生产技术和操作流程等。在进行水利工程施工方法的确定过程中，首先要考察的就是水利工程周边的生态环境因素，并根据水利工程周边的生态环境因素选择合适的施工方法。如果没有对周边的环境因素进行有效的考察，随意选择施工地点，很有可能会对周边生态环境造成不可挽回的破坏。

4.施工机械、设备对水利工程生态环境的影响

在水利工程施工的过程当中，一般包括土方开挖、地质勘查和现场测量等操作过程，但是这些操作工序都需要使用很多的机械设备。主要的施工机械设备包括挖掘机械、起重吊装机和搅拌机等，这些机械设备会对水利工程的周边的环境保持具有很大的影响。然而，由于水利工程施工人员操作机械不规范，造成对周边的生态环境的破坏。

（三）解决水利工程生态环境影响因素的具体措施

1.合理规划水利工程施工范围

水利建设施工的事前控制是影响水利工程周边生态环境的重要因素。因而在水利工程实际过程当中，应该结合水利工程设计的规模、性质和特点等。水利工程前期的准备工作应该选择合理的技术和施工方案，为后续的水利工程施工周边环境的保持打下良好的基础。同时，考虑影响水利工程施工的综合因素，还应加强对水利工程施工过程的管理。当水利工程施工的周期确定之后，还应该充分地考虑水利工程项目的施工难度和投资量情况，同时结合水利工程施工现场的环境特点，以制定出具体的施工方案。但是，在水利工程实际的施工过程当中，还要求设计人员与水利工程施工人员做好交流工作，经过对比和分析，以选择出最优的水利工程施工方案。在水利工程施工之前，应该全面地考察水利工程的设计和进度计划等，进一步完善对设计的水利工程施工方案，以便于确保最终的施工设计方案能够有效地降低对水利工程周边的环境因素造成破坏。

2.科学建立健全的水利工程生态环境保护体系

一直以来，水利工程施工生态环境保护都存在环保管理体系不健全的问题，因此，提高水利工程生态环境保护管理水平需要科学建立健全的环保管理体系，一般可以从以下几个方面进行。

第一，在进行水利工程环保管理时，管理人员应该多到施工现场检查以下细节问题，进而保障监管制度具有一定的效果，使得水利工程施工监管人员的质量管理工作

能够按照完善的监管制度进行，尽可能地降低对周边生态环境的破坏；第二，加强对水利工程施工中质量管理人员的检查，采取有效措施加强约束注册质量管理人员的工作，提高水利工程环保管理工作人员的水平，避免不合格的质量管理工作人员从事到实际工作中，促进水利工程生态环境的保护；第三，制定科学合理的责任制度，一旦出现生态环境问题可以迅速地将生态环境问题追究到个人。

综上所述，在进行水利工程施工的过程中，使水利工程环保受到影响的因素是多种多样的。针对这样的情况，水利工程施工单位应该从施工之前就充分地考虑影响水利工程环境保护的各种因素，降低水利工程施工对周边生态环境的破坏。

二、水利工程与生态环境关系研究

（一）水利工程与生态环境关系

水利工程是人类改造自然的活动，而生态环境平衡又是人类与自然界和谐共处、健康发展的基础。因此，水利工程与生态环境之间存在着密切的关系。

1. 水利工程建设是生态环境全面持续发展的客观要求

生态环境是人类赖以生存的基础，它不仅为人类提供了食物、生产和生活资料等基础生存条件，还为人类提供了赖以生存的自然环境条件。可以说：人类社会的生存与发展时时刻刻都离不开自然生态系统的支持。

水源短缺、污染等原因造成的生态环境破坏，影响了生态的平衡。水是万物之源，水利工程是以水为中心的人类活动，可以充分地利用水利工程的建设，来改善和弥补自然环境的不足和人类造成的生态环境破坏，所以，水利工程是生态环境全面可持续发展的客观要求。

2. 水利工程是人类改造自然包括生态环境的重要活动

水利工程主要是用来调配和控制自然界中的地表水和地下水，以达到除害兴利的目的。而水利工程是在自然生态环境中进行的，以生态环境为前提的；所以，水利工程建设实际上是人类改造自然、融于生态环境的活动，同时也会对生态环境的变化产生影响。

3. 良性的生态环境是水利工程的重要保障

人类虽然具有很强改造世界的能力，但自然的力量是不可抗拒的。因此，良性循环的生态环境可以为水利工程提供重要的保证；反之，如果水利工程建设破坏了生态环境，引起水土流失、泥石流、滑坡等灾害，那么，水利工程就不堪一击，难以保障人类生产和生活，还会带来更多、更可怕的灾难。

（二）水利工程建设对生态环境的有利影响

作为以防治水害与水资源开发利用为主要目标的基础建设项目，水利工程建设对水资源的开发、防洪和发电等起到了许多有利作用，为人民提供了稳定的生产、生活环境；为防洪、灌溉、发电、城乡生活和工业用水及生态环境的改善提供了安全保障。

一方面可以增加枯水期流量，提高抗御洪、涝、旱、碱等自然灾害的能力。水利工程的建成可以起到抗旱防洪作用，降低灾害发生的频率和危害程度，在水资源缺乏地区发挥其节水作用，在汛期发挥蓄滞洪水、削减洪峰的作用。

另一方面水利枢纽工程的核心部分是水库的建设。水库抬高水位可以有效地改善水库上游的天然水运运输系统，具有运输成本低、少占地或者不占地的优点比陆运系统更具优势。建设具有调节性能的水库，通过调节在枯水期增加下泄流量，有利于改善中下游水质状况及供水条件，提高下游水体的自净能力，其建设可以为区域提供发电、防洪、航运、灌溉、供水、水产养殖等方面的综合效益，还可以促进渔业养殖、开发旅游景点、发展旅游事业。

三、遥感分形与水利工程生态环境

（一）遥感与分形理论

遥感是指的一种不用接触的，距离很远的探测技术。在技术手段下，一般指的是运用传感器或者遥感器对物体发出电磁波以及电磁波的辐射，利用电磁波与辐射的反射特性，探测出物体的形态位置还有特征。随着我国对遥感影像的处理与分析的不断深入研究，我们发现单单只是利用波谱信息传达、描述物体已经远不能满足当下时代对遥感应用的需要，另外，纹理特征作为遥感影像的重要记录信息之一，对于遥感影像的分类识别也具有十分重要的作用。在水利工程建设中，我们可以运用遥感这一技术，通过探测水利工程建筑，来直观地了解建筑施工的成果与问题所在，通过建筑的纹理特性来提高遥感技术的准确性，提高探测效率。目前遥感技术的发展，也不再只有单单的电磁波与辐射，如今还有红外线、紫外线、可见光、红外光等，这些光波长不同，所研究的物体也不同，通过不同波段的数据信息，加上科学的信息技术，我们可以对水体、植被、水土流失、水质、地质进行方便快捷地监控管理，一旦发生意外，可以在最短的时间获得信息来源，进而及时地作出应对措施，将损失减到最小。遥感技术操作简单方便，我们可以随时对水利工程进行监管，能很好地预防灾害发生，做到有备无患。

另外，分形理论是非线性科学研究的一个分支，该分支相比其他非线性研究中是属于比较活跃的一类。分形理论的数学基础是几何分形学，分形理论的最基本特点是能够用数学方法进行描述客观事物，还能根据分数维度的视角来看待客观事物。分形理论是当下十分流行和风靡的新理论，他的活跃给客观事物带来不同角度的多种看法。分形理论主张我们跳出一维的点线，二维的平面，三维的立体甚至四维空间的时空模式，跳出这些传统的思维方式，运用更加接近实际的有着真实属性的理论，还有更接近真实复杂系统的状态描述，以及能够更符合客观事物的理论，分形理论的这一重于事实的特点有着他独有的多样性与复杂性。在水利工程建设中，运用分形理论基于具体事实的特点，能客观、局部地认识事物。自然的大部分事物都存在着不稳定性，不确定性与不平衡性，分形理论要求我们从实际的角度出发，不同于其他将复杂问题简单化，将具体事物抽象化，通过创建理想模型来进行解决问题的理论方式，分形理论有着从事实角度出发，洞察隐藏在混乱结构中的精细内容。对水利工程生态环境影响探测会很需要这种切合实际的理论，洞悉问题的实质，从而更好地方便我们解决问题，看透问题的本质才能找到针对问题的解决方式，提高解决问题的效率。

（二）水利工程生态环境影响评价

现阶段，水利工程生态环境影响评价还是一项复杂的工程，在我国技术限制下，目前也还没有形成有效的统一的健全的体系。随着人们对生态环境保护越来越重视，也逐渐认识到水利工程建设对社会也不全是有利的作用，也会带来对环境污染问题的负面影响。对任何工程项目来说，都是有利有弊的，我们要针对所带来的问题进行应对处理，找到可以缓解问题的应对措施。水利工程建设作为生态影响型的一种建设项目，我们更要注意对工程建设的监管，特别是如果水利工程建设处理不当，便会对项目生态环境造成严重的影响，所以在对环境的影响评价，对水利工程项目的论证和预测这些都不能少，我们在进行水利工程建设时，要更好地利用水资源，与此同时，还要注意对水利工程建设生态环境影响的评价。水利工程建设与其他工业建设相比，有着很多不同的特点，工业建设相对来说比较集中，污染范围也比较小，而水利工程一般需要建设的范围广，污染治理较为困难，影响面也比较大，往往需要占用大量的森林资源，土地资源，所用人力物力又多又烦琐。其次，水利工程施工期长久，一般都需要17年，因为其工程浩大，施工越久，对环境的影响也就越大。水利工程选址也一般在山区，山区内的地理环境复杂，有较多树跟土，水利工程的建设很容易破坏当地的生态环境，造成水土流失等自然灾害。

在水利工程生态环境影响评价中，我们要遵循以下几个原则进行。

1.整体性原则

生态环境影响评价涉及解决和协调水利工程建设与周围环境的问题，包括各分项目与各单位对环境可能产生的影响，还包括各项所有产生环境污染与生态破坏的各项建设单位与各个单项工程，都要求统一地、整体地进行全面评价。

2.综合性原则

在评价工作中，不仅要考虑社会环境，还有对生态环境影响与生活质量影响要综合全面进行考虑。

3.战略性原则

水利工程建设生态环境影响评价要从战略性原则上出发，考虑水利工程建设与所在地区开发战略相一致，水利工程开发内部工作的合理性。

4.极端保护性原则

在水利工程建设中，会遇到濒危的动物或植物，以及一些国家保护文物，若水利工程建设会破坏这些保护生物，那么要优先考虑濒危物种的安全。要切实按照以上几个原则对生态环境影响进行评价。

（三）遥感与分形理论在确定水利工程生态环境影响评价中的应用

通过以上分析，我们可以将遥感与分析理论应用在确定水利工程生态环境影响评价上，通过遥感影像技术，能很直观地观察到水利工程建设的状况，通过影像纹理分析，对影像内的草木，土地也能有直观了解，进而对数据进行分析，能调查出哪里的区域因为人为影响造成的变化较明显，这给水利工程建设生态环境影响评价带来了很好的参考作用。另外，通过作用分形理论从不同的层次和尺度调查收集同一观测尺度内的生态环境问题，其具有无序与复杂的特点，运用分形理论，从实际出发，按照事实说话，揭示生态环境问题的本质原因，找到问题本源，从本源开始治理，全面客观地进行水利工程生态环境影响评价。遥感与分形理论的相互结合，运用便捷直观的技术与科学遵循事实的理论实践，能准确地找到问题，对水利工程建设生态环境影响评价也有很大的帮助，提高评价的准确性，让评价措施更方便。分形理论与遥感技术的有机结合，能合理地解决水利工程建设生态影响评价范围的问题，对以后水利工程建设开展能实行很好的改良措施，改善我国水利工程建设对生态环境的影响，另外，分形理论通过对生态环境和生态完整性以及生态敏感性问题分析，扩宽常规生态环境影响评价范围思维，提出在生态环境影响范围内进行水利工程建设，这样从根源上解决问题，能很好地改善水利工程建设与生态环境相矛盾的问题。虽然遥感技术能在生态环境影响评价中起到不小的作用，带来很多优势，解决很多问题，但遥感技术也只能针对地表进行，在生态环境中的地下也是需要注意的地方，因此我们还需要不断学习，加强技术的革新，创造更多的价值，用于更方便的操作中，实现人与自然和谐发展。虽说生态环境影响评价范围容易受到多个因素的影响，不管是生物因素还是非生物因素，这给生态环境影响评价也带来了很多困难，不定性多。而各种会影响到的生物因子或是非生物因子都在不断改变着，这些影响因素又是不可确定的，加大了生态环境影响评价的困难，使生态环境影响评价更难以实施，我们在面对这些可变因素中，要以不变应万变，通过反复频繁的调查来降低这种随机因素带来的差错，通过提高技术操作含量来提高结果的准确率。我们需要共同努力，进一步探索出更好的方案去突破这些局限性。遥感和分形理论的运用，给水利工程建设生态环境影响评价带来了很多有用的地方，不仅使过程更便捷，还能很好地提高效率，对评价的准确率也能大有提升，分形理论的运用，让我们从多个角度看问题，跳出传统的思维模式，在看待新问题的同时也能更加完整地了解问题的存在原因。

四、水利工程对生态环境的影响

在实践的水利工程建设之中，不仅会影响生态环境，还会造成生态环境调整减少。所以，一定要加强关于水利工程开工建设的探讨，采用有效举措，减少水利工程对生态环境的危害。

水利工程建设之中对生态环境会有一些影响，由于对影响进度和对于生态破坏进度，在国际上还没有产生一个比较一致的规范。所以，怎样在这种情况下，提升我国建设水利工程的整理力度，整体减少对环境的破坏的影响是相应规模的工作人员的工作重点之一。

（一）水利工程对生态环境的作用

1.对生物的作用

生物的多样性是地球以及生态体系的关键特质，也是因为生物的多样性才培育了人类。然而，人类在构造生态体系的经过之中也需要遵循和把控生物多样性的法则。总的来说，那些所说的生物多样性是全部生物物种的一个生态体系。例如大量地修建水利，就会对空气、土地、河流等产生影响，让本来是大自然的范围因为人类水利活动的日益增长使生物不断减少。所以说水利工程建设是人类改良和利用自然的关键工程环节，但会淹没一些森林、草地、土地和河滩，这样就可能会破坏生物生存的环境。

2.对水文体系的影响

水文体系是一个河道和流域水系轮回的归纳，而且水利工程的建设会对水文体系的每个部分和因素产生十分重要的作用，例如，水利的工程拦截和大坝就能改造河道水流速度、水流温度和深度等一系列因素，这样就可以改良对整条流域的水文情况产生的负面作用，尤其是让上下游的地下水变成一个非常不利的循环形式，如果河道的两侧铺筑透水的性能不好，就会导致渗漏的问题，邻近的范围地下水位就可能会明显地上升位，而且地下水位上升太快也会对生物体系的生存环境引起破坏。

3.对土壤条件的影响

北方半湿润区域的土壤通常是黄土，关键是因为土壤水分不充足，引起土壤中的碱性物质的含量不断升高；南方的红土大多是由于降雨量大造成的，土壤经常被雨水侵蚀，产生土壤中酸性物质一直变多。而且在完成水利工程之后，本地区的地下水位可能会发生一些变化，改良土壤的酸碱度，会造成土壤含氮量的变化，会使当地区的农作物减产。

4.对局部气候的影响

在大型的农业水利工程完工之后，会引起当地的土壤湿度增加，地表的吸水性能减弱，如果有强降雨天气的发生，就会比较容易导致山体滑坡和泥石流等一些严重的自然灾害现象。水利工程的作用是为了让在旱季实行灌溉，雨季蓄水防止洪涝。但是人为地改造地形肯定会引起植被的破坏，山体构造的破坏。

（二）生态水利工程开工战略

1.强化对于水利工程的整体安排，因地制宜展开水利工程

第一、在水利工程开工之前，相关部门要求结合、整体了解水利工程开工对该地

区生态环境的影响，对水利工程实行具有可行性和可以带来的经济效益和社会效益做整体解析。在整体解析过后完成对水利工程的整体安排。第二，在水利工程进展的时候，要求相关部门可以因地制宜地实行开工，在充足使用各种资源的时候最大限度地降低水利工程开工对生态环境的影响。第三，水利工程开工假如触及居民的迁移问题，就要求政府部门在水利工程实行之前拟定完善的居民迁移要求，来强化居民对水利工程建设开工的赞成，降低因工程开工实行时需要严格依照相关的法律规范实行，强化对环境保护的关注。第五，在水利工程开工之后要求采用高效的举措对四周的环境实行防护，保障生物的多样性，同时要做好绿化任务。

2.提高环境承载力，强化生态保护力度

想要强化生态环境保护的能力首先需要提高环境全面承载能力，继而高效地完善全面生态环境。一般在水利工程的建设时候，因为工程开工对河道要采用截流举措，以保证开工的顺利进展，在很大程度上使河道上下游的水文特性发生变化，假如水文特性产生变化，对河道水体含量实行随时监测，要做到保证河道有充足的雨水量，继而会加强完善生态环境。其他部分的水利工程建设要求占用河道沿线的村庄和耕地，并且要作出相应的补偿，为了减少该项开支，建设部门在施工之前，就需要对开工现场实行考察，用环境承载力对工程建设的根本要求，尽可能地选择人口比较稀少的地区，不只会免去居民安置费的问题，还会减少建设成本，完成效益的最大化。

3.强化开工阶段的生态防护

整体的施工阶段是对生态环境破坏最严重的部分，开工的时候会出现许多污染源不能很好地解决，建筑部门和开工部门双方会把责任相互推卸，很难确定出实际的处理方案，对于这种情况，国家相关建设单位对于水利工程中的环境污染拟定严格的处理要求，并把责任机制落实到建设部门的每一个部门，让其切实负起责任，降低影响。除此之外，在开工的时候，建立专门的环保单位，并对施工实行检查，有效地防止开工污染对环境的破坏，最关键的是对开工中的空气污染、自然环境污染、噪声污染、粉尘颗粒污染和用水质量等。

4.完备生态环境补偿体系

生态补偿体系是完成经济和环保共同效益的一个规划安排，所以水利工程建设部门一定要整理相关的资料，合理分配出生态环境保护的资金，保证在工程建设的时候把这些资金用于生态修复，帮助改善和优化库区周围的自然环境。

对于水利工程项目开工建设的有效落实来讲，可以很明确地表现出理想的作用价值效果，还可以充分地提升相应区域的社会进展水准，所以带来的生态环境污染和破坏问题需要重视，尽可能地采取有效的防控举措实行规避。

五、生态脆弱地区水利工程施工的环境效应

水利工程是为控制、利用和保护地表及地下水资源与环境修建的各项工程建设的

总称。水利工程的建设对环境存在一定影响，尤其在施工期间影响最大，因此，要深刻认识工程施工对环境的不利影响，落实业主、监理、施工方的责任，制订切实可行的环境保护措施，加强施工过程中的环境保护，最大限度地减少环境污染，为我国生态脆弱边境地区的经济发展起促进作用。

（一）水利工程施工对环境的影响

水利工程建筑物包括挡水建筑物、泄水建筑物和专门建筑物，在工程施工过程中往往会对环境产生很大影响，在生态脆弱地区的影响更为严重，主要表现为以下几个方面。

1.对水质的影响

水利工程施工期间施工人员排放的生活污水或丢弃的生活垃圾、施工机械日常维修和工作状态时机械冒出的油污和油滴、生活废渣等一系列的排放对当地河流水质有一定的影响，严重影响河道的生态环境，造成水体富营养化，威胁水生生物生存。此外，污水中可能还存在重金属和其他有毒物质，恶化了当地的水生态环境，影响居民的身体健康。重金属作为一种不能被降解的有毒物质，只能沿着食物链被富集或分散，对水生动物和人类的健康危害最为严重，广泛存在于机械用油及部分建筑材料中，随着机械废油的排放和废弃建筑材料的丢弃引入区域水环境中。

2.对空气的影响

水利工程施工中常使用大量的机械设备，产生的工业废气直接排放，产生大量灰尘。同时，水利工程往往建设于远离居民区的偏远地区，交通条件较差，工程机械运输建筑材料碾压土质道路，造成道路凹凸不平，建筑材料抛洒产生大量扬尘。此外，在建筑材料堆放场地，受到大风等自然条件的影响，也会产生扬尘现象。

3.对动植物的影响

水利工程施工需要大量工程用地，砍伐植被，破坏森林农田等，损坏了当地的土壤结构和植被环境，改变了原本的地形地势，水土流失情况因此产生且情况转变得十分严峻。严重的水土流失使得动植物的栖息地破坏，植被的破坏还会影响该区域内的光合作用，从而减少了该区域内空气中的氧气含量，对该区域内的居民和其他动物的生存也带来了一定的威胁，动物被迫迁移，影响陆地生态系统平衡。此外，施工产生的扬尘会影响植物的光合作用，造成植物死亡，还会影响动物的呼吸，使动物患病或迁徙。

在施工期间，施工人员聚集可能会出现捕猎野生动物的现象，也会对野生动物产生一定威胁。施工期间不可避免地还会产生一定的水体污染，对于水生生物来说，水体的污染对施工河段内的浮游生物例如藻类、动物等的优势种群的数量和生存质量产生影响。水生生物作为鱼类的天然饲料，数量的减少会影响鱼类的生存。一般而言，5～8月为鱼类产卵期，水利工程施工期如果在丰水期则会对鱼类产卵产生较大的人为干扰，如果施工期在枯水期则相对影响较小。施工区距离河道较近，施工人员钓、捕鱼等行为均有可能发生，若任由施工人员随意捕捞，将对工程所处河段鱼类资源产生不利影响。

4.噪声的污染

水利工程建设时常需要开山辟地，进行爆破作业，爆破产生的爆炸声严重干扰当地人类和动物的正常生活。此外，使用各种大型机械设备，施工过程中机械的轰鸣声会产生不同程度的噪声污染。尤其当水利工程位于居民密集区时，常需要夜间施工，且水利工程施工周期长，对居民的生活产生不良影响，严重影响居民的身心健康。

5.对农业生产的影响

水利工程的施工要占用一部分土地和农田，除用于建造水工建筑物以外，还需要用于堆放建筑材料和施工过程中人员的安置，减少了原有的耕地面积，影响了区域农业的生产。在施工过程中，常需要对河道进行截流或导流，当河道截流时会形成堰塞湖，淹没上游土地，当河道导流时，可能会因河道的变化淹没河岸边的一些耕地，尤其当施工地点处在地势平坦地区时这种影响更为显著。此外，在施工过程中对河道进行截留还会影响下游的输水量，导致下游农业生产用水严重不足，对下游沿岸农田灌溉及生态系统产生不利影响。

6.对区域小气候的影响

水利工程的施工建设会对施工附近的区域小气候产生影响，这种影响在规模较大的灌溉工程或者蓄水水库上表现最为明显。区域周边空气的湿度及环境的温度在水利工程施工后会得到一定的改变，区域内的气候条件也会因此受到影响。由于水的比热容大，在蓄水水库周围气温会出现降低的现象，环境会产生低温效应而增加降雨量。此外，还会因蒸发量的增大而影响区域的降雨量。在水利工程施工建设结束后，库区会和水面相靠，导致空间能量改变，最终使得气温提升。区域气候的改变会影响原生生态系统，土著生物可能不会再适应新的生态系统而可能灭亡或迁徙，且对环境的影响是不可逆转的。

（二）施工中的环境保护措施

水利工程施工中的环境保护不能只注重个别细节，应以大局为重、统筹兼顾，把业主、监理和施工方三者应承担的责任充分落实。制订工程施工期环境保护计划，落实环境影响评价和环境保护设计中确定的减免措施，尽量减轻施工对原有生态环境的破坏，使水利工程建设与资源环境的良性循环和社会、经济的可持续发展相协调，在造福人类的同时，保护好生态环境。

1.监理方的环境保护措施

监理工程师的职责不能仅局限于合同、进度、质量和建设资金使用等的管理方面，还要加强环保方面的管理。落实监理方的环境保护责任，使之成为水利工程施工环境保护的一项重要措施。建立健全环境监理组织体系，完善各项监理制度和监理程序，对建立措施进行落实，实行分工负责，对施工单位的环保工作实施情况进行监督。依据相关法律法规对施工方出现的污染环境的施工行为采取措施，责成施工方限期整改。

2.施工方的环境保护措施

施工方应加强对施工活动及施工人员的管理，严格按照施工合同中环保条款的要求，实行环保工作专人负责，责任到人的制度。环境保护计划要与施工计划同步进行，只有这样才能妥善处理施工过程中出现的环保问题，具体可从以下几个方面进行环境保护。

（1）减小施工过程中对空气的危害

为减小施工过程中对空气的危害，在工程施工期需配备喷水设施，主要作用是在无雨期定时喷水降尘；当工程施工涉及对岩石层凿裂、钻孔、爆破工作时应尽量地采用湿法作业；此外，可以通过修建施工运输道路的方式改善运输条件，减少建筑材料抛洒；在施工车辆运输建筑材料时还应该进行覆盖，防止运输过程中产生扬尘；施工材料堆放场地应充分地利用防尘网，防止因大风等自然条件产生扬尘现象。施工机械尽量地使用优质燃料，减少有毒、有害气体的排放量。

（2）减少污废水的排放

砂石料加工系统、混凝土拌和站、机械修理厂是水利工程施工期的主要工业废水来源，污染因子主要为SS、CODcr和石油类几种。生活污水主要为CODcr、BOD5、粪大肠杆菌等，集中在生活区和施工管理区。对于工业废水和生活污水应采取不同的方式进行减排，对工业废水而言，可减少砂石料加工过程中冲洗等废水的排放量，对施工机械应加强维修和保养，防止油料泄漏。对于生活污水应控制生活污水的排放量，设置污水处理池，对生活污水和工业污废水进行预处理，使之达到排放要求。

（3）使用乳化炸药

对于爆破量大的水利工程建设项目，采用安全、环保、高效的乳化炸药替代传统的硝基炸药。乳化炸药的成分主要为无机氧化剂70%～85%、水分9%～13%、碳氢燃料3%～6%、乳化剂0.4%～1.5%和密度调节剂0.1%～5%，其中无极氧化剂主要由硝酸铵、硝酸钠、硝酸钙等组成，炸药残留物主要为无极硝酸盐类，对人体无毒害作用，可大大地降低爆破施工对人体和水体的危害。

（4）加强噪声控制

水利工程施工对施工区域声环境的污染较为集中，主要集中在施工期，因此加强噪声控制的重点时期是施工期。控制噪声污染首先应分析噪声的来源，然后再提出相应的解决措施。施工期的噪声来源主要分为三种：一是混凝土拌和系统、砂石料加工系统等固定声源噪声；二是爆破等间歇性瞬时噪声；三是交通噪声。对于固定声源噪声采用的解决方式是加强机械检修，淘汰老旧机械，声源处设置隔音围栏等，对于爆破等瞬时噪声，应精细化计算炸药用景，减少爆破次数和用药量，尽量避免夜间施工，对于交通噪声，可采用合理安排车辆工作时间，对车速进行限制等。

（5）减少植被的破坏

工程施工对植被的影响主要表现在两个方面：一是永久性建筑物占压以及水库淹没产生的植被生物量永久损失；二是临时性占地造成的生物量暂时性损失，施工结束后辅以人工措施可以逐渐恢复。但是在生态脆弱区，植被的破坏是很难修复的，甚至是不可逆转的。表层土壤和植被的结构被破坏后，表层土壤在暴雨、径流和风力等自然条件下极易造成水土流失，影响区域生态平衡。因此，水利工程施工场地除必须对植被进行破坏以外，尽量不破坏场地以外的植被。

水利工程的建设关乎国计民生，对项目建设产生的效益评价不仅局限在经济效益上，应以其产生的社会效益、经济效益、环境效益相耦合的阈值进行评价，因此，必须深入研究和探讨工程建设对周围环境的影响。在水利工程施工建设中要正视环境保护问题，明确水利工程建设与生态环境的关系，不断完善工程施工建设体系，减小水利工程施工对生态环境的影响，使水利工程的建设为我国生态脆弱边境地区的经济发展起促进作用。

六、水利水电工程规划设计与生态环境

随着我国社会的不断进步与发展，在国民物质基础日益夯实的背景下，逐渐提高对生态文明的重视程度，而工程施工作为污染问题的主要来源，必须从规划设计环节加强绿色环保意识，并对施工环节进行管理控制，才能防止水利水电工程实际效益与生态效益失衡的问题发生，因此，水利水电工程的规划设计工作开展，应当注重于勘察分析工作的开展，尽可能地减少生态环境破坏问题。

（一）水利水电工程对生态环境的影响

1.水利水电工程规划影响

水利水电工程规划设计工作是工程得以顺利开展的前提条件，对工程施工提供指导方向，因此在规划设计工作开展中，工作人员的生态文明意识直接决定工程对于自然环境造成的破坏与影响。随着当前我国对于水利水电工程的重视程度不断提高，为了满足各界多元化需求，规划设计人员在工作开展中，更加注重对于工程建设效率以及质量的提高，工作重心倾向在工程整体布局规划、组织结构以及工程设备和技术的选用方面，虽然为工程稳定性的提高以及使用寿命的延长提供了保障，但却忽视工程建设对于生态环境所造成的影响，因而导致工程的开展较为粗放，比如，在水库的建设阶段，由于规划设计不合理而对周边生态环境造成了影响，水分蒸发期间降水量出现不稳定的问题，导致局部地区的温度不断提高，破坏周边生态系统。

2.对水文和水体造成的影响

在水利水电工程的建设过程中，对于水文水体造成的影响主要体现在水库建设方面，造成污染问题的同时，对水利水电工程的工作质量产生影响。首先，在水库的规划设计中，如果缺乏生态环保方面的考虑，则会造成水库的水位不断下降，进而引发

系统性问题，造成水库自身对于水资源净化的功能无法充分发挥，水质条件日益恶化；而由于水库水位下降，势必还会干扰水利水电工程的日常运转，制约发电效率，并对农业灌溉和航运等领域的应用造成影响；其次，从水体角度来看，由于水利水电工程的规划设计考虑不够全面，水库的水体流速减缓，水库中的污染物质将会不断蔓延扩散，水体污染问题逐渐暴露。

3.对地质和土壤造成的影响

水利水电工程的建设，势必需要对原有地质地貌进行挖除破坏，以满足工程建设和使用的实际需求，因此在规划设计阶段，如果缺乏对于地质和土壤的深度考量，难免会由于土质下降而造成水土流失等问题发生，并对地表植物和生态系统产生破坏；其次，在水利水电大型水库的蓄水过程中，地壳应力增大的情况较为普遍，因而影响岩层孔隙水压力的变化，导致局部地区的地质稳定性与承载能力不足，在工程后期使用中出现沉降和塌陷问题，并且水库水位的提升过程中，周边区域的抗剪强度下降。最后，由于水库当中存在部分污染物质，所以如果在规划设计中对建设区域的土壤和地质缺乏思考，一旦出现泄漏问题，势必会导致污染源扩散，对周边水文环境产生影响。此外，土壤当中多含有丰富的生物量，因而才能具有植被的孕育功能，而水利水电工程的建设，造成生物量长期受到浸泡而不断减少，土壤自身肥力不足，影响土壤生态功能的发挥。

4.对生物造成的影响

保持生物多样性，为生物营造良好的生存和发展环境，是加强生态文明建设的重要内容，而在水利水电工程的建设期间，由于自然环境的破坏，原有生物群落丧失生存家园后将面临着急速的消亡，因此生态系统以链式反应而出现破坏和断裂，造成生物多样性下降，生态系统失衡；其次，水利水电工程的建设还会影响施工区域的气候条件，进而对水中藻类、植被和鱼群的生长发展产生影响，甚至导致大量动植物灭绝的情况发生。

5.对社会环境造成的影响

首先，水利水电工程的建设势必会占据部分国土资源，因此，对于我国可用空间会造成压缩，一旦在规划设计期间，对当地居民缺乏妥善的安置措施，势必会影响居民的生活质量，并且由于部分居民的毁林开荒，导致水土流失等问题发生。其次，在水利水电工程的建设过程中，由于机械设备的应用以及技术手段的开展，还会产生大量废气、污水和噪声污染，持续破坏生态环境，甚至还会造成大量病原体改变栖息地，对周边群众的日常生活造成影响的同时，威胁其身心健康。

（二）改善水利水电工程规划设计对生态环境造成影响的措施

1.转变规划设计理念

新时期下，秉承生态文明思想，加速转变水利水电工程设计理念，不仅是响应国家号召的积极表现，同时也是促进水利水电事业趋向现代化、科学化发展的必要手段，因此在具体工作开展当中，工作人员应当保持创新意识，积极构建符合时代要求的环境保护规划设计理念。转变水利水电工程规划设计理念，工作人员应当从以下两方面入手：①统筹。水利水电工程具有系统性和复杂性的特点，为了切实保障工程建设质量，并促进工程实际效益与生态效益之间均衡发展，设计人员必须具备大局观和前瞻性，能对工程建设进行统筹规划，具体包括工程整体布局与自然环境之间的和谐共处关系，以及工程建设期间对于自然因素的破坏程度，在保证工程顺利开展的前提下，不断地减少工程建设对于生态环境造成的破坏；②协调。首先，水利水电工程的规划设计当中，应当加强与环保部门的沟通交流，并构建长期稳定的合作关系，以便于调节设计方案，并结合环保部门的意见建议，保全周边自然环境和生态系统。其次，设计单位应当与施工单位之间进行研究，提高设计方案的合理性与可行性，并向施工单位普及生态文明理念，以改善施工质量。

2.优化规划设计方式

现阶段，水利水电工程的规划设计工作应当从实际出发，在设计前期，对工程位置进行全面调研分析，考察当地地质条件、气候条件、水文条件以及人文环境，以便提高设计方案的科学性和全面性，在具体设计环节，应当以四个阶段开展工作：①在项目建设书的制定过程中，应当预测工程建设对于环境造成的影响，以便提前部署防护措施，并制定应急方案；②设计人员应当结合自身在调研阶段的分析结果，确保工程设计方案与环境评价之间保持一致，以便提高环境评价的有效性；③设计工作开展期间，设计人员在保障工程整体建设质量以及成本控制的基础上，更应兼顾环境保护效果，并细化有关环境保护的策略方案；④在环境保护方案初步制定完毕后，应当结合具体情况予以深入分析，不断地调整和检测设计方案的可行性。

3.加强设计团队建设

作为水利水电工程规划设计工作的主体力量，设计人员的综合素养直接影响工作效率与质量，因此，相关单位应当加强设计团队建设，提高设计团队整体工作水平。首先，在设计人员的选聘当中，单位应当注重考查工作人员的整体素养，要求其具备扎实的专业能力、良好的职业素养外，更应明确环境保护的重要意义。其次，在日常工作中，应当建立常态化工作团队培训教育机制，通过专业技能的学习以及国家政策法规的普及，打造一支业务能力过硬、生态意识较强的高质量规划设计团队，有利于全面改善水利水电工程对于环境破坏的主要问题。此外，对于设计团队还应当予以约束，通过工作制度的制定和完善，提高规划设计人员工作规范性的同时，激发其工作的主动性与积极性。

4.健全补偿措施

在水利水电工程的规划设计阶段，为防止对生态环境造成破坏，或对已经遭受破坏的问题进行改善，都应当从思想层面提高重视程度，因此，通过建立健全补偿机制，能有效地对环境问题予以补偿和恢复，比如，对于水利水电工程建设期间对于树木植被造成的影响，必须通过全面的分析和判断，在尽可能规避破坏的同时，对其影响后果进行估量，并制定补偿处理措施，有利于在水利水电工程施工完毕后，以最为直观且有效的方式，确保生态系统能得到保护和恢复。健全补偿措施虽然属于事后弥补的手段方式，但却能够协调工程效益与生态效益，确保工程发挥社会价值的基础上，改善生态环境质量。

5.强化生态环境承载力

强化生态环境承载力是降低工程影响的重要举措之一，也是从源头提高生态环境本身稳定性的主要方式。首先，在水利水电工程的建设当中，会对河流结构和水文特征产生影响变化，因此，必须确保河流自身的需水量，避免生态问题发生。其次，水利水电工程对于周边人文环境造成的影响，应当由有关部门发挥引导作用，对移民和耕地进行采取妥善的安置处理方式，或是在规划设计期间进行全面考量，或是以补偿方式，避免居民的生活水平受到影响，进而减少由于人为因素对于生态环境所造成的不必要损害。综上所述，水利水电工程的规划设计工作，必须应当秉承因地制宜的理念，在深入了解当地环境的前提下，确保工程建设符合环境承载力的同时，以人为干预形式，加强承载力，并选择合理的目标进行开发。

针对水利水电工程对于生态环境造成破坏的问题，必须及时转变工作理念与拓展工作方式，构建以生态文明建设为核心的规划设计体系，促进工程建设效益持续提升的同时，为水利水电工程的可持续发展提供助力。

七、水利工程规划中生态环境设计的重点

在水利工程规划中贯彻生态环境的设计理念，已经成为水利项目建设的必然方向，同时也是经济可持续发展的根本所在。作为项目的设计施工单位，应该对水利项目的设计方案严格把关，不断强化施工质量和环保意识的重要性。

（一）生态水利工程规划建设的意义

经过多年的建设经验和科学技术的支持，现在的水利工程施工技术已经很先进，施工水平和质量也越来越高。但是必须正视现阶段存在的影响工程质量的因素。水利规划当中的生态环境设计理念，主要是以保护建设区域的自然环境为前提，采取多种手段和保护措施，在节省建设成本的同时，促进生态环境与建设工程的协调发展。水利工程作为国家的重点建设项目，直接关系着老百姓的切身生活。有规划地开展建设任务，使项目在规定的工期内竣工。虽然生态系统有一定的修复能力，但是如果破坏程度过于严重，恢复的可能性也是非常低的，所以规划设计的目的就是要将工程建设对自然界的影响控制在一个合理的范围之内，确保通过生态系统的自身调节可以恢复，以尽量减少对自然环境的改变和索取。

（二）水利工程规划中做好生态环境设计的重点

1.充分做好水利工程规划的准备工作

水利工程规划的准备工作比较烦琐，主要包括最基本的材料选择，技术设备和人员意识以及建设区域的水文条件等资料信息的收集工作。掌握水利工程立项的主旨思想，把握水利工程建设的实际数据，确定生态环境设计的基本要旨，为高效率进行水利工程规划、高质量进行生态环境设计提供坚实而详尽的基础性工作。作为专业的规划设计人员，不但要熟练掌握建设的基本要求，还要全面地了解项目自身的建设特点，通过对实际地点的考察和研究来确定最终的设计方案、技术规范以及建设目标和进度等重点核心步骤，使其与生态环境要求做到再平衡，将水利工程规划工作置入生态环境工程需求的范围之内。

2.严格把控水利工程施工图设计的重点环节

如何体现水利工程规划设计中的生态环境设计理念，关键所在就是对施工图的设计是否科学。只有在水利项目的规划当中体现出环境保护和生态绿色的设计理念，设计方案才能有充分的说服力。另外，还要突出水利工程规划当中的功能性，其中包括重要的防洪灌溉、抗旱调配等。严格参考各项施工标准的规章制度，对水利工程项目建设区域的水文地质和土壤人文环境等数据进行详细分析。另外，施工过程中产生的废物废渣，一定要安排专门的人员及时清理，以免因为气候等原因造成飞尘。对于地质条件恶劣的地方，还要做到少开挖，多回填的方案，以免因为地势等原因引发滑坡等危险。总之，在不同的水利工程项目，要找到适合当地生态环境的施工设计方案，做好重点工作，才能使整个项目安全顺利地建设完工。

3.理顺水利工程施工的顺序和关系

为了确保水利项目规划的科学性，一定要抓住正确的指导思想保证项目的顺利实施。首先，深入考察阶段。生态环境设计人员可以主动申请到项目规划区域进行实地研究和勘察，对重点的环节和相关要素进行全面系统的把控。严禁项目施工过程当中出现资源浪费，严重破坏环境和施工效率低下等一系列严重问题。其次，对建设内容实行责任制。将生态环境的责任落实到每个部门或者每个责任人身上，按照施工顺序和细节将责任分配。这样，出现问题可以直接找到对应部门和负责人，减少责任推脱等现象的出现。最后，强化设计施工人员的生态环境意识。对于施工过程中产生的污染和破坏，在场人员要及时进行防护和治理，将施工保护和恢复建设统一在一个施工建设过程中，以确保水利工程建设综合目标的实现。

4.提高河流形态的空间异质性原则

在生态水利工程项目的建设目标中，也包括对生物物种的多样性的恢复和保持，但是并不是说单纯地依靠人工种植植被或者引进生物物种，而是在水利工程规划和设计方案当中，加强人对生物物种多样性的保护意识。尽可能地提高河流形态的异质性，使其符合自然河流的地貌学原理，为生物群落多样性的恢复创造条件。

水利工程是推进国民经济发展的基础，对水资源起着调配作用，支撑着全国的农业灌溉工程。在水利工程设计与规划工作中强化生态环境的设计理念，对维护社会稳定，经济持续增长有重要意义。要采取前瞻性规划和全面性设计的策略将水利工程建设转化为重建生态。保护环境的新举动和新战略，真止将科学的生态环境设计思想融合在水利工程规划的工作之中，实现水利工程的资源调配、生态重构等一系列价值和功能，为水利及农业等基础事业的发展提供更系统、更科学、更全面的技术支持和策略平台。

参考文献

[1] 崔丽君.水利工程生态环境效应研究 [M].长春：吉林科学技术出版社，2022.08.

[2] 杨念江，朱东新.水利工程生态环境效应研究 [M].长春：吉林科学技术出版社，2022.08.

[3] 李红清.重大水利工程湿地生态保护与修复技术 [M].北京：科学出版社，2022.05.

[4] 赵静，盖海英，杨琳.水利工程施工与生态环境 [M].长春：吉林科学技术出版社，2021.07.

[5] 聂菊芬，文命初.水环境治理与生态保护 [M].长春：吉林人民出版社，2021.09.

[6] 王煜，彭少明，葛雷.大型水利枢纽工程生态效益评估关键技术 [M].北京：中国水利水电出版社，2021.04.

[7] 舒乔生，侯新，马焕春.城市河流生态修复与治理技术研究 [M].郑州：黄河水利出版社，2021.06.

[8] 张永昌，谢虹.基于生态环境的水利工程施工与创新管理 [M].郑州：黄河水利出版社，2020.03.

[9] 蒋磊，赖月媚.水利工程与生态环境 [M].哈尔滨：哈尔滨地图出版社，2020.05.

[10] 程玉彬，周艳辉，齐鑫.水利工程技术与生态环境监测 [M].长春：吉林科学技术出版社，2020.08.

[11] 倪泽敏.生态环境保护与水利工程施工 [M].长春：吉林科学技术出版社，2020.09.

[12] 孟健婷，叶成恒.水利水电建设项目环境保护与水土保持管理 [M].昆明：云南大学出版社，2020.11.

［13］高智，王海龙．水利水电建设项目环境保护与水土保持监理工作指南［M］．昆明：云南大学出版社，2020.11.

［14］谢文鹏，苗兴皓，唐文超．水利工程施工新技术［M］．北京：中国建材工业出版社，2020.01.

［15］林雪松，付彦鹏．水利工程在水土保持技术中的应用［M］．郑州：黄河水利出版社，2020.04.

［16］刘贞姬，金瑾，龚萍．现代水利工程治理研究［M］．北京：中国原子能出版社，2019.12.

［17］刁艳芳．河道生态治理工程［M］．郑州：黄河水利出版社，2019.08.

［18］许建贵，胡东亚，郭慧娟．水利工程生态环境效应研究［M］．黄河水利出版社，2019.07.

［19］张亮．新时期水利工程与生态环境保护研究［M］．北京：中国水利水电出版社，2019.01.

［20］王文斌．水利水文过程与生态环境［M］．长春：吉林科学技术出版社，2019.05.

［21］刘景才，赵晓光，李璇．水资源开发与水利工程建设［M］．长春：吉林科学技术出版社，2019.05.

［22］董哲仁．生态水利工程学［M］．北京：中国水利水电出版社，2019.03.

［23］郝建新．城市水利工程生态规划与设计［M］．延吉：延边大学出版社，2019.06.

［24］张文刚，雷勇，祝亚平．工程管理与水利生态环境保护［M］．乌鲁木齐：新疆生产建设兵团出版社，2018.12.

［25］焦二虎，麻彦，张龙．水利工程与水环境生态保护［M］．天津：天津科学技术出版社，2018.01.

［26］姜忠峰，郭一飞．水利工程与环境保护［M］．北京：地质出版社，2018.07.

［27］代德富，胡赵兴，刘伶．水利工程与环境保护［M］．天津：天津科学技术出版社，2018.05.

［28］高占祥．水利水电工程施工项目管理［M］．南昌：江西科学技术出版社，2018.07.

［29］曾祥．现代长江水资源与水生态［M］．武汉：湖北科学技术出版社，2017.12.

［30］邹林，刘幼凡．全国水利行业“十三五”规划教材职工培训水土保持与水生态保护实务［M］．北京：中国水利水电出版社，2017.05.